2009政法网络舆情年度报告

赵志刚　王　琳　主编

中国检察出版社

2009政法网络舆情年度报告

主　　编：赵志刚　王琳
副 主 编：钱贤良
执行主编：仝玉娟

地址：北京市石景山区鲁谷西路5号
邮编：100040
电话：010-68630533
010-68630317-815
传真：010-88685762
邮箱：zfyq@jcrb.com.cn

contents 目录

contents 目录

2009 政法网络舆情年度报告

序言

作为20世纪最具影响力的科技成果，互联网在2009年继续攻城掠地，并在其工具应用性上深入人心。据中国互联网络信息中心(CNNIC)发布的第25次中国互联网络发展状况统计报告显示，截至2009年12月30日，中国网民规模达到3.84亿人，普及率达到28.9%。网民规模较2008年底年增长8600万人，年增长率为28.9%。

手机和笔记本作为网民上网终端使用率迅速攀升，是2009年互联网业发展的一大突出特点。其中，手机增长率98.3%，笔记本电脑增长率为42.4%。互联网随身化、便携化的趋势进一步明显。与此相对应，是SNS(社会化网络)的大行其道。如果说web1.0是供应商产生内容，web2.0是用户产生内容，那么第三阶段，则是SNS产生内容。

SNS产生的内容就是舆情。相比起新闻组、论坛、博客等web2.0时代的舆情生成机制，SNS生成的舆情更迅捷，更开放，也更汹涌。SNS本身沟通了网上与网下，它不但是人们使用互联网的入口，还是与社会发生关系的入口。SNS舆情在网上的传播与聚集，反过来又激化为网下的行动。“躲猫猫网民调查团”及“‘屠夫’现象”成为政法网络舆情在2009年里的崭新课题。

如果说网络舆情已经进入web3.0时代，那么政法机关的舆情应对绝大多数还停留在web1.0时代。这种不相适应，又导致了引导的无效及应对的失败。要正确掌握政法网络舆情，就必须先正确掌握政法网络舆情的新特点。

议程设置：谁在规划舆情走向

进入网络时代以来，平面媒体是否会、或何时会被网络媒体所替代，一直是传播领域最引人关注的话题。对中国而言，尽管网络发展极其迅猛，多数平面媒体依然还活着。只是平媒与网媒日益交织，互有补充。尤其是在议程设置上，两者的相辅相成直接推动着公共事件的进程。2009年的政法网络舆情热点事件中，就可找到很多这样的例子，比如“躲猫猫事件”、“罗彩霞事件”和“邓玉娇案件”等等。

序号	舆情事件	第一文本	文章标题
1	云南看守所“躲猫猫”事件	云南信息报	看守所里的致命游戏
2	河南灵宝王帅案	中国青年报	一篇帖子换来被囚八日
3	湖南邵东罗彩霞事件	中国青年报	公安局政委女儿冒名顶替上大学
4	杭州“70码”事件	19楼	富家子弟把马路当F1赛道 无辜路人被撞起5米高
5	湖北巴东邓玉娇案	长江商报	疑拿一沓钱抽打修脚女 镇干部被刺死
6	成都公交车纵火案	新华网	成都北三环附近公交车发生燃烧
7	贵州习水嫖宿幼女案	中国青年报	贵州习水部分官员涉嫌性侵幼女
8	石首群体性事件	饭否等微博	实时直播：石首事件（饭否）
9	上海交管部门“钓鱼执法”事件	爱卡上海论坛	无辜私家车被课以黑车罪名扣押，扣押过程野蛮暴力
10	浙江湖州“临时性强奸”案	天涯社区	“临时性强奸”，祝贺又一新名词诞生了
11	阿荣旗“豪车检察长”事件	天涯社区	一个贫困县女检察长和她的名车
12	深圳梁丽捡金案	广州日报	清洁工“捡”14公斤金饰或被起诉
13	本溪张剑杀强拆者案	财经网	住户冲突中将强行拆迁者刺死 律师称系正当防卫
14	成都唐福珍自焚阻拆事件	新文化报	女子楼顶自焚未能阻止暴力拆迁
15	李庄案	中国青年报	重庆打黑惊曝“律师造假门”
16	呼和浩特越狱案	中国广播网	呼和浩特4名重刑犯杀狱警出逃 警方通缉
17	南京张明宝醉驾案	中新网	南京一人酒后驾车撞9人5人死亡 传其为公务员

18	阜新举报案	天涯论坛	强迫吸毒然后滥交:一个女大学生的血泪控诉
19	云南陆良群体性事件	云南网	云南陆良一煤矿发生群体性事件 11辆警车被砸
20	阜阳检察官上班玩游戏事件	正义网	阜阳一检察官顶风违纪上班玩游戏
21	湖北荆州"天价捞尸"案	荆楚网	湖北10余大学生结人梯救落水少年 3人溺亡
22	武冈副市长坠楼身亡案	新湘报	湖南武冈市人民政府常务副市长杨宽生家中身亡
23	芜湖中院关门审理"白宫书记"案	中国青年报	安徽阜阳"白宫书记案":禁止媒体旁听的公开审判
24	郑州扫黄公布小姐裸照事件	猫扑、天涯等	郑州大规模突击扫黄 公布小姐裸照
25	内蒙古吴保全案	红豆社区	比"王帅案"更大的"言论案"
26	广东韶关玩具厂群殴事件	新华网	广东韶关玩具厂群殴事件致2人死亡120人受伤
27	吉林通钢事件	新华网	吉林通钢股权调整引发打人致死事件
28	陕西丹凤高中生受审猝死案	中国新闻网	19岁高中生猝死公安局尸体满身伤痕惨不忍睹
29	昆明小学生卖淫案	云南信息报	小学女生"卖淫"案调查
30	成都孙伟铭醉驾案	新京报	成都孙伟铭醉驾案二审 检方建议不宜判处死刑

2009年度30例政法网络舆情事件的第一文本

从上表中可以看出,2009年30例政法网络舆情热点中有12例源于平面媒体的报道,其中《中国青年报》独占5例,《云南信息报》占2例,《新京报》、《长江商报》、《广州日报》、《新快报》、《新湘报》等各1例。邓玉娇案中,和《长江商报》第一时间报道此案的还有《恩施晚报》和《三峡晚报》,但被门户网站及其他平面媒体转载最多的,是《长江商报》的报道。因而,我们将该报列为此网络事件的"第一文本"。在以网络信息为第一文本的"杭州70码"事件中,"19楼"社区本身就是杭州当地知名都市报纸《都市快报》的网

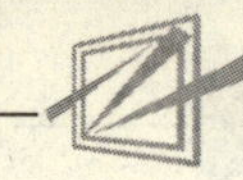

站,《都市快报》在该事件中也刊发大量报道,报网互动式层层推进,成为该事件最重要的议程设置者之一。

议程设置最早是由美国社会学家帕克提出,学者李普曼在其 1922 年的《舆论》中涉及相关课题。1972 年和 1976 年,美国传播学者麦库姆斯和唐纳德·肖在总统竞选分析研究中,通过定量研究,对这一假说进行了证实,并在著作《大众传播的议程设置功能》一文中首先提出了"议程设置功能"这一理论假说。在随后的几十年中,美国的芬克豪泽、丹尼利恩、瑞斯等众多传播学者对此概念作了进一步研究,使这一理论得到了很大的发展。

"议程设置功能"认为,对社会生活中的大多数人而言,关于当前大事及其重要性的认识和判断通常来自大众媒介的传播内容,大众媒介不仅是最重要的信息源,而且是最重要的影响源。或者说,大众心目中重大事件的"议事日程表"及其重要程度、先后次序,是由大众媒介的传播活动设置的。甚至可以说,按照"议程设置"理论,受众在判断某一个新闻是否重要时,最主要地取决于媒体对这个新闻的重视程度。如"躲猫猫事件"的舆论传播肇始于 2 月 13 日《云南信息报》的 A06 版的整版报道——《看守所里面的致命游戏》。正因为《云南信息报》对该报道浓墨重彩地推出,加之该文涉及的又是极为敏感的非正常死亡事件,因而自身无新闻采编权的门户网站才会从众多传统媒体的报道中将这篇《看守所里的致命游戏》挑出,并放置于新闻频道的重要位置。可以说,是传统媒体的议程设置首先影响了网络媒体,而后才是网络媒体的议程设置影响了网民。而网民又在与网站的互动中,对海量的网络信息进行了筛选,并通过群体行为进行了新一轮的议程设置。

需稍加解释的是,《云南信息报》乃是《南方都市报》在云南的子报。以《云南信息报》副主编身份加入云南省委宣传部组织的"躲猫猫事件调查委员会"的王雷正是当年在《南方都市报》首发报道"孙志刚事件"的两名记者之一。《南方都市报》及南方报业中的《南方周末》、《21 世纪经济报道》等媒体在近十余年来通过一系列深度报道,成功奠定了在新闻传播界的地位,并向公众展示出强大的议程设置能力。《云南信息报》背靠《南方都市报》及南方报业,在推出《看守所里面的致命游戏》这一报道后,得到了《南方都市报》及其北京兄弟报纸《新京报》等平面媒体的积极响应。这一个案报道终于在网络媒体和平面媒体的双重推动下,成为"躲猫猫事件"。

搜索关键词	百度搜索结果	谷歌搜索结果
新京报　躲猫猫	33200	271000
南方都市报　躲猫猫	33800	137000
人民日报　躲猫猫	26500	240000
云南日报　躲猫猫	4360	188000

搜索引擎所显示出的媒体对"躲猫猫事件"的关注度

从议程设置的定义中我们可以明确看到平面媒体的传播强势观点，而议程设置的提出是建立在传统媒体环境的基础上的，要实现议程设置的效果必须要考虑到传统大众媒介的特点：一是传者与受者之间的泾渭分明，少数媒体作为传播者手握社会信息的发布权和强大的话语权，他们对于传播信息的流向和流量有着强大的控制力，在传播关系中占主导地位，是强势一方。相对而言，受众则是信息被动的接受者，只有信息的选择权而没有话语权与发布权，其自主性的发挥不过是从所接触的媒介所提供的信息中去选择，因此媒体组织完全有能力对所传播议题进行有意识的选择和排序。二是传统媒体信息容量有限（平面媒体受版面约束，广播电视受时间约束），因此传播者在信息发布时只能有所取舍，这势必要形成一个对信息的重要性的排序。

在网络环境下，这两个限制条件看似已经被打破。在信息传收高度自主的无限网络空间中，"议程设置"理论的传统基础似乎都不复存在了。但由于网络的一些特点是与议程的存在要求相契合的，比如"议程设置"认为，人们对某些议题的关注程度，主要来源于这些议题被媒体报道的频率与强度，而网络信息能进行快速的传播与复制，这恰好能提高对事件的报道频率与强度；网络在大众传播领域是对传统媒介的一个有力补充；Web2.0后的网络互动使事件当事人可与消息接受者进行直接的交流，这也能提高事件的知名度等等，因此在新的网络条件下，议程设置是仍然存在的。同时，网络虽然拥有海量的信息空间，但最具网络影响力的门户网站的首页，以及各网站新闻中心（或新闻频道）的首页，其资源仍是有限的。从海量的信息中挑选中有价值的报道放置于这些重要页面，这就是网络编辑主要的议程设置。

它同样受传统媒体的影响，又拥有网络自己的特点。

首先，网络议程设置一改传统传播过程中受众总是被动地接受传媒的新闻信息，只能在媒体为之设置的议程内进行有限的挑选，而无法同媒体进行平等的交流与对话，更无法发布新闻信息的现象。在网络条件下，相当程度上体现了社会（主要是以网民为主体的虚假社会）形成议题的功能。很多网民通过建立跟帖、回复、留言以及发表博客日志等方式传播和交流信息。大多网站设立的新闻热点排行榜，实质就是以网民的关注度（点击量）为议程设置的标准。许多网站也设有新闻热评排行榜，实质就是以网民的参与度（跟帖、留言）为议程设置的标准。这两个排行榜反过来又会吸纳更多的网民关注和参与。由于网上的“把关人”作用相较传统媒介环境中要宽松很多，来自受众（网民）的信息能及时地在网上公布并激发讨论，也可以发表相关或不相关信息，以此影响其他网民的理解与判断。在这个“观点的自由市场里”，不同观点、信息交汇，议题很难以某人或某个团体的意志为转移，议题的设置实则是网络社会非主观意识的形成。

其次，网络信息的海量传播，网民在网络世界拥有较宽松的自由环境，可根据自己的爱好和需要来挑选信息或发表许多自己的看法，传者难以控制网络受众选择信息的自由。同时网络的交互性令受众能够及时、充分、自由地表达自己对媒介信息的反馈，直接发表自己的评论或相关信息。通常媒介提供的信息与受众的反馈一并呈现在其他受众面前，从而干扰其他受众的理解与判断，不同的观点和信息相互渗透、交融，使议程发生变化，难以按媒介原本设定的议程继续下去。甚至网络媒体上公众自我设置的议程会成为传统媒介关注的议程，在互联网上任何网络用户都可以对网络信息进行发布、加工、修改和重新组合，成为信息操作主体，关于“重要性”的标准已经不再由传统媒介统一掌握，受众可以否定传媒认为重要的事件。

再者，网络传媒的高速运转性使其在某种意义上成为了传统媒介进行议程设置的“先头兵”。近年来，很多公共事件的新闻或由网络推动，或直接起源于网络。如“华南虎事件”，就是直接发端于网络的；而“躲猫猫事件”虽为传统媒体所首发报道，但其发展进程，却在很大程度上受网络推动。这种推动和网络舆情的发酵、扩散和整合，又成传统媒体关注的重点。我们整理了《南方都市报》和《新京报》在“躲猫猫事件”中发表的所有评论文章，发现这两张报纸对于网络舆情的重视远远超过其他媒体。这种关注，从两份报纸对“躲猫猫”网民调查团的关注程度中可窥之一二。从2月21日至3月2日,《南方都市报》和《新京报》刊发了18篇与“躲猫猫”相关的评论,其中,关注“躲猫猫”网民调查团的评论11篇,关注“躲猫猫”案件进展的评论3篇,对“躲猫猫”案进行制度性思考的评论4篇。

2月21日—3月2日《南方都市报》《新京报》有关“躲猫猫”的评论关注比例

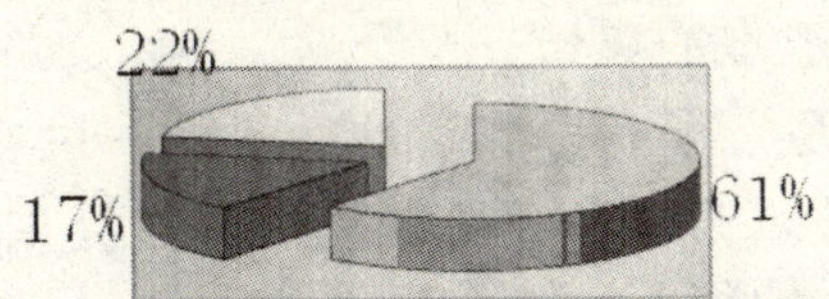

- 关注“躲猫猫”网民调查团的评论
- 关注“躲猫猫”案件进展的评论
- 关注“躲猫猫”案带来的制度性思考的评论

从网上一直蔓延到全社会的媒体都开始热切关注它的每一步进展。这也同样适用于第二个特点。因为，如果公众自我设置议程引发社会普遍关注,那么这一议程就会进入传统媒介的议程范围,在网络传播中,某一网民的自我设置议程如果能很快引起大量网民的关注，也就会很快引起传统媒介的关注,而由此,网络公众也就通过自我议程设置达到了目的,得到了社会公众的关心和声援,最终促成社会各界对问题的探讨和反思。

由此可见,网络时代的议程设置功能,是对传统媒介“议程设置”理论内涵的补充和延伸。传统的“议程设置”实际上是一种积极的媒介“把关”功能,传统媒介根据自身的尺度要求和喜好,在受众之前为其进行信息的“海选”,这在某种意义上有些舆论引导的意味。但在事实上,一个真正的社会舆论热点的形成,往往离不开受众自己对新闻事实进行选择的过程。在网络议程设置中,这才得以较好的实现。

从以上对网络舆情议程设置分析中，我们可以在政法网络舆情危机应对上获得颇多有益的思考。过去一些政府机关在遇到网络舆情危机时,总是指派大量本单位内部人员以发帖的方式与网民相互顶帖，其结果却常常是使自己成了网络舆情的新靶子。应对网络舆情,应该追根溯源,寻找第一文

本及其背后关键的议程设置者。网络舆情的主体是网民，但网民并不是网络舆情导向的决定性因素。通过引导议程设置者来引导舆论，进而影响网民，才是最迅速和最有效的应对方式。

意见领袖：谁在提供舆情观点

网络舆情的外在形态是丰富多彩的，最常见的就是观念形态的舆情、文本形态的舆情和艺术形态的舆情。

网络世界同时也是一个观念表达的世界，网民在网上接受信息产生观念表达的欲望。网络技术为这种简单的观念表达提供了足够多的平台，比如新闻跟帖和网络调查等等。在“躲猫猫”事件、“周久耕”事件及“邓玉娇”事件中，我们常常能看到这样一些声音：网民直接以不同程度的赞扬、支持、同情、附和、反对、憎恶、质疑、批评或中立来表达自己的意见倾向。一般情况下，网民传播信息的同时，会根据自己固有的价值判断和积累的生活经验，来赋予接受的网络信息以“意义”。由于网络舆情存在较强的自发性质，除了较小范围内一些知识群体表达的意见带有较清晰的条理性之外，人们通常所说的“网络舆情”，实则多为简单的、甚至是情绪化的观念表达、是非判断或道德选择。过去，这些个体或小群体的观念表达只能街耳相传，要在社会公众中形成普遍共识，即便有现实基础也需要较长的时间。而网络传播大大缩短了在全国范围内的同一阶层内部或同一特定群体内部就某一事件达成共识的时间。网络民意积聚的结果，就是进一步推动观点表达成为信念的凝聚。

艺术形态的舆情具备火爆网络的种种特征，但通过艺术形式（最典型的如flash动画，改编甚至全新创作的MTV等等）来表达的舆论，仍然停留在是非判断和观念表达上。这些情绪性的表达只能凝聚民意，不能推进事件本身的发展。

对于具体的网民和无组织的群体来说，得出深刻的舆论见解仍然较为困难，他们的表达实际上是在个人经验和社会心理的基础上，基于简单的信息接受并分析而产生的。而政法网络事件往往需要依据具体的事实进行专业的法律判断，这就需要一些专业人士来提供专业意见，以推动政法网络事件在司法场域内正常、公平、公正地运转。网络媒体和传统媒体迎合的这种社会需求，以新闻分析为主要内容的各类评论应运而生。在新浪网、腾讯网、搜狐网和网易这四大门户网站中，“评论频道”具有仅次于“新闻频道”的重要性。网易、搜狐网和新浪网甚至将“评论频道”的链接和“新闻频道”一样放置在首页，并在特定的区域推荐当天重要的评论文章。

由于商业类门户网站并无新闻发布权，因此，新浪网等网站不能发布原创的新闻评论。四大门户网站的评论频道均以转载平面媒体的评论为主，这使得在网络舆情的观点提供上，平面媒体扮演了极为重要的角色。我们统计了2009年在四大门户网站的“评论频道”中被转载次数最多的前50家媒体（包括10家网络媒体），列表如下：

序号	媒体	性质	版面情况
1	新京报	都市报	每天两个时政评论版，周六出“评论周刊”
2	中国青年报	团中央机关报	周一到周五，有一个“青年时评”版
3	北京青年报	都市报	每天一个版
4	京华时报	都市报	周一至周五每天一个版
5	法制日报	政法类	一天一个版
6	检察日报	政法类	隔天一个版，每周另出“法治评论周刊”
7	南方日报	党报	每天有评论栏目
8	南方周末	综合类周报	每期的“评论”版块共四个版面
9	南方都市报	都市报	每天两个评论版，周日出“评论周刊”
10	南都周刊	综合类周报	每周的“生活”版以提供观点为主
11	21世纪经济报道	财经类	每天一个评论版，加头版社评，偏财经
12	广州日报	党报	每天一版
13	信息时报	都市报	每天一版
14	羊城晚报	晚报	每天半版到一版
15	新快报	都市报	每天一版
16	珠江晚报	都市报	每天两版
17	东方早报	都市报	每天两版
18	新闻晨报	都市报	每天一版

19	上海商报	都市报	每天一版
20	燕赵都市报	都市报	每天一版
21	燕赵晚报	都市报	每天一版
22	大河报	都市报	每天一版
23	东方今报	都市报	每天一版
24	长江商报	都市报	每天一版
25	晶报	都市报	每天两版
26	潇湘晨报	都市报	每天一版
27	成都商报	都市报	不定期，通常每周二、四、五各出一个版
28	华西都市报	都市报	每天半个版
29	重庆时报	都市报	每天一个版
30	楚天都市报	都市报	每天一个版
31	现代快报	都市报	每天一个版
32	现代金报	都市报	每天一个版
33	钱江晚报	都市报	每天一个版
34	河南商报	都市报	每天一个版
35	华商报	都市报	每天一个版
36	半岛晨报	都市报	每天半个版
37	长江日报	党报	不定期
38	经济参考报	财经类	每天至少一个版加“社评”
39	第一财经日报	财经类	每天至少一个版加“社评”
40	嘉兴日报	党报	每天一个版
41	人民网	新闻网站	“观点频道”每天发原创文章
42	新华网	新闻网站	“新华网评”每天发原创文章
43	央视网	新闻网站	“评论频道”每天发原创文章
44	南方网	新闻网站	“评论频道”不定期发原创文章

45	国际在线	新闻网站	“管窥天下”频道每天发原创文章
46	金羊网	综合网站	评论频道不定期刊发原创文章
47	红网	综合网站	“红辣椒”频道每天发原创文章
48	正义网	法制类网站	评论频道不定期刊发原创文章
49	新民网	综合类网站	评论频道每天刊发原创文章
50	法律博客	博客网站	博主每天发表原创评论

2009 年被四大门户网站转载评论文章最多的 50 家媒体

从上表中可以看出，网络传播彻底颠覆了平面媒体零售覆盖范围的局限，而使得某一家地方的小报刊发的文章都可能借助于门户网站强大的传播能力产生全国性的影响力。如浙江的《嘉兴日报》，在网络普及之前，我们很难去关注，也很难读到它的文章。但由于《嘉兴日报》致力于打造评论版，并不惜重金在全国范围内广招评论人才，使得这家地方党报的评论版面也有了较高的质量。并不看重报刊级别的门户网站乐于转载这些地方报纸的文章，因此我们偶尔也能读到某些并不具全国知名度的小报的评论文章。

另一方面，由于都市报系的言论尺度及文体、文风更贴近民意，因此，四大门户网站转载率高的多为都市报的评论文章。其中《新京报》、《南方都市报》、《东方早报》是网络转载率最高的三家平面媒体。上述三家媒体每天均能保持两个时政评论版面，且都建立了一支稳定和有口碑及知名度较高的专栏作家群。这三家报纸同时也以深度报道见长，报道与评论的联动机制，使得他们在网络舆情的观点提供中占有极为重要的地位。研究网络舆情的传播，必须研究为网络舆情提供观点的媒体以及提供观点的评论作者。

一个值得注意的倾向是，四大商业门户网站虽然没有新闻采编权，但新浪网、搜狐网和网易均利用“转载”变相发布原创评论稿件。尤其是在一些重大网络舆情事件发生时，门户网站能够做到在两、三个小时内完成编辑约稿、作者完稿、网站发布等一系列的程序。这些评论往往在网站首页被加挂推荐链接，因而带来极高的阅读量，对舆情的形成也具有相当重要的引导作用。

一个值得关注的现象是，中国的评论员阵营相对固定，《政法网络舆情》

编辑部对活跃在上述 50 家媒体上，且经常就政法事件发言的评论者进行了统计，得出了 100 位活跃的评论员大名单。

序号	姓名	职业	活跃媒体
1	孙立平	学者(社会学)	经济观察报
2	于建嵘	学者(社会学)	南方都市报等
3	张鸣	学者(历史学)	南方都市报、中国青年报等
4	季卫东	学者(法学)	财经、法律博客
5	贺卫方	学者(法学)	南方报系、个人博客
5	张千帆	学者(法学)	新京报、南方都市报等
6	何兵	学者(法学)	南方都市报、个人博客
7	龙卫球	学者(法学)	南方周末，法律博客
8	毛寿龙	学者(政治学)	南方都市报、新京报等
9	崔卫平	学者(文艺学)	南方都市报等
10	景凯旋	学者(翻译学家)	南方都市报、现代快报等
11	葛洪义	学者(法学)	广州日报
12	周永坤	学者(法学)	法律博客
13	刘仁文	学者(法学)	新京报、检察日报等
14	乔新生	学者(法学)	东方早报、法制日报等
15	顾则徐	学者(法学)	南方都市报等
16	刘瑜	学者	南方周末等
17	姚中秋(秋风)	学者(法学)	新京报、南方都市报、中国新闻周刊等
18	郭巍青	学者(政治学)	南方都市报等
19	唐昊	学者(政治学)	南方都市报、羊城晚报等
20	周庆安	学者(法学)	新京报等
21	高一飞	学者(法学)	东方早报等

22	傅国涌	学者(历史学)	南方都市报
23	邵建	学者(历史学)	南方都市报、现代快报等
24	周泽	学者(法学)	新京报、个人博客
25	萧翰	学者(法学)	财经网、新浪博客
26	王建勋	学者(法学)	东方早报等
27	许身健	学者(法学)	检察日报等
28	王琳	学者(法学)	新京报、南方都市报、新闻晨报、东方早报等
29	薛涌	学者(历史学)	新闻晨报等
30	马光远	学者(经济学、法学)	南方都市报、东方早报
31	马红漫	学者(经济学)	东方早报
32	邓子滨	学者(法学)	南方都市报
33	周云	学者(法学)	广州日报
34	吴丹红	学者(法学)	检察日报、法制日报
35	肖余恨	学者(传播学)	现代金报、现代快报
36	杨支柱	学者(法学)	南方周末、新快报、现代快报等
37	展江	学者(传播学)	南方都市报等
38	胡泳	学者(传播学)	南方都市报、时代周报等
39	熊培云	学者(传播学)	南方都市报等
40	信力建	学者(教育学)	新快报、新京报等
41	羽戈	学者(法学)	东方早报等
42	傅达林	学者	法制日报、民主与法制等
43	侯文学	学者(法学)	荆楚网等
44	熊丙奇	学者(教育学)	新京报、北京青年报、东方早报、南方都市报等
45	李克杰(鲁生)	学者(法学)	检察日报、中国青年报等
46	李勇(十年砍柴)	出版人	新京报、南方都市报、凤凰博客
47	姚博(五岳散人)	出版人	南方都市报、新京报、牛博网等
48	连岳	自由职业者	南方都市报、上海一周、个人博客等

49	鄢烈山(柳雨灯)	媒体人	南方周末、东方早报等
50	刘洪波	媒体人	南方都市报、新闻晨报等
51	张平(长平)	媒体人	南方报系
52	陈敏(笑蜀)	媒体人	南方报系、凯迪猫网
53	郭光东	媒体人	南方报系
54	郭国松	媒体人	南方报系
55	张天蔚	媒体人	北京青年报
56	王文武	媒体人	广州日报、烟台日报
57	闵良臣	媒体人	青年时报等
58	张贵峰	媒体人	广州日报、燕赵晚报等
59	李鸿冰	媒体人	人民日报、京华时报等
60	莫之许	媒体人	搜狐、网易等
61	潘洪其	媒体人	北京青年报、羊城晚报、齐鲁晚报等
62	黎明	媒体人	凯迪猫网等
63	邓聿文	媒体人	东方早报等
64	王志安	媒体人	南方都市报等
65	李星文	媒体人	北京青年报
66	冯雪梅	媒体人	东方早报等
67	何三畏	媒体人	南方都市报等
68	杨耕身	媒体人	东方早报、新闻晨报等
69	童大焕	媒体人	新京报、东方早报等
70	李曙明	媒体人	检察日报
71	魏英杰(孤云)	媒体人	东方早报、上海商报等
72	徐迅雷	媒体人	都市快报、珠江晚报等
73	陈杰人	媒体人	中国青年报、法制周报等
74	曹林	媒体人	中国青年报、晶报等

75	单士兵	媒体人	重庆时报、现代快报等
76	时寒冰	媒体人	现代金报
77	鲁宁	媒体人	东方早报、中国保险报等
78	周虎城	媒体人	南方日报等
79	盛大林	媒体人	中国青年报、大河报等
80	椿桦	媒体人	信息时报等
81	王石川	媒体人	人民网等
82	王攀	媒体人	河南商报等
83	朱达志	媒体人	成都商报等
84	赵志疆	媒体人	中国青年报、东方今报、新京报等
85	毕诗成	媒体人	中国青年报、齐鲁晚报、羊城晚报等
86	叶匡政	媒体人	南方周末、南都周刊、新京报等
87	张金岭	媒体人	齐鲁晚报
88	朱四倍	媒体人	广州日报、羊城晚报等
89	舒圣祥	媒体人	检察日报、新京报等
90	薛世君	媒体人	广州日报
91	李龙	媒体人	广州日报
92	徐峰	媒体人	广州日报
93	晏扬	媒体人	中国青年报等
94	胡健	人大官员	南方周末
95	滕修福	人大官员	人民网等
96	邹云翔	政协官员	潇湘晨报等
97	何帆	法官	南方周末、新京报、个人博客
98	杨涛	检察官	东方早报、红网、中国江西网等
99	王威	检察官	检察日报等
100	沈彬	律师	新京报、东方早报等

2009年活跃的100位政法舆情网络意见领袖

从上表可以看出，为政法网络舆情提供观点的主要有三类人。一是学界的公共知识分子，以法律学者为主，包括一批社会学、政治学和历史学方面的专家。这些评论者的分析文章或眼光独到，或文章虽为常识重述但影响力巨大；二是媒体评论员和媒体编辑，本身掌握发表平台的媒体人拥有更多的发表机会，他们长期从事媒体评论工作，更懂得如何恰当地表达观点；还有一部分是从事法律实务的法官、检察官和律师，他们既懂得法理，又有熟悉司法的运作，因而他们提供的观点也更有针对性。

当然，网络世界里最重要的意见领袖仍然是网民本身。对于大多数超出了常理的司法个案来说，普通人同样拥有言说的空间。虽然司法个案需要法律人士的专业分析，但在当下中国，意见领袖的号召力很大程度上并不取决于他的学识，而取决于他在言说上的勇敢程度。多数引领网络舆情的意见，仍然停留在常识重述上。

从观点提供者着手，来应对政法网络舆情，可视为积极的危机预防，值得鼓励和提倡。一方面，政法机关可主动与当地有影响力的都市报建立日常联系；另一方面，可主动邀请当地一些有影响力的媒体领导和评论员担任观察员、监督员等，加强沟通。由于评论人阵营相对固定，具体到就某个政法事件发言的评论者，人数就更少了。对于少数在引导网络舆论的评论者，完全可以通过单独交流的办法，为评论者提供具体的事实和材料，避免评论者在单方信息之下发表对政法机关不利的言论。当然，这种联系仅限于论据的提供，而不强求评论人的论点为何。政法机关不应干预评论人言论自由的立场。

而对于意见领袖观点的吸取，也应按需索骥。如学者的观点通常站在学术的逻辑或立法的逻辑，网民和评论员的观点多立足于道德判断或价值判断。而政法机关最需要的，却是司法判断和事实判断。将舆情分门别类，才能依循正当程序从舆情中获取有效信息，并推进舆情事件的最终解决。

众声喧哗：谁在激化舆情发展

在这个“人人都有麦克风”的时代里，网络舆情的发酵与激化成为涉事机关无法忽略的声浪。人民网舆情监测室秘书长祝华新甚至认为，网民已经成为中国最大的“压力集团”。他曾在《南方都市报》撰文指出：各地政府出于稳定民心、稳定大局的考虑，经常主动或被动地做出让步。对于卷入网络舆情事件漩涡中的政法部门来说，由于依法独立行使职权是政法权能的一大特征，受制网民倾向性意见的情形并不像行政部门那样多，但政法网络舆情也确实在一定程度上改变或影响了案件的结果。

序号	舆情事件	舆情关注的焦点	舆情触发之初的定性	舆情激化之后的结果
1	“躲猫猫”事件	李荞明的死因	“躲猫猫”时撞死	被狱霸打伤致死
2	河南灵宝王帅案	王帅等人在网上发帖的性质	涉嫌诽谤罪	无罪，给予国家赔偿
3	湖南罗彩霞事件	王佳俊是如何冒名顶替的	无表态	王父等责任人被立案调查
4	杭州“70码”	胡斌肇事时车速认定及胡涉嫌何罪	70码、涉嫌交通肇事罪	84.1～101.2 km/h范围、交通肇事罪（一审）
5	巴东邓玉娇案	邓玉娇刺死邓贵大的定性	涉嫌故意杀人罪	防卫过当但免除处罚（一审）
6	成都公交车纵火案	事故原因	不确定	人为纵火
7	习水嫖宿幼女案	官员性侵幼女的定性	嫖宿	以强迫卖淫罪判处被告人袁荣会无期徒刑；以嫖宿幼女罪分别判处被告人冯支洋有期徒刑14年，被告人陈村有期徒刑12年，被告人母明忠有期徒刑10年，被告人冯勇、李守明、黄永亮、陈孟然各有期徒刑7年。
8	石首群体性事件	涂远高的死因	自杀	自杀
9	上海交管部门“钓鱼执法”事件	张晖、孙中界两案的真相	执法并无不当	取证不当，赔礼道歉
10	浙江湖州“临时性强奸”案	两协警的定罪量刑	“临时性的即意犯罪”，判处有期徒刑三年	重审后判决邱某某有期徒刑十一年；判处蔡某某有期徒刑十一年六个月
11	阿荣旗“豪车检察长”事件	豪车来历	车是朋友的，牌照是临时的	豪车借自企业，刘丽洁请辞

12	深圳梁丽捡金案	梁丽是“盗”还是“捡”	涉嫌盗窃	不构成盗窃罪，不提起公诉
13	本溪张剑杀强拆者案案	张剑的定罪量刑	涉嫌故意伤害（致死）罪	故意伤害罪，有期徒刑3年，缓刑5年
14	成都唐福珍自焚阻拆事件	事件真相及暴力执法	妨害公务，暴力阻拆	唐亲属涉嫌妨害公务犯罪被拘；区城管执法局局长钟昌林停职接受调查
15	李庄案	李庄是否构成犯罪二审是否存在辩诉交易	一审有期徒刑2年6个月	二审认罪，改判有期徒刑1年6个月
16	呼和浩特越狱案	监狱管理漏洞	击毙一名囚犯，抓获三名囚犯	呼市第二监狱党委书记、监狱长张和平被免职，党委副书记、政委刘建宾和副监狱长邓建设、孙玉龙、王维平等人受到停职检查处分
17	南京张明宝醉驾案	张明宝的定罪量刑醉驾立法修改	危险方法危害公共安全	危险方法危害公共安全罪，一审被判处无期徒刑
18	成都孙伟铭醉驾案	孙伟铭的定罪量刑	以危险方法危害公共安全罪”被依法判处死刑	以危险方法危害公共安全罪，终审判处无期徒刑
19	云南陆良群体性事件	云南省规范媒体报道	群众诉求获满足，事件妥善解决	群众诉求获满足，事件妥善解决
20	阜阳检察官上班玩游戏事件	检察官上班时间玩游戏	胡顺被停职检查	胡顺被停职检查
21	湖北荆州“天价捞尸”案	八凌打捞公司见死不救、挟尸谈价、暴利垄断及政府不作为	八凌公司总经理陈波的行为构成敲诈勒索，对其拘留15天，并处1000元罚款	八凌公司退还36300元捞尸费

22	广东韶关玩具厂群殴事件	事件起因	查明真相，依法严肃处理责任人	肖建华死刑，以故意伤害罪判处被告人许其琪无期徒刑。其他被告被判有期徒刑。
23	吉林通钢事件	事件发生的原因	极少数担心既得利益受到损失，以及一些别有用心者制造的一起严重的群访事件	主犯纪宜刚被警方抓获
24	陕西丹凤高中生受审猝死案	徐梗荣的死因	徐梗荣患有原发性心肌病，由于外伤、疲劳等原因引发心跳骤停而死亡	丹凤县公安局原局长闫耀锋犯滥用职权罪被判处有期徒刑2年；原纪委书记王庆保犯玩忽职守罪被免予刑事处罚；刑警大队原教导员赵朔、原民警贾严刚犯刑讯逼供罪分别被判处有期徒刑2年6个月和1年6个月。商洛市公安局刑警支队原民警李红卫犯刑讯逼供罪被判处有期徒刑1年、缓刑1年。
25	武冈副市长坠楼身亡案	杨宽生的死因	精神抑郁自杀身亡	警方坚称自杀，家属网民质疑无果
26	昆明小学生卖淫案	两名小学生是否有卖淫行为，警方是否刑讯逼供	小学生卖淫案不成立，涉案人员被停职	一审张安芬、刘仕华犯容留卖淫罪，免予刑事处罚；二审维持原判
27	郑州扫黄公布小姐裸照事件	警方执法违法	媒体记者“擅自发布”	媒体记者“擅自发布”
28	芜湖中院关门审理“白宫书记”案	变相不公开审理	法院否认“不公开”	一审判处张治安死缓
29	阜新举报案	举报是否属实	上官宏祥“纯属造谣”	上官宏祥涉嫌诬告陷害被逮捕
30	内蒙古吴保全案	网络言论自由	启动再审程序	重审判处吴保全有期徒刑一年零六个月

2009年政法网络舆情热点事件在结果上均受到了舆情的影响

如上表所示，今年2月云南看守所“躲猫猫”事件中，在媒体出身的省委宣传部副部长伍皓的促成下，8名网友被推选为代表，进入看守所实地调查。虽然对网友介入司法的方式存在争议，但这个“网友调查团”有力地推动了为屈死者洗冤，以及随后的全国性整治“牢头狱霸”。

再如“跨省抓捕”事件中，河南灵宝籍青年王帅在天涯社区发帖，批评家乡违法征地，被羁押8天。《中国青年报》的报道出来后，网民质疑滚滚而来：网民发帖该不该被跨省抓捕？法律上有没有“诽谤政府罪”？基层政府能不能有网络监控权？事件的处理结果是，由河南省副省长兼公安厅厅长秦玉海出面承认王帅案是错案，并给予其国家赔偿。

随后，内蒙鄂尔多斯吴保全诽谤案也启动了审判监督程序。7月3日，该案发回一审法院重新审理。因为网民的压力，习水县检察院提升了官员嫖宿幼女案管辖级别，并对部分嫌犯的指控事故进行了修正；杭州警方为轻率认定飙车案时速“欺实马”而向公众道歉；邓玉娇被刑拘时案由是涉嫌故意杀人，一审判决下来成了防卫过当。

祝华新在其《Web2.0时代的对峙和对话》一文中分析认为，本来，政府在公共事务的新闻宣传中具有“主场优势”。因为政府掌握的信息远比公众个人所了解的信息全面而专业，中国政府对新闻媒体（无论报纸、电视还是网站）具有重大影响力，而且最主要的一条，政府应该具有权威性。但由于“政府在公共政策、社会治理、官员操守等方面存在严重的阙失”，再加之“‘官声’过于傲慢跋扈，凭借公权力的绝对强势地位，甚至不屑于对老百姓讲一点沟通技巧，一次次‘侮辱公众的智商’”，使得政府的主场优势成了“主场劣势”，公权力在web2.0平台上常处于被质疑、被嘲弄、被道德审判的位置上。特别是当政府一厢情愿地贯彻和灌输web1.0的宣传口径，却忽视甚至蔑视web2.0的疑虑和怨气，企图用删帖、封堵IP乃至“跨省抓捕”来压制不同的声音，有可能陷入“塔西佗陷阱”，即当政府不受欢迎的时候，好的政策与坏的政策都会得罪人民；当政府缺乏公信力时，政府的立场连同民间自发拥戴政府的声音都会受到排斥。就像韩寒在他那篇评论央视大火事件的博文中感慨道：“本来是真事，被这些媒体一说，新华社通稿一发，反而像个假事了；本来是个加分的事，被他们一宣扬，居然正正得负变成了一个减分的事情。”

一些地方的政法机关也因为长期以来存在着司法腐败、司法专横、司法不透明和种种司法潜规则等不能让公众满意的地方，而陷入了“塔西佗陷阱”。回顾“瓮安事件”、“石首事件”，虽然李树芬、涂远高的死均为自杀，但数以千计、甚至数以万计的群众仍然自甘“不明真相”，这背后的司法公信流失，与司法权威不再，着实值得政法机关深入反思。

尤其是在政法网络舆情的应对上，对不少地方的政法机关来说，还是“老革命碰到了新问题”。过去，只要借助于宣传系统去约束传统媒体，并通过控制互联网新闻信息服务资质来约束网站新闻，就能落实“宣传口径”，消除杂音。这种方式是借助于“我发你看”、信息单向传播的web1.0形态来保障实施的。然而，新闻跟帖、论坛/BBS、博客、播客、QQ群，特别是微博客的日趋活跃，宣告了网民自主发声、信息反向传播的web2.0甚至是web3.0形态的崛起。政法机关面对作为个体的网民和公众，只是“我说你听”不够了，还要学会“你问我答”。特别是应对负面舆情时，政法机关既应尊重舆情传播规律，从引导媒体和意见领袖开始去引导网络，还需要学会与网民直接沟通，通过耐心细致的说服去找回流失的公信。政法机关的宣传工作，有必要进行根本性的观念革新，即从一味的对外宣传，更新为公共关系。向媒体提供新闻源和相关材料，只是公共关系的一小部门。宣传部门（或称公共关系部门）更应去做的，是和媒体以及网民的日常联系和沟通。宣传部门不能只与官方媒体打交道，还应学会与都市类媒体以及网络媒体打交道。从2009年30例政法网络舆情热点事件来看，只有极少数事件的引发是以新华社的通稿为第一文本的，这还是官方通讯社对某些信息源的垄断所带来的。而其他热点事件，均是由网络、都市报或非政法类媒体的《中国青年报》等所触发的。与官方媒体舆论监督功能的日益弱化相比，中国的网络舆论异常发达，这需要各级政法机关投入更多的人力和物力来关注。

2009年的政法网络舆情热点事件表明，激化网络舆情的并不是网民，而是公权力部门的应对不当。例如在邓玉娇案中，政府一味地“捂盖子”。巴东县政府如临大敌，长江轮船停止停靠，外地人要检查身份证，宾馆宣布客满恕不接待，记者被不明身份的人围困和殴打。邓玉娇家乡野三关镇电视和网络信号因为“防雷击”而中断。正是在这样的背景下，上演了一出“屠夫大侠营救邓女侠”的活话剧。网友“屠夫”在其他网友的资助下赶到巴东，促成邓家聘请北京律师，并在博客里向网友随时报告案件进展。北京街头出现了“谁都可能成为邓玉娇”的“行为艺术”，更多的网友自费前往巴东“旅游”。

这种种颇有新闻点的事件，又成为媒体争相报道的对象。舆情在如此连续的报道中，不断吸纳新的网民加入对事件的关注，并强化了网民与巴东地方政府及政法部门的对抗。可以说，正是由于当地一些不恰当的做法，使得对公权力的不信任感、对司法公正的失望感、以及对社会公正的缺乏信心，成了网民的“刻版印象”。这些认知和情绪于林林总总的网络表达中一再被网民自我验证，又在网民之间相互激励、轮番放大。

在公共关系学面前，政法机关都是新手。学习并尊重舆情传播的规律，放下傲慢的身段俯声倾听民意，与网民平等交流，与媒体友好沟通，应成为政法机关的一项日常工作。

舆情效应：公众参与司法的网络依赖症

公众借助网络表达民意诉求在中国的迅猛发展，除却网络自身的技术因素，很大程度上与网络舆论平台的平等、自由、免费这三大特点密不可分。它对应的是网下的相对不平等、相对不自由和发表权的较高准入门槛。以博客为例，其本来面目应为“私人网络日志”，在极度缺乏表达平台的中国，“私人网志”却迅速演变成为具有公共性的发表园地。在中文博客中，无论是风风火火的名人博客，还是或热或冷的草根博客，大多是将“私人网志”视为“第六媒体”或诸如此类的功能来加以利用的。至于网络中其他常见的一些信息交流工具，其实均可从网下那些被虚置的公民政治权利中一一找到对应。如QQ群、SNS之于集会、结社；新闻留言与论坛发帖之于言论、出版等等。当我们感叹于网络舆情热浪袭人的同时，一定不要忘了，这实则是告诫我们，网下的“舆情表达”可能已是一片寒气逼人。

全国政协委员、北京市人民检察院副检察长甄贞曾在一次网络访谈中说到，检察机关在反腐败斗争中所面临的困难首先在于，“我们非常缺乏有价值的、有一定证据支撑的案件线索”。这一背景正源于检察机关目前普遍面临群众举报数量和质量双双下滑的窘境。这一与目前的腐败态势明显不相称的怪现状，并不是因为公众缺少举报的热情。而是因为我们的举报制度并不足以让公众对举报事项的解决怀有信心。因而网民宁愿在网上担当“扒粪者”，也不愿在网下履行正常的监督之权。于是形成了“一面是网络反腐如火如荼，一面是网下举报日渐冷却”的现象。

有学者指出，“中国当下的公众参与存在一种网络依赖症，没有哪个西方国家的互联网承载了这么大的显示民意的功能”。网络的匿名性、互动性与前述平等、自由、免费这三大特点，使许多网民找到表达诉求、发表意见的渠道，从而形成了新的网络舆论场。可以说，正是网络恰到好处地为公民提供了参与司法的新渠道，从而弥补了现实生活中公民参与司法的不通畅。对于民众而言，要在网下寻求一条有效的民意传递途径殊为不易，但在网上发出自己的声音却相当简单。即便对那些还不是网民的公民来说，使自己成为一名网民也比找一个可以上通民意的管道要相对简单得多。

以 2009 年开端的“躲猫猫事件”为例。云南晋宁看守所内一位在押人员的非正常死亡，之所以能引发波及全国的网络舆情危机，并不是源于警方将李荞明的死因归于“躲猫猫”太过离奇，而更应归咎于人们对司法不公、司法腐败，尤其是看守所管理混乱的特定社会现状的不满。“躲猫猫”在短短几天时间内迅速演化成网络第一流行语，暗含了网下的意见表达和司法救济之路被堵塞，网民才转而借用网络社区来发泄自己在网下社会中的不满。如果不是因为网络为近十余年积聚的民怨提供了一个宣泄的出口，并为公众缓解了在现实生活中不能有效表达意见和参与政治的挫折感与焦虑感，被压抑的权利终将以更激进的非理性行为表达出来。那将会给中国社会带来难以承受的政治动荡。

我们相信，从胡锦涛、温家宝等国家领导人以及政法高层都纷纷对网络日益表现出开明的姿态，是源于对网络这一权力冲突缓冲带的深刻认识。当今中国所面临的社会转型，在很多学者看来，实为千年未有之大变局。这场大变局正在由一个一元化社会转型为多元化社会，由一个臣民社会转型为一个市民社会，由一个单位社会转型为一个社区社会，由一个熟人社会转型为一个陌生人社会，由一个伦理本位的社会转型为一个契约本位的社会。于转型期间，社会阶层被重新洗牌，各阶层之间断裂加深。这种断裂又产生不满与对立。在现实社会中，被孤立的个体很难有勇气来向体制表达自己的异见。而网络的出现改变了这一境况。网络让分散化的社会底层人员得以整合，为那些勇于履行公民责任的民众提供了极为便捷的技术支持，并让“网络公民”成为可能。从 2009 年发生的诸多政法网络舆情事件中，我们可以清晰地发现，网络事实上承担了表达民情、舒缓民愤，甚至是传递真实信息的重要功能。而传统舆情通道的功能，却因官方“报喜不报忧”的潜规则而开始慢慢退化。包括中宣部、中政委、最高检等在内的各大中央机构，近几年

都纷纷在传统的“简报”、“信息”之外，另行创办了直递领导人的“网络舆情专报”，以此作为领导读网的工具。如最高检的《涉检网络舆情》，已经做到了每工作日一报，遇到特定的舆情事件还将专案专报。

问题在于，网络这条权力冲突的缓冲带可以被政法机关一直依赖下去吗？“躲猫猫事件”虽然因为一个“网民调查团”的介入，而成功地将舆情聚焦的目光转移到了网络监督的权责利弊上。但在网下的调查过程中，伴随“网民调查团”始终的无力感和无法逾越现实体制的无奈，让网络舆情最终还是回归到了对事件本身的关注，并落脚在看守所管理体制改革的推动上。“躲猫猫事件”的趋于和缓，也在于最高检察机关介入之后，真相迅速被查出。

网络空间或许是虚拟的，但网络舆情中所包含的民意诉求及其背后的权力冲突，都是真实的。真实的权力冲突需要真实的权力运行来化解。网络舆情的指向是推动解决网下的冲突，并实现更高层级的司法官员与基层民众的常态化沟通。

——正义网络传媒《政法网络舆情》编辑部

2010年4月8日

重庆打黑风暴

> 重庆打黑风暴与其说是打黑，不如说是某种意义上的内地版的“廉政风暴”。其实，黑恶势力本身并不可怕，可怕的是官黑勾结、警匪一家。之所以称重庆打黑风暴是“民心工程”，是因为警方内部的腐败及“权力寻租”已经到了令人无法容忍的地步，政府权威的旁落和公信力的式微，让整个社会的良知处在一种焦灼状态。重庆打黑风暴就是在这样的背景下发动的，因此，震撼神州，大快人心。
>
> ——中国人民大学新闻学院副院长、教授 喻国明

案例概要

● 6 月 20 日 ，重庆市启动新一轮的打黑除恶专项行动，成立了以市委常委、市政法委书记刘光磊为组长的打黑除恶专项斗争领导小组。政法各部门、纪检监察、组织、宣传、工商、税务、银行等均参与联动，公安机关组织了 15 个专案组重点突破。

● 6 月 25 日，重庆警方通报：数十个黑恶团伙的首犯陈明亮、龚刚模、岳村、樊华、王二娃、王天伦、雷德明、陈坤志等已经落网，大部分成员被擒，部分成员已投案自首，对漏网犯罪嫌疑人，警方将坚决展开域内外缉捕。7 月 14 日，另一位经济界的大鳄黎强因涉黑被警方拘留。其中，黎强、陈明亮、龚刚模个人资产过亿，在行业内都具有一定的影响力，并且黎强、陈明亮曾是重庆市、区人大代表。

● 6 月 29 日，重庆市各级公安机关将 20 万份《致重庆市民的一封信》送到市民手中，同时送到的还有一个打印好回信地址、印有“绝密”字样的信封以及足够资费的邮票。此举是为了方便市民和知情者举报涉黑线索。重庆公交车上安装的移动电视屏幕上，不停地滚动着“欢迎市民积极举报黑势力”的信息，并鼓励市民前往警局，与警局的负责人直接面谈。而重庆当地

若无特殊说明，本书中的时间年份均为 2009 年。

的电视、广播、报纸等媒体，也时常刊登鼓励市民“打黑”的相关信息。

重庆市高级法院亦做出表态，对于黑社会性质组织罪犯，一律不予假释；除了刑法规定的“被判死缓的，两年考察期满后应减为无期”和“有重大立功表现应减刑”外，黑老大将没有减刑机会，被判死缓、无期徒刑的黑老大将面临“终身监禁”。

● 6月29日，重庆最豪华的白宫会所被警方打掉后，有人发帖，以“白宫会所员工”的名义讲述委屈，称警方迫害。但这篇发表在天涯论坛里的“委屈帖”，却只得到了少数几个网民的支持。此后有关最近重庆打黑的新闻中，质疑与批评声寥寥，而网民几乎是一边倒地支持重庆的各项“打黑”行动。

● 7月31日，重庆新任公安局长王立军在一次座谈会上，郑重向重庆人承诺，“将从警方内部挖出黑势力的保护伞，还安宁给人民”。

● 8月7日，中央政治局委员、重庆市委书记薄熙来在市委第三次打黑除恶工作指挥调度会上说，涉及党政干部、政法干警的管理要及时研究，将不良分子甄别出来，纯洁队伍。

● 8月7日，中共重庆市纪委有关负责人向媒体证实，重庆市司法局局长（原公安局第一副局长）文强涉嫌严重违纪，正在接受组织调查。此举被视为政法队伍内部肃清“内鬼”，打黑风暴最有成效的标志性事件。

● 8月8日，文强被双规的消息出来后，在相关论坛上，网民们又一边倒地喊出了“支持王立军，支持薄熙来”的口号。

● 8月13日，重庆市政府召开新闻发布会表示，经过50多天的战役攻坚，市公安局打黑除恶专项斗争打掉14个黑恶势力团伙，已抓获陈明亮等19名黑恶势力首犯，100多名黑社会团伙骨干成员。目前重庆现行命案破案率达到了91.35%，破命案积案超过去5年的总和，110接警量下降40%，“群众安全感明显增强”。

● 8月16日，重庆市委常委、政法委书记、重庆市打黑除恶专项斗争领导小组组长刘光磊接受媒体采访时表示，打黑除恶专项斗争开展以来，人民群众踊跃检举、揭发、控告黑恶犯罪，向公安机关提供线索9165条，其中80%都是实名举报。

● 8月17日，重庆当地每家媒体都收到市公安局发布的一个消息，整齐划一地刊登数个版面，公布被执行逮捕的67名涉黑涉恶团伙首犯和骨干的相片，部分人员为人大代表或政协委员。截至8月中旬，重庆市落入法网的涉黑成员已达1500余人，另有50多名官员因贪腐入狱。

● 8月24日，重庆市检察院披露，今年1-7月，全市检察机关共立案查办职务犯罪案件523件701人。

● 9月中下旬开始，涉黑案件陆续起诉到重庆五个中级法院中的四个中院。

● 9月25日，中共中央政治局常委、中央政法委书记周永康专门做出批示，称重庆打击铲除黑恶势力是让老百姓过上安定日子的民心工程，

● 10月12日-26日，重庆市各中级法院相继对杨天庆、刘钟永、谢才萍、张波、黎强等五起涉黑案件进行了公开审理。

● 10月29日上午10时，重庆市政府新闻办召开“打黑除恶”专题新闻发布会。重庆市委常委、政法委书记、重庆打黑除恶专项斗争工作领导小组组长刘光磊、市高院院长钱锋、市人民检察院检察长余敏、市政法委常务副书记陈焕奎、市委宣传部副部长周波、市公安局副局长王云生出席新闻发布会。这是至打黑除恶专项行动进入公开审判以来召开的最高规格的一次公开新闻发布会。根据打黑除恶专项行动中发现的职务犯罪线索，重庆市检察机关共组成20多个专案组，其中投入公诉检察官200余人，立案查办职务犯罪案件47件52人，其中有21人直接收受了涉黑人员的贿赂。

● 12月1日，重庆市委召开三届六次全会，薄熙来在会上誓言：无论“大贪”还是“小腐”，都要坚决查处，绝不容情。

● 12月8日，重庆市第五中级人民法院公开开庭审理“重庆猪霸”王天伦涉黑案。王天伦被控组织、领导黑社会性质组织罪、强迫交易罪、故意伤害罪、行贿罪、敲诈勒索罪、聚众斗殴罪、寻衅滋事罪、非法拘禁罪等8项罪名。

海内外舆论高度关注重庆“打黑除恶”

【新闻概述】

2007年主政重庆后，中共中央政治局委员、重庆市委书记薄熙来提出了“平安重庆”的目标。次年6月，他将“打黑英雄”王立军从辽宁调至重庆任公安局局长。至此，一场“打黑风暴”悄然拉开。

2008年以来，相继发生在重庆的出租车罢运事件、“7字头”公交车事故以及“3·19”枪案等，让主政者觉察到了涉黑问题的严重性，打黑行动开始提速。有媒体分析，重庆涉黑势力主要集中在运输、“放水”(高利贷) 等几个行业。而在个别市场，还有肉霸、菜霸，甚至可以进一步细分到猪肉霸、牛肉霸、猪脆骨霸；在建筑行当，有沙霸、石霸、砖霸等。天涯社区则有网民发帖预言一些涉黑人物将落马，该帖的预言后来多数得到印证。

截至2009年8月中旬，重庆市落入法网的涉黑成员已达1500余人，另有50多名官员因贪腐入狱。被执行逮捕的67名涉黑涉恶团伙首犯和骨干部分人员为人大代表或政协委员。2009年8月，重庆司法局局长、被传与多名“黑老大”交往甚密的文强落马。这被认为是重庆“打黑风暴”中的一个关键节点。

【舆情演进】

重庆的“打黑除恶”行动自王立军调任重庆之后已着手准备。2009年4月底正式启动。到8月17日，重庆警方向媒体公开了第一轮“打黑除恶”的成果，部分在当地较有影响的涉黑人员被公开。在此之后的一周时间里，舆情逐渐激化并在文强落马的消息传出后达到高潮。具体的舆情演进方向及媒体关注点的变化可参考下表。

本书所选用案例稿件由2009年度《政法网络舆情》相关稿件综合整理而成。

发表时间	文章标题	转载篇数
8.25	重庆打黑:一张撒向"黑老大"和"保护伞"的天罗地网	221
8.25	父亲打黑查赌中枪身亡 25岁警花愿冲上打黑第一线	10
8.24	重庆打黑挖出多条黑链 高利贷规模达财政收入1/3	934
8.24	93页判决书 涪陵黑老大垄断河沙市场领刑20年	76
8.22	陈家湾农贸市场"地头蛇"打掉了	41
8.22	西三街程家三姐弟涉黑 一审分别被判20年19年6年	28
8.21	薄熙来视察公安基层所队:"让犯罪分子感到害怕"	523
8.21	央视节目剑指重庆黑道 "黑老大"陈坤志被抓	654
8.21	黑老大被捕后 旗下企业日子如何?	188
8.21	重庆黑老大上央视骂"黑社会很低级"	870
8.20	黎强家族4人涉黑 他涉嫌是去年出租车罢运事件策划者	93
8.20	白云湖赌场案 文强打招呼放人	30
8.20	陈明亮涉黑团伙23人基本情况	42
8.20	控制澳门赌场 非法敛财数亿 陈明亮涉黑案细节公布	91
8.20	这些黑恶人员是些啥身份 曾有"神帖"预言他们落马	94
8.19	子公司涉黑 上海梅林更换重庆总经理	728
8.19	重庆扫黑记:从司法局长落马到50多名贪官入狱	1220
8.17	"黑恶必除 除恶务尽"	6530
8.11	最高法部署打黑除恶要求深挖严惩保护伞	81
8.6	严打外流毒贩 梁平摘掉挂牌整治帽子	20
7.3	警方"打黑除恶"见成效 市民自发上门送锦旗	185
7.3	张轩:要把法制建设作为"平安重庆"建设的核心	30
7.1	10市民不惧持刀凶手协助警察围堵追捕	45
6.3	20万个"绝密"信封送给市民 方便市民举报涉黑线索	37
6.3	重庆市民收到警方"绝密"信封 请提供打黑线索	275
6.23	举报贪官可获10%赃款奖励 有四种举报方式	18
6.22	重庆警方掀"打黑"风暴 正告黑恶团伙成员自首	125
4.27	枪支爆炸物品清理整治行动一月	1210
4.22	平安重庆建设确定今年抓好20项重点工作	1860

重庆"打黑除恶"舆情演进表

【国内网络舆情摘要】

国内的网络舆情主要集中在对重庆黑恶势力贯穿黑白两道的追问，也有网民借此反思依靠能吏“打黑除恶”的局限。如王琳在《南方都市报》发表了题为《打黑能吏可遇不可求》的文章。作者认为，王立军只有一个，如王这般的打黑能吏可遇而不可求。作为高层决策者，理应着力于基础制度的建构，让打黑除恶成为日常司法的一部分，让民众对治安的真实感知能够与职能部门的日常执法保持良性互动。

更多网友从重庆“打黑”的实例出发，呼吁为“打黑”行动建立长效机制。如网民“冷雪峰”在中国网发表题为《“打黑”要风暴，更要持之以恒》的文章写道，重庆警方的“打黑”风暴刮过之后，要把维护和保持良好社会治安秩序的重拳，施展在日常的邪恶势力露头就打上。让小混混们成了江湖老油子，拉帮结派了，养虎为患，民怨沸腾了，此时虽然打得痛快淋漓也成果显著，劳苦功高，但警方面对褒奖更应忐忑不安，为重拳出迟了羞愧！

也有网民呼吁将重庆“打黑”推广至全国。如网友“两江书生”在华龙网发表文章《让重庆打黑风暴燃向全国！》认为，重庆“打黑”为地方政府恢复公众信心、凝聚发展意志，营造了当前难得一见的官民良性互动环境。但打黑风暴掀起的巨浪几乎涉及社会生活方方面面，问题之严峻、影响之恶劣、黑恶势力的介入之深，宛如撕开了市民社会一道深深的伤口，让观察者感到社会建设滞后带来的严峻形势和严重后果——回归十七大中央关于强化社会建设的阐述，让重庆打黑风暴燃向全国，已经不仅仅是正面回应亿万网民的呐喊和呼声了，而是执政党以霹雳手段铁腕治警、整顿司法、清除社会建设滞后带来严重影响所必须采取的一项艰巨社会治理任务了。

重庆“打黑”何以成果丰硕。人民网一网友在题为《薄熙来重庆打黑都用了啥绝招？》一文中陈述了自己的看法。作者认为，薄熙来重庆打黑，为各地树立了一个标杆和榜样，至少在三个方面是值得学习的：一是要敢打。各级党委、政府的“一把手”首先要有这样的决心、胆识和魄力，要动真的，来实的，碰硬的；二是要能打。用的人必须干净、得力，既骁勇善战，又无后顾之忧，保证能打得赢；三是要会打。打黑如同打仗一样，要懂兵法、会战术，搞情报、投石子、掺沙子、挖墙脚都要有一套，才能保证一网打尽，永绝后患，万世太平。

【境外媒体观点摘要】

英国广播公司日前转发了《卫报》的文章《外媒关注重庆打黑》。文章称，百万富翁，警察头子，非法赌场，放高利贷的人，警察追捕数百的黑帮分子，这可不是好莱坞警匪大片的情节，而是中国重庆打击有组织犯罪集团和他们有权有势的保护伞的行动。文章还提到，警方宣布他们已经抓获了1544人，还在继续搜捕14个黑帮团伙的另外469人。重庆司法局的局长文强也已被“双规”。

《卫报》文章还讲道，黑社会犯罪在中国日趋严重。经济开放，人口流动增加，社会日益严重的不平等和官员的腐败都是造成这种局面的重要因素。人口走私、毒品买卖和非法赌博等都是极其有利可图的。去年公安部门一位官员就对《中国日报》说，黑帮团伙的犯罪已经成为对经济和社会稳定的威胁。不过美国私人情报机构、斯特拉福公司称，在黑社会问题上中国同俄罗斯和意大利不同的是，中国的有组织犯罪都有极强的地方性。一旦黑帮组织的发展超出了地区范围，就会遭到政府的“严打”。

香港《南华早报》8月22日社论《腐败击中国家发展要害》提出，腐败是中国发展面临的最大挑战。社会各层面普遍存在的腐败现象妨碍的远不止是经济的增长，还影响或阻碍了在建设法治社会、公正透明的司法体系，实现有效的环境保护及规章制度监管方面取得进步。作者认为，严重的腐败问题肯定会影响到让西部内陆地区实现长期繁荣的行动。要让民众真正信任政府的管理体系，刚正不阿的警察队伍是必不可少的。警察的形象与党的形象息息相关。文章最后指出，再没有什么能比这次事件更清楚地表明内地制衡体制的缺乏。警方必须处于司法、媒体和社会的监管之下。要想铲除腐败，必须严格地将这一点落实到位。

法国《世界报》8月23日报道《中国：重庆市开展打击黑势力行动》称，像过去的上海或芝加哥一样正在蓬勃发展的中国中部大城市重庆，正被载入有组织犯罪的都市传奇故事中。文章认为，10月1日国庆节的临近，也是中国各地打击贪污腐败等犯罪行为、进行清理整顿的时机。重庆打黑行动揭开了有些权力机关（特别是警察和司法机关）与受其保护的“大掠夺者”之间经常串通一气的面纱，引起媒体广泛关注。

【相关链接】

http://news.sohu.com/s2009/chongqingdahei/

重庆“打黑风暴”网络舆情扫描

最近，重庆市针对黑恶势力犯罪猖獗的现状，重拳出击，开展了一系列打击活动，取得了巨大成绩。几名身份显赫、影响巨大的亿万企业富豪，如黎强、陈明亮等相继因涉黑涉恶被逮捕；黑恶势力的保护伞原重庆市公安局副局长、司法局局长文强，重庆市公安局副局长彭长健等几十名公安系统处级以上干部因涉嫌重大违纪违法行为被“双规”或接受审查。

重庆刮起的“打黑风暴”由重庆当地媒体和华龙网最早报道，之后很快成为网络内外热议的话题。以“重庆、打黑”为关键词在百度进行搜索，查询结果超过 134 万项。从 8 月 22 日第一次总结数据出台至今，每次相关新闻的发布都会引起舆情的爆发。中央电视台、香港凤凰卫视均推出了专题报道；《中国新闻周刊》、《瞭望新闻周刊》推出了系列文章；各大网络媒体积极跟进。人民网、中国共产党新闻网、新华网，网易、搜狐网等都将其放在重要位置，并搜集整理相关评论文章形成专题；网民也在论坛、社区、个人博客中进行转载、跟帖和评论，一时间网声鼎沸，群情激奋。

两种网络声音：赞誉与质疑

据报道，今年 6 月以来至 8 月 15 日，重庆掀起的“打黑”风暴成功破获黑恶势力团伙 104 个，逮捕陈明亮、马当、岳宁、岳村、陈坤志、龚刚模、黎强等 67 名涉黑涉恶团伙首犯及骨干人员，抓捕黑恶团伙成员 1544 人；收缴枪支 48 支、子弹 877 发；查封、冻结、扣押涉案资产 15.3 亿元；累计破获查处各类案件 1009 起，其中破获刑事案件 892 起。查明重庆高利贷逾 300 亿元，规模已占全年财政收入的 1/3 强。

这次打黑风暴离不开人民的积极参与，其中自然也有网民的一份功劳。6 月 25 日，重庆市公安局对外发出《致重庆市民的一封信》，吁请市民积极举报黑恶犯罪团伙。一石激起千层浪，公开信经各大媒体刊发后，引起了强烈反响。警方公布的举报电话“热”得发烫，网络关于“重庆开始打黑除恶”的帖文点击量急速飙升。市民对警方的“打黑除恶”抱有极大希望，对警方的行动拍手称快，并积极向公安机关举报黑恶势力的行踪。

打黑取得丰硕成果获得了网民几乎一致的赞誉。《重庆晚报》网站有网友评论：这为地方政府恢复公众信心，凝聚发展意志，营造了当前难得一见的官民良性互动环境，可见打黑除恶真是实实在在的民心工程，“平安重庆”

由此得到保障。天涯社区上网民们对此拍案叫绝的热帖比比皆是，甚至法国《欧洲时报》也以《中国“打黑”完美起步 社会建设走向纵深》为题对中国重庆警方掀起的此次“扫黑风暴”进行了积极的评述。

同时也有一部分网民质疑打黑。如网友“康康狼”在天涯社区发表帖子称，作为一个重庆人，他认为本次扫黑风暴对本地经济建设影响很大，现在警政商企人心惶惶，导致一些人直接失业。很多商企小心翼翼，短期都不敢动作，要大家安下心的回来发展经济，恐怕没个一年两年是不行的。尽管有99%赞成打黑，他宁愿做那1%。该帖在天涯社区人气很高，点击量和回复都很多。绝大多数回复都批驳了他的观点，认为要想发展经济，就要建立公正公平的经营环境，才能吸引更多的能对社会做出贡献的人才留得下来，才能让广大重庆市民长期得到实惠。靠黑社会势力及保护伞发展经济，得利的只有极少数人。

有专家在媒体发表观点认为，打击黑恶势力无疑是正义的行为，所以会受到广泛的欢迎，但由于确有它的复杂性，如何界定其黑社会的性质和采用的方法与策略值得商榷。对此，中南大学孙锡良8月26日在强国论坛发帖《是谁在对重庆“打黑除恶”进行疯狂反扑？》反驳道，“这种正气浩荡的打黑行动却莫名其妙地遭受质疑，甚至开始遭到反扑”，“有些人将黑社会模糊化”，“知识分子和某些法学专家急于为黑社会开脱”，质问“为什么全国各地的政客们都在旁观看戏？”，“有些人开始叫嚣重庆打黑有些过头，并以经济建设相威胁，令一些正义人士突然不敢发声了”。孙锡良认为，“只要掌握了充分证据，抓多少都不存打击过头的问题，有些人借‘过头’之说无非是想要重庆方面放弃行动，给黑社会势力反扑提供时间，为全国范围内的一些非法黑社会性质的资本家提供攻击重庆的机会”，要求“有良知的中国人切莫站错队伍”，“值此关键时刻，任何有良知的人都必须站出来揭露某些人的丑恶嘴脸，任何正义力量都有责任为重庆市的除恶行动给予最高的支持”。该文阅读人数超过6万，有300多个跟帖，其观点得到了网民们的一致赞同和坚决支持。

两个关键人物:薄熙来与王立军

网络舆论认为，重庆市委书记薄熙来和新任重庆市公安局长王立军是本次打黑风暴的发动者和功臣。其中，薄熙来提出建设“平安重庆”战略，并将其演变为一场持续两个多月的“打黑除恶专项斗争”。薄熙来认为，“实现

重庆又好又快的发展，一定要两方面使劲，在抓好经济发展的同时，确保社会的稳定，不仅让全市人民有安全感，也让外来投资者安心、放心，从而更有信心。”而王立军在辽宁就是“打黑先锋”，这一次更是提出，“重庆在这一轮打黑除恶斗争中，要‘内除积弊，外销积怨’，对于黑势力的保护伞将一查到底！”

网友“风雪相依”在其博文《薄熙来给省委书记们上了一课：维“稳”先要打“黑”》中指出，有这样深谙民情的带头人，有这样敢于为民除害的领导，老百姓们才能真正理解“和谐”的含义，才能真正享受“稳定”的生活。百度贴吧的王立军吧从8月至今帖子数超过3000，其中点击率过万的帖子有十几个，基本所有的帖子都是关切和赞扬，把这位局长说成是“王青天”、“王展昭”。在贴吧中有一篇题为《如果王局长遇到坏蛋报复，愿意护驾和挡子弹的人，请支持一下！》的帖子，点击数超过6000次，有近300人回帖，称自己愿意替王局长挡子弹。正如另一位网友评论所说，中国的老百姓是世界上最好的老百姓，只要你真心对他们，他们自然也不会吝惜赞誉之词和爱护之心。

也有网民质疑个人的力量。光明网“光明观察”刊发金海燕的文章《打黑除恶不能靠英雄》认为，重庆打黑，有声有色，不同凡响，卓有成效，自然离不开“市委书记的决心打黑和公安局长的敢于下手”，在这一点上他们是人们普遍赞誉的英雄。但是靠人不如靠制度，一旦英雄不在，一切会不会又重回原点？对此，中国共产党新闻网梁煜璋发表《王立军不是一个人在战斗》，观点与之针锋相对，指出“他们又是谁？仅仅是他们自己？不！正如人们往往容易忽视拿破仑身后成千上万的士兵一样，在薄熙来、王立军背后依然是无数默默无闻的干警和同志，是三千万的重庆市民，是他们的团结奋斗，是他们的众志成城，是他们的同仇敌忾，才让我们看到了那样一个振奋人心的局面。”文章还强调，“制度也是靠人来落实的。现在的重庆打黑风暴就是落实制度的产物”。

的确，新闻媒体和网络舆论也注意到了政法干警在打黑中的重要作用。毕竟，单靠两个人是不可能完成这种重任的。华龙网发表阿依郎文章《重庆打黑除恶，堪称全国典范》中总结到，这次打黑之所以成功离不开司法的强力支持，重庆市高院积极配合全市的打黑除恶工作，并出台规定——从2009年7月14日起，重庆市各级法院在对待黑恶势力犯罪案件时将严格执行“三个一律”政策，即对黑社会性质组织罪犯，一律不予假释；对于黑社会性质组织的组织者、领导者，一律不予减刑；对黑社会性质组织其他罪犯的减刑，在裁定前也要一律公开听证。这“三个一律”政策在全国司法界开了先河，从法律角度对黑社会分子进行彻底毁灭性的打击。

根据警方内部消息，王立军每天仅仅休息三四个小时，而其领导的15个打黑专案组的3000多名民警，均是吃住在专案组。在办案进入“深水区”阶段后，重庆市公安局“打黑”专案组的核心办案人员均被要求签订一份保密协议，不仅本人不能对外发布一切关于打黑斗争调查的信息，连家人也被要求一概“封口”。

两个打击重点：黑老大与红帽子

这次重庆打黑之所以与众不同，关键在于不光打“老鼠”，也打“老虎”。“剑锋所指，不是那些社会底层的小鱼小虾、流氓混混，而是那些已经混入社会上层，甚至进入人大政协，与某些党政官员有着说不清道不明盘根错节关系的、亦黑亦商亦官、有头有脸的人物和他们背后公安系统的重量级人物。”（《福建日报》8月31日文章《重拳打黑为什么让人振奋》）

有网民总结，这次重庆打黑的重点就是黑老大和红帽子。黑老大就是渝中区人大代表、重庆江州实业集团董事长陈明亮，市人大代表、“车霸”黎强等等。8月17日，重庆市公安局公布了被执行逮捕的67名涉黑涉恶团伙首犯和骨干的照片，部分人员为人大代表或政协委员，对此，人们拍手称快。而更具标志性的事件是8月7日“红帽子”的倒下，即重庆市司法局局长文强涉嫌严重违纪被“双规”。文强长期担任重庆市公安局副局长，多年主管刑侦、治安工作，是专项行动中落马的最高级别官员。9月4日，重庆市公安局副局长彭长健因涉嫌严重违纪被“双规”。另外，著名“学者型官员”重庆市检察院第一分院副检察长毛建平也被“双规”。据称，目前仍不断有各种关于当地官员落马的最新消息流传，知情人士目击当地数位区县公安分局局长、副局长被带走调查。据初步统计，重庆全市公安系统已有20多位处级以上官员因涉黑被掀翻落马，其中包括市公安局经侦总队长、刑警总队一副总队长、一名支队长、公交分局局长，以及渝北、北碚、江北、南岸、渝中等区县公安局局长或副局长，另外还有一大批普通民警。

新华社发表黄豁、王晓磊文章《谁给黑老大戴上了红帽子》指出，群众在拍手称快的同时，也感到触目惊心：落网的“黑老大”中不少人都头顶人大

代表或政协委员的“光环”。文章认为，人大代表、政协委员肩负神圣的职责和使命，其产生过程有严格的程序和规定。但是，一些地方却把人大代表、政协委员作为一种组织安排，作为一种政治待遇，向所谓的“致富能人”倾斜，似乎挣钱多、能纳税就一俊遮百丑而成为代表委员，最重要的民意基础反而成了可有可无的指标。这其实是一些干部“GDP崇拜”和政绩观异化的另一种表现，也是“黑老大”戴上“红帽子”的土壤。

红网发表卢云东文章《“打黑”就要敢摘黑老大的“红帽子”》认为，这个“红帽子”既有“头上戴着”之意，更有“背后、上面”有人、有保护伞之意。比如文强，就长期充当了重庆不少“黑老大”的帮凶。各地“黑老大”之所以能成为“老大”，其后无一例外有“红帽子”撑腰，甚至得到某些政府机关的纵容。因此各地推广重庆经验时，必须先查“黑老大”背后的“红帽子”，特别是要彻查官员、执法人员涉黑的问题，对涉黑的“红帽子”要依法予以严惩。防止红黑内外勾结，黑白一家，前面布置打黑，后面跑风漏气，打黑成果也只是抓几个小喽啰当炮灰，而放掉真正“黑老大”。

网民呼吁:由重庆推至全国

8月16日，重庆市委常委、市政法委书记、市打黑除恶专项斗争领导小组组长刘光磊接受记者采访时表示，“西部大开发必然会出现新一轮的人财物大流动，社会管理、控制和防范机制跟不上，社会治安随之也将出现新的情况、新的特点”，“(黑社会)渗透的领域不断拓宽，大到能源、交通、建筑等事关国计民生的重点项目，小到粮油菜肉等事关老百姓日常生活的商贸活动，只要有利可图，黑恶势力就无孔不入”。

有网友认为，这种情况和特点并非重庆独有，没有证据表明重庆的黑恶势力比其他地区更猖獗，没有证据表明重庆的黑恶势力更好打。网友“guguoliang1979”在天涯社区发帖《薄熙来扬红抑黑深谙民意:其他省份为何不跟进?》认为，黑恶势力是全国的现象，黑恶势力的触角已经渗入政府内部，一旦让他们控制行政权力，则是一方百姓的不幸，由黑恶势力所带来的不稳定因素势必影响国家的发展和未来，对黑恶势力的能量决不可低估。重庆打黑现在已经取得了很多经验，效果是明显的，为了能够让其他地方及时跟进，就必须在全国采取统一行动，实行统一号令，依靠群众，发动群众，相信群众，紧紧地依靠得群众，发挥群众内部蕴藏的巨大能动性，党内党外，政内政外，上下一条心来打黑，我相信取得的成绩会比薄熙来大得多，效果也好得多。

此外，大河网和汉网等多家地方媒体都引用相关网络评论和博文，建议尽快将重庆的打黑经验和做法推向全国。

【相关链接】

http://news.ifeng.com/mainland/special/chongqingdahei/

http://news.sohu.com/s2009/chongqingdahei/

http://www.cqcb.com/cbinfo/plus/list.php?tid=9

http://www.wyzxsx.com/Article/Special/boxilai/Index.html

重庆涉黑官员舆情一览

目前，按照重庆官方的说法，打黑已经进入全面攻坚阶段，而其重要标志就是挖出了一批保护伞。

一、贪官的数量

文强：重庆司法局长，原重庆公安局常务副局长。级别最高，最具标志性的保护伞。据接近文强专案组的人士透露，面对审问，文强态度强硬，甚至向办案人员叫嚣："别想通过审问从我口中获得更多的东西！你们审问我的方法，是我以前审问罪犯的方法！"但是，其妻子已经配合专案组从鱼塘里捞出三千万现金。

彭长健：重庆公安局副局长，曾长期担任重庆公安局政治部主任。传言称其已于双规期间死亡，是急性心肌梗塞所致，属于在高度紧张、恐惧的心理压力下的猝死。但有记者多方采访，无法证实以上消息。重庆官方对此亦没有作出任何回应。

陈洪刚：先后任重庆主城区南岸区公安分局副局长、局长、重庆市公安局交通管理局局长，传其接受审问时突然往墙上撞去，自杀未遂。

这还仅仅是重庆市公安局的涉黑高官，另外，政法系统还有重庆高院副院长张弢、执行局局长乌小青、某检察分院副检察长、重庆市公安局经侦总

队总队长陈光明和一批公安分局局长、副局长等高官也都纷纷落马。

重庆市的打黑行动持续了两个月，共有1544名犯罪嫌疑人被拘留，当中包括黑帮成员及其保护伞。目前，重庆打黑专案组已增加至200个，参战民警达7000人。据报道，10月20日主城打黑将告一段落，主战场将向区县延伸，其中三峡库区的万州等区县将是重点战场；同时，除继续保持对政法系统黑势力“保护伞”的高压打击外，将正式启动对隐藏在党政机关的“保护伞”的清剿。

目前已经发现，重庆煤矿安全监察局党组成员、副局长王西平在重庆市万盛区以“黑社会”手段强行吃掉一个年产值数千万的煤矿，不久前已被逮捕。另外，据重庆当地媒体报道：经万盛区纪委证实，万盛区政协副主席、区安监局局长赵威涉嫌违纪已被双规，万盛区国土局副局长、黑山管委会副主任熊勇涉嫌犯罪正在接受检察机关调查，重庆振兴煤业（集团）有限公司董事长方建红涉嫌犯罪已被检察机关立案侦查。

人民网网友“王捷”发帖“重庆市交管局长涉黑被双规，坊间咋很‘平静’？”称，他发现媒体和网络对陈洪刚继文强和彭长健之后被双规表现得比较平淡，甚至比较平静，没有此前两个厅官涉黑落马被双规时那么兴奋和有激情。究其原因，一是前面已经挖出了两个重量级高官，坊间早已唏嘘惊叹过了——原来如此！也早已欢呼过了——真痛快！此次爆出的这个厅官，级别不出其右，也没有新的看点，所以坊间显得比较平淡。二是在坊间看来，随着打黑进入深水区，类似于陈洪刚这样的官员涉黑落马的现象是很正常的事，不值得奇怪。甚至还在等待“下文”，看看还有哪些贪官陆续被双规。看来，这次落马的贪官，数量绝对是惊人了。

二、网民的力量

重庆此轮治警打黑已经取得民众信任，是罕见的获得官方、普通群众、网络民意一致认可的施政行为。不少知情网民大胆揭黑，实际上起到了人肉搜索涉黑警员、官员、黑帮人物犯罪线索的作用，为警方提供了大量宝贵咨询，这或许是网民“预测”准确度高的一大原因。

人民网“强国博客”发表金世遗的博文《揭秘重庆打黑中的“天涯高人”》认为，重庆人民在打黑中，充分发挥自己的聪明才智。他们在五种方式（信件、短信、电话、当面、预约领导）举报黑恶势力的基础上，又创造了一种高效举报方式，即在天涯重庆论坛“预测举报”涉黑官员。细心的人们还会发现，这种“预测举报”方式功效前所未有，因为，“天涯高人”的每次预测都是那么的准确，那么的神奇、那么的不可思议。所以，“天涯高人”的出现，从某一角度上看正是“人民战争”的集中体现，“天涯高人”就是人民群众的“集中代表”，他可能是某一智慧个人，也可能是某一智慧集团。总之，“天涯高人”就是重庆打黑行动中的无名英雄，为重庆打黑立下了汗马功劳。

三、正义的含量

对于打黑行动，网民拍手称赞，对于黑社会及其“保护伞”，网民深恶痛绝，很多人就简单发两个字——支持，更多人感叹，为什么自己所在地没有开展这样的打黑行动，没有打出这么大的黑社会和保护伞。

网友“南云楼”在凯迪社区发表帖子《重庆打黑的社会正义含量》，充分肯定了重庆打黑的积极意义。他分析到，公平、正义、效率，是人类社会自古以来追求的目标。无论在任何制度下，只要能实现这三者的共同提高，就能为人类创造幸福；这也是衡量一个社会文明进步的重要指标。现有资料表明，重庆的黑恶势力勾结权力人士，长期大肆以私人暴力剥夺他人人权、破坏市场公平交易，严重损害社会公平、正义、效率，这是任何社会都难以容忍的严重犯罪行为。打击这样的黑恶势力，客观上将提高社会整体福利，匡扶社会正义。打击黑恶势力，无论在任何社会环境中，都有益于社会公平、正义的提高，有益于社会效率的提高。重庆打黑，只有社会公平、正义的提升，没有不公平可言。

针对有报道称文强态度强硬，什么也不说，网友“dkyuelin”在凤凰网发表博文《重庆涉黑局长死猪不怕开水烫？》分析到，他已经沦为罪犯了，咋还这么横？咋还这么嚣张？大概有这么几个可能：一是自恃后台强硬，没人敢把他怎么样。文强是黑社会的后台，文强的后台又是谁？这个问题很值得思考。二是用宁死不招的方式，报答“毕佬爷”的提携之恩，为自己以后的东山再起埋下伏笔。三是他当公安有那么多年，懂得公安破案的全部套路，于是，他就抱着招也没有出路，不招也不过是没有出路的想法。也有网民认为这是最后的疯狂，重庆的打黑风暴必然会让文强领教正义的力量。

【相关链接】

http://blog.people.com.cn/blog/c51/s291830,w1252708148716151

http://shehui.daqi.com/bbs/20/2695886.html

http://www.kdnet.net

重庆涉黑案集中开审引发网民猜想

【新闻综述】

据《重庆晚报》10月9日报道，10月12日起，涉黑案件将陆续开庭审理。从10月4日起，重庆大部分中级法院的刑事法官就提前结束国庆长假，投入到了紧张忙碌的“打黑除恶”审判准备工作中。

人数多 时间紧

所有的涉黑案件都是国庆前几天起诉到法院，庭前准备时间特别紧张。这些案件大多涉案人数众多、犯罪事实多、涉案罪名多、作案时间跨度长、证据材料特别繁杂。据了解，这些涉黑案件被告人人数最多的超过60人，最少的也有16人，作案跨度时间最长的近10年，最短的亦有3年，触犯罪名最多的达13项，证据卷宗最多的案件有100余本，最少的也有24本。涉案罪名多达十余项，个案庭审时间最长将达十五六天，将创下重庆法院审判历史多项之最。承办法官在10月4日就提前结束了国庆长假，专心消化案情。

守“铁规” 办“铁案”

全市法院明确了四条“铁规”：一是依法。严格按照刑法第二百九十四条及全国人大常委会关于刑法该条第一款的解释规定，黑社会性质的组织应同时具备四个特征，才能认定。既要防止将涉黑犯罪作为一般刑事犯罪或者社会治安案件来对待，又不能为显示成绩而扩大打击面，片面追求社会轰动效应。二是公正。重点是做到三个“准确认定”：一是准确认定涉黑案件的组织、领导黑社会性质组织罪罪名；二是准确认定黑社会性质组织的组织者、领导者和骨干成员；三是准确认定涉黑案件除组织、领导黑社会性质组织罪以外的主要罪名。严格把好涉黑案件的事实关、证据关和法律适用关，把每个案件都办成铁案。三是文明。不因为涉黑案件被告人的社会危害性和公众的仇视心理而剥夺被告人的应有权利。会与普通刑事犯罪一样，严格遵守法定程序，严守审判中立，充分告知被告人应当享有的回避、辩护、最后陈述等各项诉讼权利，充分保障被告人及其辩护人的知情权、辩护权。四是高效。尽管涉黑案件审理难度很大，但非依法定理由，必须在法律规定的审限期内审结。各中院都统一建立了审判进度表，由专人负责督促，杜绝超审限和超期羁押。

准备足 迎高峰

9月初，重庆各个中院就下达了“死命令”：所有正在审理的刑事案件必须“能结尽结”，以便腾出时间迎接涉黑案件的审理高峰。

在做好时间准备的同时，各中院也进行了审判力量的准备。组建了数个专门合议庭，并拟定了根据案件审理情况随时补充审判力量的预案；由于涉黑案件审理时间长、庭审驾驭难度大、社会关注度高，对审判人员的生理、心理以及业务能力都是很大的挑战。各个中院都组织了专项培训，确保审判人员的心理素质、业务能力能够胜任。

特别加强庭审安全保卫工作。根据规定，法院大门和法庭大门将设置两道安检程序，对进出法院、法庭的人员进行例行安检，并在必要的地段设置安全警戒线，禁止无关人员进出。

在做好时间准备、人员准备、心理准备、专业技能准备的基础上，各个中院均成立了“打黑除恶”领导小组，下设审理组、押解组、处理突发事件组、警戒组、安检组、后勤保障组等多个工作组，分解任务，明确责任，确保审理工作有条不紊。

【传播情况】

该新闻像其他重庆打黑的新闻一样，迅速引起网民的关注。各新闻网站都全文转载了该新闻。新闻发布24小时后，用百度搜索该新闻名称，符合条件的达1600项。用谷歌博客搜索，转载这一新闻的博文有近30篇。特别是在人民网强国论坛，有两篇相关评论都被推荐到了人民网首页，其中一篇评论上了热帖排行榜，点击量超过35,000篇。

【舆情评述】

加油助威

10月10日，网友“古洋斋”在人民网强国论坛深入讨论区发表帖子《给重庆涉黑案件将开审助威加油》称，“承办法官们提前结束假期消化案情，常常从早上6点半工作到晚上9点半，都觉得时间不够用。一个卷宗要看上四五遍才觉得心中有底。重庆7000名打黑民警更是无节假日，审讯“黑老大”通宵达旦，每天工作16小时。为此，我们道一声：你们辛苦了！向你们致敬！”

帖文还说，“这里我们特别想嘱咐的是：法官同志们，你们肩负的是神圣的正义责任，全党全国人民都是你们的坚强后盾，因此你们手里握着的不是

木榔头，而是铁榔头！应该胆大气正，不畏文强之流‘秋后蚂蚱’的嚣张，应该理直气壮、义正辞严地用事实说话，让被告们辩无可辩。以不判不足以平民愤的气势和公正性，将一个个犯罪分子送进他（她）们该去的地方。”

对此，很多网友表示赞同。网友“火太阳”甚至做诗《重庆打黑除恶赞》：敢于出击／敢于重拳／敢于用正义的利剑／敢于伸张法律的尊严／打黑除恶／磅礴攻坚……人民拍手叫好／社会和谐稳安／为重庆打黑除恶叫好！

怀疑揣测

网易跟帖第一条是，“又是严打轻判，不信等着瞧！没有死刑的，有也是小鱼小虾，大的准是缓！缓，缓……然后又出来害人”。有浙江网友调侃到，“大家再忍忍啊，节过完，风声一过去，啥都好办”。有人质疑，“又是铁规又是铁案的，说明以前可以人为操作”。有人担心，“监狱里都放不下了，将来肯定还得放”。

有网友称，“打黑除恶本来就是警察的职责所在，做了一点分内之事，没有什么可以炫耀的，何况黑恶势力被你们养了这么长时间，前任局长、市委书记、市长要追究问责的。”另有网友讲，“平日有工不做，今天当然要加班了。呵呵呵，加班费可不能少喔。”

网易广州网友认为要加大处罚力度，“坐牢没用的，涉黑人员全部枪毙了才好，难道等他们找病申请假释出来继续作恶啊！”星岛网友也称，“该枪毙的必须枪毙，全国人民拭目以待”。

网友 ip:10.15.2.* 认为，“黑是打不完的，因为黑总是和官勾结，要打黑必须先修理官，而修理官普通老百姓是行不通，只有官去修理，那你想想哪有官自己修理自己的，那不是搬起石头砸自己的脚吗，所以结论如下，适当打打黑，只要不激起太大的民愤引起社会的不安定就好了，也就是杀鸡给猴看，这就是官治理社会的哲学啊……”网友“游闲野鹤”也指出，“除恶不尽，犹如百足之虫死而得复生，这就要求必须健全法制，从根本上铲除腐败的土壤。如果不健全法制，形成长效机制，那么一个文强落马，十个李强又钻出来，那我们重庆进行的打黑行动，又有多大价值和意义呢。”

收兵猜想

10 月 10 日，网友“钉子汤”在人民网强国论坛深入讨论区发表帖子《重庆的打黑运动意欲鸣金收兵乎？》对这则新闻做了不同的解读。他分析，“震惊中国的重庆打黑除恶进入法院审理阶段，从本月 12 日开始，重庆市法院将集中大批法官，就“涉黑涉恶”案件进行集中审理。此外，《重庆商报》昨天刊登了长寿区市民易大德的整版彩色广告，标题是：铲除黑恶势力、得民心顺民意——向奋战在打黑除恶一线的人们致敬。那么，战果也有了，锦旗也有了，难道薄书记的打黑也是一场运动会？现在已经到了鸣金收兵的阶段？真的该是在聚义厅论功行赏的时候了？”

他还讲到，“不可否认，重庆通过雷厉风行的打黑，有力地整治了当地的社会风气，极大地震撼了政府官员，把这些在各行各业伸的长长的爪子打了回去，给民众暂时创造了一个良好的生活环境。但是如果重庆打黑就此打住，或减小规模，接下来的日子里，重新恢复往日的官场生态，那么与普金的打黑有什么区别？只不过是一辈新黑换旧黑而已。”

帖文称，“根据是官可能均贪、是贪均黑、是黑均恶的公理，重庆的黑恶分子远远不止这些，至少到目前为止，财税部门、卫生部门、教育部门等其他地方的黑恶重灾区，重庆尚未揪出首恶。因此薄书记你任重而道远啊！”

作者最后说，“今天，薄书记的声望已经如日中天，不知能否跳出运动怪圈，能否持之以恒地整顿吏治，能否率先在重庆推行官员财产申报制度，能否在重庆开创党内民主的先河，我们拭目以待！”

这篇帖子发出后，迅速登上了强国社区热帖排行榜，很多网友对此发表观点。有人称作者是冷嘲热讽，重庆打黑不论成败结果如何，在当今对于吏治对于党风建设来说都是一种壮举，哪怕是悲壮！网友“还是暮鼓晚阳”称，这是阶段性胜利的标志。其意义在于1、通过事实告诉了党的高层，腐败很严重；2、黑恶势力已经在党内重要部门有了代理人；3、只要发动群众，依靠群众，统一部署，任何黑恶势力都是纸老虎；4、只是一个城市动作，没有形成全国大的统一动作；5、不可能毕其功于一役。

也有网友认为，“打黑要的是完善的机制，光有热情是不够的。对于黑社会保护伞来讲，财产公示的确是可行而有效的”。星岛网友认为，“民主政治应是防范、禁止黑社会的最佳有效途径，可以防范于未然。”

【相关链接】

http://comment.news.163com/news_guonei4_bbs/5L59B9P00001124J.html

http://bbs.sogou.com/190486/mAoAIIeM_aDJBAAAA-1.html

重庆打黑审判阶段舆情汇总

时值重庆打黑除恶进入大审判阶段，网络舆情井喷，本刊特辑录部分具有代表性的评论，以供参考。

打黑除恶须持续推进

新华网评论：打黑除恶，是全国各地都有过的普遍行动。没有证据显示重庆的黑恶势力盘踞状况比其他地方更加严重；比其他地方的黑恶势力更加不堪一击，重庆也并不拥有比其他地方更为强大的警察力量，但我们却能明显看到重庆的打击行动取得了更为突出的成果，这首先取决于政府对于黑恶势力的态度，在于政府是否敢于碰硬，勇于彻底破除社会背景、复杂关系以及自身形象上的种种顾虑。打黑除恶，是一个维护正常的社会秩序的问题，也是一个权力系统自我清洁、自我强健的过程。黑恶势力的存在、生长不拘于一时一地，我们必须期待，重庆所拥有的态度、所采取的行动、所取得的成果不仅仅作为一个典范，一个特例。

《瞭望新闻周刊》评论：重庆打黑案备受瞩目，但黑恶势力的犯罪活动不仅仅存在于重庆一地。由于当前我国正处于经济转轨、社会转型时期，滋生黑恶势力的土壤和环境依然存在，黑恶势力犯罪活动仍然比较活跃。特别是受国际金融危机的影响，各种社会消极因素和矛盾明显增多，在一定程度上也会助长黑恶势力的滋生和发展。因此，必须持续深入推进打黑除恶专项斗争。打黑除恶是一项系统工程，需要各地运用政治、经济、社会、文化等各种方法进行综合治理，最大限度地铲除黑恶势力犯罪滋生蔓延的土壤和条件。其中，要盯紧易于滋生黑恶势力的高危行业；加强对重点人群的管控；深挖“保护伞”；并摧毁其经济基础，防止其死灰复燃。

中国共产党新闻网评论：打黑除恶应是全国“一盘棋”，重庆打黑只是一块“经验田”，打黑除恶是一场“持久战”。

环球网评论：打黑不能被动，应该主动，见黑就打。重庆的黑社会嚣张猖獗由来已久，严重影响了社会秩序和百姓的正常生活，甚至对政府形成威胁。为什么重庆的黑社会组织会长时间存在，以前的政府、公安在干什么？是否应该责任倒查？重庆的打黑行动受到了全中国人民的称赞。重庆有黑社会，中国其他地区是否有？是否也和重庆的黑社会一样的猖獗？国人皆知。其实，全国人民从内心深处迫切希望严打黑社会，给人民一个安宁的生活环境。希望全国的公安部门积极行动起来，铲除黑势力。

打黑“打得狠”才能“唱得红”

人民网评论：打黑“打得狠”才能“唱得红”，这就是重庆打黑后面的逻辑。只有权为民所用、情为民所系、利为民所谋，把老百姓的切身利益放在心上，不惧风险、不怕艰难，才能让群众喝彩，各级党委政府的工作才能获得来自各方面的高度评价和广泛支持，党的执政地位才会不断巩固加强。网友们对重庆和全国打黑行动的期待是很深的，“凡是属于黑恶势力的，一打到底：不但苍蝇要打，豺狼要打，那些恶老虎更要打，要真正做到除恶务尽”“谁让老百姓满意，老百姓就会为谁鼓掌！打黑除奸，势在必行！重庆的‘打黑行动’理应延伸到全国！”

中国共产党新闻网评论：薄氏治政风格缘何“博得全国上下一致的赞誉”？概括的讲就是十六个字：良心、决心，品质、意志，思维、作为，胸怀、担当。再简单点就是八个字：正心、养性、立人、成事。显然，这与我国传统政治文化中的“修身齐家治国平天下”是一脉相承的。这也是历经千年沧桑大地给予这些政坛风云人物的滋养和启迪。

重庆因打黑而美丽

重庆网网友“两江书生”：重庆打黑除恶大审判，只是开始而不是结束。透过众多案情，我们看到了黑帮的凶残，看到黑恶势力曾经一步步趾高气扬的嘴脸，仗着有保护伞撑腰，开卖淫场所、办赌场、放高利贷、绑架杀人……此次对黑恶分子的审判，唯有从法律上彻底清理犯罪分子的罪恶，顺应民意，办成铁案，才不枉亿万群众对重庆打黑除恶的深切期待。

人民网网友雷钟哲：重庆长寿区农民易大德为啥愿出十万元做广告，以表达对打黑英雄的敬意？这是百姓心声的一种表达，这一举动明白无误地告诉我们，安定团结是民之所愿，和谐稳定是民之所盼。对于一切黑恶势力，政府应当及时出手，不要养虎为患。一旦尾大不掉，就会使社会治理成本大大增加，而且形成难以理清的复杂关系。

人民网网友“萃岚”：重庆打黑除了恶、肃了贪、除了奸、消了怨、禁了娼。时下，宜将剩勇追穷寇。

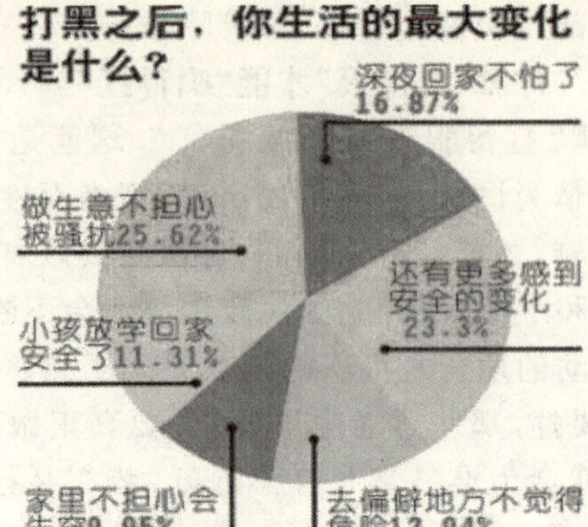

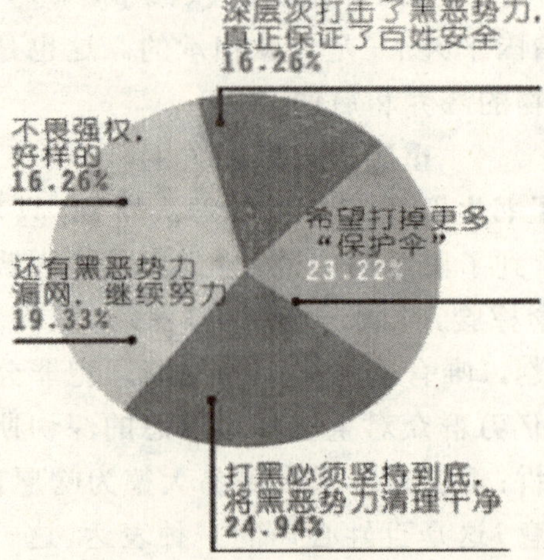

知己知彼网调查截图

【相关链接】

http://www.lsw.hn.cn/wenshi/View.asp?id=14018

http://news.qq.com/a/20091023/000099.htm

公安执法类

云南看守所"躲猫猫"事件

"躲猫猫"事件中，核心议题是李荞明的死因。事件之初，官方的定性为，李荞明系"躲猫猫"时撞死；在舆论的步步紧逼下，最后的真相却是"被狱霸打伤致死"。个案演化成公共事件的结果，是引发了一场全国性的声势浩大的整治"牢头狱霸"行动。

——海南大学法学院副教授，《政法网络舆情》周刊主笔 王琳

案例概要

● 1月30日，云南玉溪市红塔区北城镇男子李乔明因盗伐林木被刑拘，进入昆明市晋宁县公安局看守所。2月8日下午受伤住院，2月12日在医院死亡，死因是"重度颅脑损伤"。

● 2月12日上午10时30分，晋宁县公安局相关负责人给出李荞明死亡的原因：通过初步调查，发现李荞明受伤是由于其在放风时间，与同监室的在押人员在看守所天井中玩"躲猫猫"游戏时，由于眼部被蒙不慎撞到墙壁受伤。对于警方的解释，李荞明的家属一致认为"太过草率和不负责任，甚至有些儿戏"。

● 2月12日晚11时，晋宁警方再次通报，李荞明受伤的原因为：当天下午放风时，李荞明与其他被关押者在天井玩"躲猫猫"游戏，由于李荞明抓到普某某，引起普某某的不满，最终两人发生争执。争执中普某某先踢了李荞明一脚，随后又朝其头部击打一拳，李荞明由于重心不稳摔倒后，头部和墙壁与门框夹角碰撞，导致受伤。死者家属仍然认为这一调查结果"不能让人信服"，并称要到"尸检完毕并有最终结果"后再与晋宁警方协商。

● 2月13日，媒体对此事件曝光后，迅速在网上掀起轩然大波，躲猫猫成为继瓮安事件"俯卧撑"后，又一网络流行语。

该案例《政法网络舆情》曾以专刊形式予以关注。

● 2 月 19 日，云南省委宣传部发出公告：为满足社会公众的知情权，省委宣传部将会同相关部门组成调查委员会，于 20 日上午前往昆明市晋宁县事发地，对“躲猫猫”事件真相进行调查；面向社会征集网民和社会各界人士代表 4 名，作为调查委员会成员参与调查，并公布了报名电话及联络 QQ。当天，云南省委宣传部从报名人员中随机组成了“躲猫猫”舆论事件真相调查委员会。其中以网民身份居多的社会人士有 8 人，媒体记者 3 人，司(政)法机关人员有 4 人。

● 2 月 20 日上午 8 点 30 分，由云南省委宣传部组建的“躲猫猫”事件网民各界人士调查委员会 15 人在云南省委门口集合，统一乘车前往晋宁县公安局参加新闻通报会。通报称，可以排除民警有刑讯逼供和失职、渎职的问题。在新闻通报会上，晋宁县公安局副局长闫国栋向调查委员会和媒体记者强调：2 月 12 日上午 10 点 30 分，晋宁公安局接受媒体采访时，警方并没有说出“躲猫猫”一词。当调查团提出要看监控录像时，晋宁县检察院副检察长韩红兵表示：监控录像内容按照保密法属于保密范围，拒绝了调查团的要求。另外，在进入看守所之前，警方曾同意调查团成员会见与李荞明同时在押人员的要求，然而等到进入看守所后，同样被检察官以“从办案侦查和看守管理的角度看，会见不妥当”的理由拒绝。

对此，云南省委宣传部副部长伍皓称：“网友的调查也不能完全取代专业部门的法律结论。满足网友们的好奇心，满足他们对于真相的执著，是我主要的目的。”

● 云南“躲猫猫”事件沸沸扬扬后，中共中央政治局常委、中央政法委书记周永康做出批示。同时，最高检检察长曹建明亦做出批示，并派员指导办案。2 月 25 日下午，监所检察厅多名负责人抵达云南。当天，负责该案的警方人员证实，此案已经移交昆明市检察院主办、云南省检察院督办，同时最高人民检察院也派员指导办案。

● 2 月 27 日下午 5 时，云南省检察院、省公安厅联合召开新闻发布会，公布调查结果：2 月 12 日晋宁县看守所在押人员李荞明非正常死亡，系受到同监室在押人员张厚华等三人多次殴打后颅脑损伤死亡，张厚华等已涉嫌故意伤害罪被立案侦查。云南省公安厅纪委书记、新闻发言人杨建萍在发布会上对李荞明的家属表示“最深切的歉意”。对晋宁县公安局局长达琪明予以行政记大过处分；对晋宁县公安局分管看守所工作的副局长闫国栋予以行政记大过处分，并免去晋宁县公安局副局长职务；对负有直接领导责任的晋宁县看守所所长余成江予以行政撤职处分；对晋宁县看守所分管管教工作的副所长蒋瑛予以行政撤职处分；对负有直接责任的晋宁县看守所民警李东明（负责管理李荞明所在监室）予以辞退处理。同时，根据检察机关查明通报公安机关的情况，对案件进展中发现的渎职线索一查到底。此外，晋宁县检察院驻所检察室存在监督不到位的问题，决定免去该室主任赵泽云的职务。

杨建萍表示，在与检察机关共同调查时，发现看守所的监控设施损坏达半年未进行修复，于是才在责任追究中明确了看守所相关领导的责任。可以明确，公安机关在案件中负有监管不力的责任，公安机关将承担相应责任，同时积极与家属协商处理善后问题。下一步公安机关将在监管场所开展为期一年的打击牢头狱霸的专项整顿活动。

● 8 月 14 日上午，云南省昆明市中级法院对发生在晋宁县看守所的"躲猫猫"案件作出一审判决，对在看守所内故意伤害致李荞明死亡的张厚华、张涛、普华永 3 名被告人分别判处无期徒刑和有期徒刑。同日，昆明市嵩明县人民法院作出一审宣判，原晋宁县看守所民警李东明犯玩忽职守罪，判处有期徒刑 1 年 6 个月，缓刑 2 年；苏绍录犯虐待被监管人罪，判处有期徒刑 1 年。

●8 月 14 日下午 4 点 40 分，云南省高级人民法院院长许前飞做客人民网强国论坛，回答网友对狱警量刑过轻的质疑时说，"故意伤害致人死亡，按刑法规定，刑期是 10 年以上有期徒刑、无期徒刑直至死刑。这个判决应该是在幅度刑之内，无期也是一种很重的刑罚。"

事件全景

李荞明因盗伐林木被刑拘

1 月 29 日，大年初四。李荞明在草草吃完饭之后，就提着斧头到村口与同村另外 5 名青年会合了，他们准备到离家 10 余里的晋宁县境内的青龙山上砍树卖钱。

由于 2 月 16 日就要举行婚礼，24 岁的村民李荞明一直在想方设法多赚些钱，他希望能够在结婚的时候"多请几辆车来接新娘子"。于是，平时胆

小而内敛的他，第一次打起了盗伐树木的主意。

下午4点半左右，民警在山上巡逻时发现包括李荞明在内的6名玉溪北城镇男子正在盗伐树木。在当场制止他们的盗伐行为后，警方清点了现场，发现已经有数十方树木遭到砍伐，由于这一数目已可以追究刑事责任，5时左右，民警将李荞明等5人带回了晋宁县森林公安分局。

当天晚上7时30分，在录过口供之后，警方开具《刑事拘留通知书》。随后，李荞明等6人因盗伐森林被送往晋宁县看守所，分别关在不同监室。

当晚8时，李荞明的父亲李德发接到民警通知，要求他"有时间到看守所办下手续"。

"躲猫猫"后病危入院不治身亡

1月31日至2月8日期间，李德发曾多次到看守所看望李荞明，并试图保释他，却都未能见到李荞明的面。2月2日那天去时，看守所民警在进去看了几次李荞明之后，都说"你不能见他"，却没有解释原因。

2月8日下午5时30分左右，在儿子被拘押11天之后，李德发忽然接到警方电话，称李荞明"在看守所摔了一跤，情况还是比较严重"，并要求他"赶紧到医院来"。下午6时15分，李德发与小儿子包了辆面包车赶到晋宁县人民医院，却发现儿子"全身是血，头肿得跟蒸开的馒头一样，已经昏迷不醒"，县医院的医生在看过之后，给李荞明下了病危通知书，并告诉李德发，要赶紧转院到昆明做手术。

晚上7时20分，李德发在晋宁县公安局相关人员的安排下，将李荞明转到昆明市第一人民医院。在他们到达医院后，医院再次给李荞明下了病危通知书。尽管经过医院的全力抢救，2月12日，李荞明仍不治身亡，死因是"重度颅脑损伤"。

家属质疑警方"躲猫猫"之说

关于李荞明的死亡原因，12日上午晋宁县公安局相关负责人的回答是，通过他们的初步调查，发现李荞明受伤是由于其在放风时间，与同监室的狱友在看守所天井中玩"躲猫猫"游戏时，由于眼部被蒙而不慎撞到墙壁受伤。

然而这一说法遭到李荞明家属的强烈质疑，他们认为这个解释"太过草率和不负责任，甚至有些儿戏"。

家属们认为："一伙二十几三十岁的犯人，怎么还会在看守所里玩只有小孩子才会玩的游戏，就算真的玩游戏，谁也不可能把自己撞得如此严重！"在家属们看来，李荞明的伤，"绝不可能是不小心撞到的"，而一定是"有人有意推搡或击打造成"，而他们的想法，也得到医院医生的部分印证。据昆明市第一人民医院神经外科李建明医生介绍，尽管人类的颅骨十分脆弱，然而要对一名成年男子造成如此大如此致命的伤害，一定要有巨大外力才可能导致，而"一般的不小心摔倒或撞击中，人有自我保护意识，很难造成这样大的伤害"。

12 日晚 11 时，该事件调查组连夜通报事件进展。根据通报，调查组在事件发生后，经过连续两天的走访调查，并提取了死者同监狱友的口供后，初步认为，死者受伤原因为：当天下午放风时，死者与狱友在天井玩"躲猫猫"游戏，由于死者抓到同监狱友普某某，而引起普某某不满，最终两人发生争执。争执中普某某先踢了死者一脚，随后又朝其头部击打一拳，死者由于重心不稳摔倒后，头部与墙壁和门框夹角碰撞，致受伤死亡。

11 时 30 分，在收到相关通报后，李荞明的家属依然对这一调查意见持"保留意见"，他们仍然认为这一调查结果"不能让人信服"，并表示要到"尸检完毕并有最终结果"之后再与晋宁警方进行协商。

云南省宣传部邀请网民介人调查

李荞明因"躲猫猫"死亡的事件经媒体报道后，引发了网民的极度关注。一时，"躲猫猫"成最新网络热词，继而成为舆论争议热点，此事件同时被网民称为"躲猫猫"事件。

鉴于网络上要求彻查李荞明死因的呼声高涨，云南省委宣传部 19 日发出公告：为满足社会公众的知情权，省委宣传部将会同相关部门组成调查委员会，于 2 月 20 日上午前往昆明市晋宁县具体事发地，对"躲猫猫"舆论事件真相进行调查。公告中还说：要面向社会征集网民和社会各界人士代表 4 名，作为调查委员会成员参与调查，并公布了报名电话及联络 QQ。

当晚八点，共有 510 余人通过电话和网络进行了报名。省委宣传部从报名人员中随机进行了选择，由 4 名相关部门成员、3 名媒体代表、8 名网民和社会各界人士组成了"躲猫猫"舆论事件真相调查委员会。20 日，"躲猫猫"事件调查委员会到达看守所进行了调查，并于当晚公布了他们的调查报告。但调查结果遭到质疑，"网民调查团"成员身份甚至被人肉搜索并被指为"御用网民"。为澄清事实，23 日，云南官方公布了 QQ 聊天记录；省委宣传

部副部长伍皓、“躲猫猫”事件调查委员会主任风之末端做客云南网，回答“躲猫猫”事件调查疑问，否认“躲猫猫”网民调查团成员是“托”。

晋宁警方否认“躲猫猫”出自民警之口

据云南网消息，在20日“躲猫猫”舆论事件真相调查委员会调查期间，晋宁县公安局政委杨丹对“躲猫猫”事件进行了情况说明和介绍，同时回答了调查团成员的提问。他表示在事件的过程中，看守所的民警没有渎职和玩忽职守的情况存在。另外在李荞明受伤后，他们进行了全力的抢救，事件是在玩游戏的过程中造成的，是意外事故。直接导致李荞明死亡的原因是，犯罪嫌疑人普某某在游戏过程，与李荞明发成冲突，对李荞明的胸腹部踢了一脚，并对头部右侧打了一拳，导致李荞明撞在监室门框上。另外，晋宁警方还表示，整个事件叫做“躲猫猫”是一种误传，或者是大家对于游戏的不同叫法，其实李荞明等人玩的是一种叫“瞎子摸鱼”的游戏，事件发生后李荞明的眼睛上还蒙着一块布。

云南日报网消息，晋宁县公安局副局长阎国栋说，李荞明死于“瞎子摸鱼”游戏，而非“躲猫猫”游戏，“躲猫猫”一词源自与李荞明同监室的一名犯罪嫌疑人之口，并非民警所说。但李荞明的表叔陈本平等人称，他们是在农历正月十八那天(阳历2月12日，即李荞明死亡当日)，在跑马山殡仪馆听晋宁县公安局的“阎副局长”说李荞明死于“躲猫猫”游戏。

“躲猫猫”真相迟迟未明

晋宁县公安局李荞明善后工作组成员朱正武警官2月21日透露，致李荞明死亡的嫌疑人，目前已锁定为李荞明在看守所的同室犯人普某，晋宁县公安局认为，普某的行为涉嫌故意伤害罪。

另据《新京报》报道，22日，云南省宣传部副部长伍皓说，通过征集网友活动，对司法部门的监督已经产生了效果。据他了解，当地司法部门正在加班加点的办案，“预计周二(24号)左右会有结果出来。”当晚，云南省检察院普泽在电话中表示，现在还在调查，并且会按照程序逐级上报，最终肯定会有一个司法机关的认定。

2月24日，《新京报》报道称，目前昆明市检察院尚未得出尸检报告，警方的报告仍需结合尸检报告进行再侦查。云南省委宣传部和省检察院证实，司法调查结果还不能公布。

晋宁县政府网站遭黑客袭击

出人意料的是，2月24日晚，云南省晋宁县政府网站遭到黑客恶意修改和破坏，网站首页充斥着几十行“俯卧撑、打酱油、躲猫猫，武林三大绝学！”的字样，公示公告、政务信息、领导讲话、政务文件、政策法规、统计数据、招商引资、文化旅游等栏目原有的内容都被替换成“俯卧撑、打酱油、躲猫猫，武林三大绝学！”。除了一些图片无法删改外，所有的文章标题、图片的注释也都被改为以上字样。

2月25日，云南网讯，云南省公安厅新闻发言人表示，李荞明在看守所内非正常死亡一案，已经移交昆明市人民检察院主办、云南省人民检察院督办，最高人民检察院亦派员指导，进一步的侦查工作已经全面展开。这位发言人同时希望公众能对检察机关依法办案给予充分理解。他说“案件事实的查明要遵循科学严密的司法鉴定程序和法定的证据收集规则，案件侦查需要一定时间。”

李荞明系因“牢头狱霸”殴打受伤致死

2月27日下午17时，云南省政府新闻办召开新闻发布会，云南省检察机关与云南省公安厅就云南籍男子李荞明在昆明市晋宁县看守所死亡一事进行通报。

据云南省检察院新闻发言人刘小凯介绍，经检察机关侦查，查明李荞明是因“牢头狱霸”殴打时，头部撞墙致受伤、死亡。

在被李荞明羁押期间，同监室在押人员张厚华、张涛等人以李荞明是新进所人员等各种借口，多次用拳头、拖鞋等对其进行殴打，致使其头部、胸部多处受伤。

2月8日17时许，张涛、普华永等人又以玩游戏为名，用布条将李荞明眼睛蒙上，对其进行殴打，其间，李荞明被普华永猛击头部一拳，致其头部撞击墙面后倒地昏迷。经送医院抢救无效，李荞明于2月12日死亡。

案发后，张厚华、张涛、普华永等人为逃避罪责，共谋编造了李荞明系在玩游戏过程中，不慎头部撞墙致死的虚假事实。

根据检察机关侦查，张厚华等人的犯罪事实及其串供行为已有现场勘验、尸体检验报告及同监室所有在押人员的供述等证据证实。

刘小凯表示，根据我国刑法规定，张厚华、张涛、普华永等人殴打李荞明致其死亡的行为，已经涉嫌故意伤害罪，按照我国刑事诉讼法规定，应由公安机关行使侦查管辖权。检察机关已将该案移送公安机关立案侦查，并建议对张厚华、张涛、普华永等人实行数罪并究，妥善做好李荞明非正常死亡案件的善后工作。

另据刘小凯介绍，检察机关在对该案的调查取证过程中，发现晋宁县看守所存在牢头狱霸殴打、体罚在押人员等监管不到位、管理混乱的问题，已向公安机关提出整改建议，并将进一步加大对监管活动的法律监督力度。对监管人员涉嫌渎职犯罪的行为，已立案侦查，并将尽快查明案件事实，依法处理。晋宁县检察院驻所检察室存在监督不到位的问题，决定免去该室主任赵泽云的职务。

云南省公安厅新闻发言人杨建萍介绍，依照有关规定，云南省公安厅对相关责任人作出如下处理决定：晋宁县公安局局长达琪明予以行政记大过处分；晋宁县公安局分管看守所工作的副局长闫国栋予以行政记大过处分，并免去晋宁县公安局副局长职务；负有直接领导责任的晋宁县看守所所长余成江予以行政撤职处分；晋宁县看守所分管管教工作的副所长蒋瑛予以行政撤职处分；负有直接责任的晋宁县看守所民警李东明（负责管理李荞明所在监室）予以辞退处理。上述人员的处分及组织处理已经按干部管理权限办理。

杨建萍在会上向李荞明的家属致歉："2009 年 2 月 2 日，发生在我省晋宁县看守所的在押人员李荞明非正常死亡案件，在社会上造成了不良影响，给当事人及其家属造成了不可挽回的损失，教训十分深刻。在此，我代表公安机关向李荞明的家属表示最深切的歉意！"

同时她还透露，由于晋宁县看守所监控设备损坏达半年，看守所未进行修理，所以无法提供监控录像。

网友曝 3 年前也有人死在"躲猫猫"看守所

2 月 27 日，《生活新报》记者、民间调查委员会委员温星在其新浪博客上发布消息称：根据其掌握的证据，2006 年晋宁看守所也发生过一起在押人员"突然死亡"的事件：晋宁县农民李荣林因为涉嫌故意伤害罪被拘，11 天后死亡。该县公安虽然认为自己并不任何法定的责任，却向死者家属支付了三万元的"安埋费"。

"躲猫猫"死者家属满意政府处理

3 月 1 日，"躲猫猫事件"中受害人李荞明的父亲李德发，在接受中新社记者电话采访时说，"我们对政府的处理是满意的，感谢网友和媒体"。李表示，2 月 27 日晚，政府的处理结果出来后，他很关注，对政府处理有关人员表示满意。"我一直认为，不可能像看守所之前说的，他们不存在任何失职、渎职问题"。

李德发还强调，"感谢上级领导和网友、媒体，要是没有你们，这个事情不会处理得这么快。"他说，"我们之前向警方提出过四十万元赔偿的书面要求，目前还没有答复。我现在就是希望能尽快把事情处理好，不要耽误我们种田地。"

【相关链接】

http://news.sina.com.cn/s/2009-02-13/170417210424.shtml

事件分析

2 月 13 日，《云南信息报》以整版的篇幅报道了"看守所里的致命游戏——躲猫猫"。"24 岁的玉溪北城镇男子李荞明因盗伐林木被刑拘，在看守所度过 11 天后却因重伤入院，因'重度颅脑损伤'于昨日凌晨 6 时 57 分不治身亡。"

此后短短一周时间里，"躲猫猫"一词迅速风靡各大网站、社区、论坛和博客。以"躲猫猫"为题的分析、报道、调查、评判如沙尘暴般弥漫于网络，终将一例个案催生成一起网络公共事件。

截至 3 月 2 日 7 点 30 分，在百度里搜索"躲猫猫"可得到 2,900,000 个相关网页，在搜狗里搜索"躲猫猫"则可得到 4,348,838 个相关网页，在 google 中搜索"躲猫猫"可得到 9,020,000 个相关网页。"躲猫猫"已经和 2008 年先后出现的"打酱油"、"俯卧撑"被网友奉为"当今中国武林三大顶尖绝学"。

当然，"躲猫猫"也有其自身的特色，尤其是伴随这一网络雷词的舆情变化可谓跌宕起伏，舆论潮流一波不似一波，但又一波胜似一波。

舆情引发期(2 月 13 日 –2 月 19 日)

警方结论备受质疑，"躲猫猫"成网络热词

《云南信息报》于 2 月 13 日首发报道的《看守所里的死亡游戏》，当天即被新浪网、网易、腾讯网等门户网站转载。尤其是在网易和腾讯的新闻跟帖系统里，不断有网民将"躲猫猫"三字挑出，并以种种简单的语言组合予以

调侃。13日至16日，这种对“躲猫猫”的戏谑逐渐成为跟帖中的“优势意见”，新的网民不断加入追捧“躲猫猫”和质疑警方结论的行列。正是在大批网民的质疑和黑色幽默式的调侃下，“躲猫猫”成了2009年初第一个网络热词。“今天你躲猫猫了吗？”、“爱生命，不躲猫猫”等语甚至成为网友的日常招呼用语。

在“躲猫猫”一词被发觉出来的同时，更多的网民表达了对警方这一结论的高度质疑，以及希望看到真相的迫切心情。

2月17日至2月19日，随着“躲猫猫”在网络上的持续火热，一批网络舆论意见领袖、时评人开始站出来参与到讨论当中。诸多评论分析文章或在网上首发，或在平面媒体发表又为网络所转载，其内容以质疑警方为主，同时更呼吁应尽快有第三方站出来查出事件真相。颇具有代表性的观点兹整理如下：

平面媒体方面：

《华商报》评论文章《“躲猫猫”而死的结论为何被嘲讽》（十年砍柴）：除了致死的理由太“无厘头”外，原因之一是程序的公正性让人强烈质疑。人是关在公安局看守所里受重伤并死去的，警方是这一事件的利害人，由警方自己调查并向外公布，怎能让人信服？其二，由于各地公安机关的权力过大，且在工作中往往因程序不公开不透明，其公信力大打折扣。多数人是生活在经验中，往昔的经验会主导人们的判断。就近些年一些有影响的案件而言，一些人死在警方的控制下，随即被警方宣布为因病而死，家属乃至公众即使强烈质疑，也于事无补。而一些案件真相大白要借助于强大的外力，或者是戏剧性的巧合。

《中国青年报》评论文章《检方介入，真相才不会“躲猫猫”》（王威）：李荞明死亡事件据称“警方还在进一步调查”。在笔者看来，这起在押人员突发死亡事件的调查有待检察机关的有效介入，惟有如此，真相才不会继续跟公众“躲猫猫”。

《燕赵都市报》评论文章《比躲猫猫更危险的是公信力沦陷》（燕农）：由案件引发的流行语，其背后往往隐含了公众权益诉求“渠道不足、表达不畅”的无奈。只有逐渐让不同利益群体的利益诉求都得到充分表达，“躲猫猫”的流行语才会越来越少，或者越来越单纯而失去流行的趣味。也只有在充分的社会质疑机制制衡下，一些案件披露的公信力才会增强。否则，公信力沦陷所引发和隐埋的一系列问题，确实要比"躲猫猫"危险得多。

《成都晚报》评论文章《躲猫猫获关注是法治的悲哀》（吴龙贵）：舆论监督对于公共事件的影响，已经在瓮安事件中得到了充分的展示。随着"躲猫猫"在网络上的流行，此案受到的关注度自然也不可同日而语。令人乐观的是，在强大的舆论监督的压力下，我们或许可以期待一个更为公正合理的解释，此案的真相迟早将被揭开，暗厢操作的可能不大。但我们更应该感到悲哀，如果一个疑案不得不依靠一个网络流行语而受到关注，甚至只有因此而改变结局，那么正义是否显得有些可遇而不可求？

《中国青年报》评论文章《"躲猫猫"井喷缘于公众知情权受阻》（赵登岩）：李荞明是否死于玩"躲猫猫"撞墙？在真相被获知以前，每个人心里都会有一个更倾向于常识而非警方一面之词的看法。不仅如此，他们还会把心里的真相进行加工和表达。"躲猫猫"的风行就是这种加工、表达的特殊表现，其背后有汹涌澎湃却无处表达的民意积聚为支撑。那么，该如何澄清"躲猫猫"井喷带来的对警方的质疑？必须有一个足以让人信服的第三方介入，彻查真相并公布于众，除此别无他途。

网络媒体方面：

光明网评论《"躲猫猫"注定成为流行词》（叶传龙）：一个公民在"躲猫猫"中死去，真相尚未大白，我们尽可期待，但是，有关部门别想用"躲猫猫"这样低级的托辞来作挡箭牌、免责牌，只有让有关责任人受到应有的查处，让执法部门借此弥补上制度和管理上的漏洞，李荞明才不会白死。

华声在线评论《"躲猫猫"壮汉致死 难道又是一个"俯卧撑"?》（欢乐时光）：虽然看守所对外宣布死者是因为和狱友玩"躲猫猫"游戏时引起纠纷，招致狱友拳打脚踢，使"死者由于重心不稳摔倒后，头部与墙壁与门框夹角碰撞，最终受伤。"警方在这里还是承认了外力的作用才导致死者受重伤，也就间接地承认了看守所里有"在押人员相互殴打"的行为。即使真的如警方所言，看守所在此次事件中也绝对逃脱不了干系。结合死者在被羁押后的前几天时间里，同案的家属能探视，而死者的家属却不让探视，直到死者蹊跷地受重伤而住院，这期间的一周多时间里，应该有许多不便被人知道的事情，警方究竟遮掩了多少实情?

新华网评论《"躲猫猫"之类流行语何时休？》（乔杉）：公权应该正视"躲猫猫"传递的民意诉求，尽快把事实完整真实地告知公众。一起事件当受到

公众普遍关注时，往往就上升为公众事件。对于公众事件来说，只要不涉及到机密，不影响破案进程，所有的细节都应该全盘公布。就“躲猫猫”来看，存在的逻辑漏洞还是比较多的。诚然，案件正在调查，真相有待探究，但在细节没完全掌握、情节没完全印证的情况下，贸然公布结论，似乎还早了一点。既然有了结论，那么就应该公布细节，经受公众的推敲，如此公众才不会怀疑，才不会有“躲猫猫”的流行。

云南网评论《公权力不能与民意“躲猫猫”》（李晓亮）：我们不惮以最大的善意揣测晋宁县警方，亦即承认李荞明确实有点背，是“躲猫猫”致死。但即便晋宁县警方是公正的，在“躲猫猫”的流行热度迅速比肩“俯卧撑”、“被自杀”的语境下，当地警方依然难以自证清白，获得公众的信任。这简直是个辛辣的嘲讽。假如没有“俯卧撑”、“被失踪”的一再铺垫，“躲猫猫”的尴尬肯定会少很多。

舆情扩散期（2月19日–2月23日）
危机应对无功而返“调委会”遭人肉搜索

“网络舆论，要用网络的办法来解决，要真正信任网民，用非常坦诚、开放、开明的心态来对待网络舆论。”“让网民代表去现场，去复原当时的情景，通过网民自己参与来得出结论。”当云南省委宣传部副部长伍皓19日发现，整个事件已经成为网络上的一个热词，而相关部门还没来得及去应对时，这个宣传部刚来的年轻人便萌生出了邀请网民参与调查的想法。

这一想法很快付诸实施。在征集网民的公告发出后，报名者非常踊跃。当晚，“躲猫猫事件”网民调查委员会就产生了，20日的调查结束后，“网民调查委员会”通过网络公布他们的调查报告。

云南有关方面的这一举措使得“躲猫猫事件”的舆论也跟着跌宕起伏，网络舆情从质疑警方结论扩散到网络监督以及宣传部门的网络危机应对上，一时间，支持的、声讨的不一而足，公说公有理，婆说婆有理。甚至，连组成网民调查委员会的网民也被其他的网民“人肉搜索”了，“英雄一夜之间成了网托”。

通过对新浪网、新华网、荆楚网、红网等较具影响力的网站19日–23日发表的网络评论进行收集、分析、整理，可得到如下的图表（见下图）。由此可见，网民内部在对待这个“网委会”上亦出现了一些分歧。同时，对这次网民介入网络事件调查的评析也成了“躲猫猫事件”的一个有机组成部分。

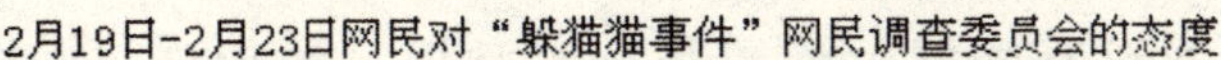

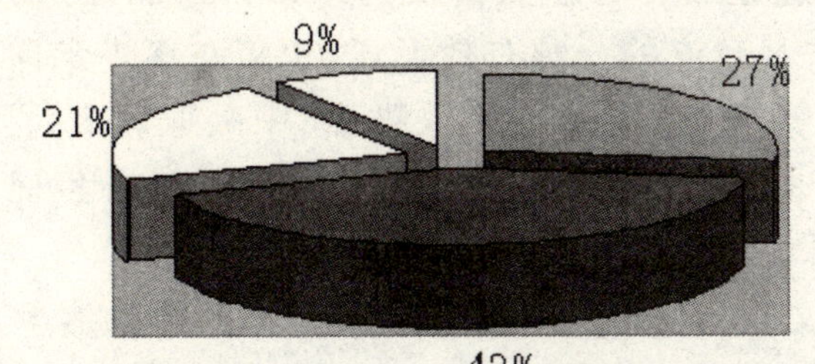

网民调查委员会是一种进步

虽然，“躲猫猫事件”调查委员会匆忙调查、匆忙公布的调查结果并未能揭露出民众期待的真相，但相当一部分网民仍然认为，云南有关部门的这一举措是一种进步，甚至具有开创意义，也表明了其对网络监督的重视。

孟德华评论文章《邀网民参与躲猫猫调查是执政进步》（荆楚网）：在云南这么一个边疆省份，省委宣传部这次敢于打破常规直接邀请省内外网民参与调查“躲猫猫”真相实在难得，从执政理念上看，怎么都是种进步。网络在 2008 年对于中国政坛的最大贡献，就是不再单纯以愤青角色躲在坛子里或个人空间上发牢骚。换句话说，官方或者说执政者们对于网民智慧的吸收以及对于网络民意的接纳开始成为一种趋势。云南邀网民参与调查“躲猫猫”真相似乎距离网络问政还有段距离，但至少这也是一种接纳网络民意的表现。

池墨评论文章《有公众参与的“躲猫猫”才无猫腻 》（千龙网）：在全民质疑“躲猫猫”的情况下，云南省委宣传部邀请公众参与“躲猫猫”事件调查，无疑是明智的也是唯一的选择。“躲猫猫”游戏因为具有很多“悬念”，因而受到了儿童的喜爱。也许正是因为“躲猫猫”具有“悬念”，所以才被警方拿来一用。然而，“悬念”再多，只要有公众的参与，“躲猫猫”就不会产生猫腻。希望在媒体及公众的共同参与下，我们能够揭开“躲猫猫”事件的真相。

窦含章评论文章《“躲猫猫”比“周老虎”的进步》（新华网）：云南省相关部门的这一做法，开邀请网民参与重大敏感问题官方调查之先河，体现了执政者

对网络民意的重视与尊重，堪称官民互动的典范之一。从“周老虎”到“躲猫猫”，中国公众通过互联网行使监督权的意识日渐加强，网络民主作为中国公民参政议政、监督政府的一种有效形式，也正在逐步走向成熟。希望各级政府和党委都能够从“周老虎”和“躲猫猫”中吸取教训，学到经验，在互联网时代，与时俱进，通过官民的网上良性互动，进一步促进中国社会的和谐。

马九器评论文章《征网民查躲猫猫案扩大公民政治参与》(华商网)：这是一个别开生面的创举，它第一次由官方向网民发出正式邀请参与公共事件的调查，无论对于网络历史还是公共空间，都是满足公民知情权的一种尝试，更是丰富公民政治参与的一种新的尝试。不论其结果是否能赢得网络民意的普遍认同，至少，这种正视民意、正视公众知情权，积极回应网络舆情的思维，显现出民主政治的开明之风。

白峰评论文章《“躲猫猫”的真相要“亮猫猫”》(大河网)：邀请网民参与真相的调查，其实就是要让“躲猫猫”不再玩深沉，玩游戏，一味地躲，而是敢于亮剑，敢于将真相经过，真相的一切亮相给公众，就不再是“躲猫猫”，而是“亮猫猫”，既给公众一个明白，也给政府一个清白。真相的调查参与还是多让网民参与者好，既是问真相于民的体现，更是执政理念的转换，公众需要这样的参与，政府部门也需要这样的参与。

网民调查委员会是一出闹剧

“躲猫猫事件”网民调查委员会匆忙之中公布的调查报告显然与民众的期待真相出离太多，极度失落的网民们对调查组的成员们展开了人肉搜索，质疑这一调查委员会实乃政府部门的“网托”。诸多评论直指网民调查委员会不过是相关政府部门的“舆论公关”形式而已，“先天不足且后天受制”的网民调查委员会不过是一场闹剧，网民只能是网络上的“龙”、现实中的“虫”。网民内讧起，舆论风向转。

十年砍柴评论文章《观剧最喜看穿帮》(凤凰网)：对云南官方有关部门高调宣布邀请网友参与调查，一开始我就以看戏的姿态待之，认定这只是一个噱头。原因很简单，如果真有呈现真相的诚意，用得着网友参与调查么？司法体系内，有检察院的监督机制；政治架构层面，有人大的监督；同时新闻媒体可以监督。但是，在贵国生活的人，都知道这种叠床架屋、明目繁多的监督起不了什么作用，人们对其不相信。因为监督的机构、名目再多，还是最终由老大一人说了算，那些三权分立、新闻自由是被批判被摒弃的资本主义虚伪的民主，如此，任何监督无非是左手监督右手，或者父亲监督儿子。有司也知道自己无法取信于人了，于是请网友充当群众演员，演一场大戏，试图引导舆论。等到参与调查的网友，报告一出，果然不出所料，这是一场很不高明的戏，舆论哗然。这出戏的主旨，概言之就是：以尊重民意的名义邀请，以尊重法律的名义拒绝。

网友"吕三郎"评论文章《网民能否让躲猫猫变得亮晶晶》（红网）："躲猫猫"致死的结论如果能改变，那么云南的形象只能是再次遭受严重的损害。而这恰恰是很多人不想做甚至不愿意做的事，作为宣传部门更明白这个道理。但现在的关键是面对"躲猫猫"带来的舆论压力，不能不管。于是乎，再次调查也势在必行。但宣传部门不是公安机关，记者、网友的提问、调查能改变既有的结论吗？我们只能期待，期待真相。

刘永涛评论文章《请网民查"躲猫猫"真相是进步吗》（红网）：就云南的举措来看，请网民充当警察、检察官，未必是一种进步，更多的或是一种无奈。不否认网络对于中国法治进程的巨大推动作用，也不否认请网民调查以终结舆论质疑的某种合理性。但网民由此"越位"而让法律"缺位"，则是法治的悲哀。

梁萍评论文章《我们是被云南省委宣传部忽悠了么？》（新浪网）：没有对应的权限让调查工作顺利展开，是调查委员会的致命之伤，更让调查委员显得非名副其实的尴尬。这不是法律的错，更不是委员会成员的错。但是，这是谁在戏弄调查委员会和所有关心关注此事件的人呢？对此，云南省委宣传部能回答我们吗？千万别再拿什么法律来搪塞我们。整个一个四不像的调查委员会，而且也受限太多，并无法起到调查出真相的效果。而云南省委宣传部组织成立它又有何意？何用？这不是在"忽悠"我们吗？当然，这绝对不是在否定调查委员会成员的努力和辛苦，因为你们也是牵头组织方的"忽悠者"。

池墨评论文章《"躲猫猫"调查也在"躲猫猫"？》（中国网）：省委宣传部的热情，并不代表有关部门也一样热情。而宣传部发出调查邀请，也并不意味着有关部门就会积极支持和配合。从调查的过程及结果来看，虽然有了网友的积极参与，但网友们的调查并没能得到有关部门的积极配合，这样的"躲猫猫"调查，完全是在走过场。显然，这次"躲猫猫"调查也在"躲猫猫"。

而网友们的积极参与，完全像是被官方利用了一把。有了公众参与，官方对于事件真相，是否就会变得更加理直气壮了呢？不知道"躲猫猫"事件真相何时不再"躲猫猫"？

蒹葭评论文章《网民调查与"躲猫猫"一样似儿戏》（红网）：在海量信息时代，谁是化解公众渴求真相焦虑的可信服的力量？就"躲猫猫"事件来看，只能寄希望于司法机关开展独立调查。靠不明真相的网民身临其境自主判断来辨别真伪，实在是儿戏得很。

刘长锋评论文章《躲猫猫调查，不是闹剧是什么？》（华商网）：在一个法制健全的社会，所有的涉法问题都必须也只能通过法律的手段和途径来实现，而任何试图僭越法律本身的行为和设想，即使有再冠冕堂皇的理由，都是法律所不许可的。嫌疑人李荞明在看守期间的意外死亡，公众对司法的不信任，这是问题的核心。当然，包括我本人在内，也会对司法本身存有疑问，而这并不是偏执性思维所致，而是现实生活太多疑案给我们养成的倾向性认知。之所以网民对李荞明案揪住不放，就在于对当地司法部门的不信任。这个问题并不出在网民身上，而恰恰相反，正是司法部门太多的糊涂案让网民不得不时刻保持质疑的态度。说到这里，问题就一目了然了，既然司法本身就不能秉持本身的客观公正性，那么，网民的参与能乃其何？狼和羊的故事，羊可以去找狼评理吗？能评出什么理来吗？所以网民组团参与，从一开始就注定了只能是怏怏而归。

舒圣祥评论文章《躲猫猫调查形式大于勇气》（中国网）：说到底，"躲猫猫调查"是当地官员出于自身形象考虑主动采取的一种"舆论公关"形式，而既然是官方主动行为，那么在推广时就必然会遭遇"选择性效仿"的问题，即对我有利的就效仿"躲猫猫调查"，对我不利的就采用封堵与狡辩的老办法，或者造假玩猫腻让"五毛党"扮演普通网友等。

网民调查委员会利弊参半

在是与非、对与错较明显对立的同时，也有一些网民对邀网民调查"躲猫猫事件"进行了较全面些的分析，他们认为，成立这一调查委员会是具有一定积极意义的，但解决问题的真正主体并不是网民，"躲猫猫"这一网上火起来的案件还得在网下解决。

周东飞评论文章《"躲猫猫"调查离事件真相有多远》（红网）：依据常识，看守所发生的致死事件，理应有检察机关及时介入。而且，如果无法保证调查的公平公正，应当启动司法权的异地管辖。在司法问题上，没有得到法律授权的组织和个人均不能充当调查者或裁判者，网友自然也不例外。网友的急切愿望不过是要求职能机关公正介入，并保证过程和结果的公开透明。所谓网友参与调查只能是公开透明的体现，而不意味着网友成了真正的法官。网友只是公众的另一种虚拟身份，对网友的坦诚相见应当置换为对所有公众的常态化的恭敬无欺。若这种恭敬无欺的状态能够存在，那么"躲猫猫"也就不可能流行起来。

刘娟等评论文章《"躲猫猫"事件折射中国日益重视公众知情权》(新华网)：让网民参与真相调查可以满足人民群众的知情权、参与权、表达权、监督权，但是，"网民调查不能取代司法调查"，云南省委宣传部副部长伍皓认为。走出虚拟的网络力量在现实中遭遇着尴尬。调查委员会的成员们对这次活动进行着反思：时间仓促、准备不够充分固然是原因之一，但网民代表公众行使知情权、参与监督遭遇法律限制，在一定程度上可以说是必然的。因为网民本身的权力就是有限的，不能凌驾于法律之上。网络舆论也许能起到督促监督的作用，却无法取代公权力的职能。事件真相不再"躲猫猫"，最终仍有待相关职能部门来完成。

杨光志评论文章《躲猫猫调查不能"多晴转阴"》(荆楚网)：笔者担心的是，此案由于案情相对较小，且在警方免了丑闻之虞加上民事赔偿到位后，会很快淡出公众视线，失去了一个借以整肃中国疑犯监管环境的契机。倘云南方面真有打造阳光政府回应网民质疑的初衷，就应将"回应"进行到底，而不能止步于"度过危机公关"松了一口气，而应是"本案调查刚刚开始"来绷紧一根弦，并且敢于将此后的调查继续置于公众的视野之内，在公开的同时寻求最大的公正，包括要求当地看守所等警方作为当事一方予以回避，请第三方相当级别的刑侦力量异地彻查此案。于斯，可理直气壮地以真相打消公众对警察妖魔化的解读，甚至以充分的证据证明晋宁看守所是无渎职失职行为的模范看守所。

暗箱的盖子既已打开一条缝，就不要匆匆关上，让阳光透进在"保密"的冠冕堂皇借口下还谜团重重的本案，不能多晴再转阴。

澄清和呼吁——来自"躲猫猫事件"网民调查委员会成员的声音

2月19日之后，网民调查委员会的调查行为成为舆论热点，因为从"旁观者"换位成了"局中人"，"躲猫猫事件"调查委员会成员也得以成为推动

网络舆论发展一股显性力量。以网民的身份调查别人，自己也被网民调查。以网络民意的为依托监督警方，自己也受到来自网络的监督

从调查报告到回应网民的质疑到应对人肉搜索，以风之末端、边民和温星为代表的调查委员会成员一直积极地与网民沟通。一方面澄清身份，一方面深入思考调查的前前后后，总结教训并发出呼吁。

网民调查团中，主任“风之末端”受到的攻击最多。而“风之末端”将调查团中网友代表动辄得咎的尴尬处境归结为调查报告不能尽如人意。按照他的说法，报告中关于网民调查局限性的部分就出自他的手笔。这部分如是写道：“当调查委员会开始工作的时候，所有的人在心里都感受到了一份尴尬。的确，调查委员会在一天的工作中，得到了很多前段时间广大网友、新闻媒体所不知道的资料，无论是事前我们天真地提出会见在押嫌疑人、浏览监控录像等一件件事情被以制度、法律的名义所拒绝，才突然感觉到，在网上可以呼风唤雨，制造流行的网友，在现实确实那样无力。”

“这种无力感是我对此次调查的最大感受”，风之末端说。他打了一个比喻，就像一个人可以在网络游戏中充当首领、大哥、国王，但在现实中他也许还在为无钱上网而发愁。

副主任“边民”对涉及自己的攻击报以“以牙还牙”的态度。缓和的回击是：“你怀疑我的人品，我还怀疑你的智力呢”。猛烈的回击是：“其他骂我的人，尤其是明知道调查过程中我无法上网来发帖而乘机对我人格、名誉进行攻击的人。我表示恶心呕吐和极度鄙视”。从2月21日到2月23日，盯着舆论的压力，边民和温星在自己的博客中发表了一系列相关博文。从下面两个表中，或许可以更直观的了解他们在这起事件的舆论中所发挥的作用。

边民的博文（2009-3-2 9:30采集）

博文	发布日期	浏览人数	评论数量
“躲猫猫”调查，边民个人声音（1）	2-21	23442	458
“躲猫猫”调查，边民个人声音（2）	2-21	9127	78
“躲猫猫”调查，边民个人声音（3）	2-21	31086	210
“躲猫猫”调查，边民个人声音（4）	2-22	53840	301

"躲猫猫"调查,边民个人声音(5)	2-23	2316	20
"躲猫猫"调查,边民个人声音(6)	2-23	12540	112
躲猫猫调查委员会"民间代表"——边民发飙	2-25	7890	156
"躲猫猫看守所"内幕惊爆:李荞明绝不是第一个死者	2-27	4039	27
晋宁检察院躲猫猫了?	2-27	264	20
"躲猫猫调查",披露最新内幕	3-1	140	10

温星的博文(2009-3-2 9:30 采集)

博文	发布日期	浏览人数	评论数量
谁说调查"躲猫猫"是一场"政府秀"?(手记 1)	2-21	140853	716
我们努力接近"躲猫猫"真相(手记 2)	2-22	61126	299
"躲猫猫"民间调查的尴尬和遗憾(手记 3)	2-22	3945	31
"躲猫猫"调查为何出了报告没结论(手记 4)	2-22	33941	148
"躲猫猫"调查,我依然在努力(手记 5)	2-25	558	27
温星暴光:他也死在晋宁看守所	2-27	843	19

"1、我吁请省委省政府:鉴于目前当案的警方检方均在舆论特别是网民和我们民间代表这里丧失了公信力,一县之污名可能导致一省之污名,肯请云南高层切实履行对全省人民之"阳光政府"承诺,务必阻止一县公信力丧失殃及一省公信力。请拿出应对汹汹舆论之办法,还我云南省政府和人民之清名。

2、我吁请高级人民检察院:勿使一县检察之信任危机扩升为一省之检信任危机,请速提案至省高检重办或请求异省支援实行异地检察为宜。

3、我吁请云南省人大:全国两会在即,时日无几,勿令我云南代表赴京颜面无光,终日遭人追问"躲猫猫"重蹈陕西"周老虎"窘况,使各民族代表羞愤难当。恳请启动人大监督程序严督此案,不给公众以案情真相决不罢休。

4、我呼请云南律师：此案影响巨大，全国哗然，外邦惊诧。请滇籍律师迅即介入，为被害人家属提供公益法律援助一案成名或名声大噪。案结之日，即高尚律师万人拥戴之时，何愁诉讼业务不纷至沓来？

5、我呼请网民：本人虽非你们授权之网民代表，然事关公道正义，网民一心之时其实无需代表，恳请广转本帖于论坛、博客、QQ、MSN等，务使本帖铺天盖地、删而复贴。真相大白之日即我全体网民荣誉之时，举手之劳何不为之？

另，正告企图掩盖真相混淆视听欲盖弥彰的人，宣传部没有宣布过我们调查委员会解散，即使宣布解散我们自己依然不放弃调查，线上线下我们分工有序的调查应对，掌握了越来越多资料，我们逐渐在逼近真相。这事没完，走着瞧。”

边民在博文《躲猫猫调查委员会“民间代表”——边民发飙》中如是说，不知这是否也是诸网民乃至所有关心“躲猫猫事件”的公众的心声？

舆情整合期(2月23号－3月2日)

高检介入真相初显 舆情深入体制追问

随着时间推移，网民们早期的愤怒已有所平息，意见领袖的持续发言也在努力将网络舆情拉至更为理性思考的层面。同时，网民调查委员会的风波也促成了部分网民在观察视角和思维方式等方面的转变。他们呼吁，无论“躲猫猫”真相如何，网民不应内讧，民意更不应分化，继续更有效地发挥监督作用才是重点。

2月27日，云南省检、云南省公安厅发布最新调查结果，称李荞明是被牢头狱霸打死。不少舆论在承认这一调查结果具有进步意义的同时，仍对此案中的一些细节提出了深入的质疑，对接下来的处理提出了一些见解，案件如何发展，网民仍在持续关注。

刘敏评论文章《“躲猫猫”的真相定义》(汉网－长江日报)：真相源于权力，权力又垄断真相，并为真相提供担保。这就是我们的真相与权力的关系。你说躲猫猫事件如今真相大白，我说这只是一次通报。你可以说这次通报与以前不同，但不要那么确切地说这就是真相。一个人死亡，只可能有一种死因。死因经由语言表达和确认，然后向社会发布，于是人们知道这个人怎么死、为什么死。现在，李荞明的死因，我们知道了。他不是自杀，也不是意外，而是被人殴打致死。然而，在躲猫猫事件的一波三折中，死因的语言化和社会化过程，却仍不甚了了。死亡反映着个人，死因的语言化和社会化则反映着整个社会体系。有人在制造恶，有人在粉饰恶，从某种意义上说，粉饰恶比制造恶还要坏，那是一种深入骨髓、烂到根子的坏。所以，“躲猫猫事件”我们只是知道了死因，要说抵达了真相，那要看你说的真相怎样定义。

王志安评论文章《仍需调查“躲猫猫”中的细节疑点》(新京报)：“躲猫猫”事件的发生中，接下来还需追问的是，当地看守所在这一事件中的角色和位置。从目前云南官方公布的情况看，这一点还并不清晰。一个最需要调查的真相是，当地看守所，究竟是在什么时间知道了李荞明死亡的真实原因？如果狱霸在打死李荞明之后看守所就知道了真相，并唆使纵容他们串供欺瞒，晋宁县看守所的部分人员，恐怕就涉嫌触犯了刑法。反之，如果牢头狱霸串供之后看守所轻信其辞，云南省当下的处理或许就是适当的。然而，从事件半个月来演变的情势来看，前者的可能性或许更大一些。如前一个猜想属实，紧接着人们自然要问，作为看守所的新嫌犯，李荞明被狱霸殴打，到底是狱霸们遵循看守所嫌犯之间的“潜规则”给李荞明一个下马威，结果不慎失手将人打死，还是狱霸们接到某种暗示，才敢于如此下狠手？牢头狱霸以强凌弱虽然可恨，但如果看守所在其中扮演暧昧角色，那就是大问题了。

在关注个案的同时，网络舆论也逐渐深入到了与“躲猫猫事件”紧密相连的司法体制、看守所管理体制以及刑事诉讼制度的深层次讨论，提出了一系列的相关制度的整改建议和意见。其中，激活人大代表制度、改革看守所管理体制等成为新一轮网络舆情的重点。

唐孝忠评论文章《“躲猫猫”：舆论与司法不能错位！》(红网)：舆论作为社会正义的守望者可监视检察机关的行为和结果，随时可发出强烈的声音。至于调查结论，如果死者不服，还可申请复查。法治社会，就应按照法治的规则进行，舆论与司法都不能错位，舆论凭着良知在监督，司法应遵从法律规则进行调查，这就是一种和谐，这种监督与独立调查的和谐必将还原真相。

王刚懿《谨防司法在“躲猫猫”事件中意外受伤》(法制日报)：笔者最不愿意看到的莫过于，民众由于对调查结论的失望，进而否定整个司法过程，乃至司法本身的公义。特别是对于案件“真相”的简单化争执，往往忽视司法制度的平衡与独立。例如，对于犯罪嫌疑人人权的保障和“无罪推定”证据规则的坚持，都是非常容易在舆论的义愤填膺中被忽视乃至被牺牲的。而司法的客观、独立和公正等价值可能也在这场“躲猫猫”事件中遭受伤害。为了避

免这样的意外伤害，司法需要在社会舆论监督和司法价值中立之间找到平衡。

徐元锋评论文章《“躲猫猫”能否激发代表履职》(人民日报)：在喟叹“躲猫猫调查委员会”先天不足的同时，我们更应将目光投向“特定问题调查”这一人大监督制度的“激活”。事实上，正如有论者指出的，在一些公共事件中，正是种种监督的缺席，导致了公众对相关权力部门解释的质疑，才将目光投向了近几年来监督中表现出色的网民群体，以期让其担负起权力监督的作用。但很明显，这种期望，远远超出了网民群体的能力范围。制度的生命力在于实施。由此思考：人大代表该怎样用好人民赋予的权力？其“履职”的范围，如何能不独表现在每年两会上的建言献策，更反映在积极体察社情民意，将“代表人民”的责任意识落实到社会生活中？

王琳评论文章《躲猫猫的胶着源于侦查羁押权合一》(新闻晨报)：“躲猫猫事件”的瓶颈在于，对真相的追寻无法绕过司法程序，而司法程序恰恰将在看守所内发生的故意伤害案交给了看守所的管理者——公安机关来行使侦查权。于“依法治国”的旗帜之下，那个有网民参与的调查委员会提出的核心要求，如询问躲猫猫者、浏览监控录像等，一件件均被以制度、法律的名义拒绝。该调查委员会在发布的唯一一份公告中不得不承认，“最后真正能揭露真相的，只可能是拥有法律资源的执法司法部门。”可惜，拥有法律资源的警方又不被网民所信任——在程序上，老子毫不避嫌地侦查儿子，这个“躲猫猫”又能赢得多少信任？

《新京报》社论《“躲猫猫”的深层追问才刚刚开始》：“躲猫猫”事件更深层次的追问，还在于看守所的管理体制。李荞明系当地警方认定的嫌疑人，又被关押在由当地警方管理的看守所，在李荞明非正常死亡后又是由当地警方来调查，这种侦查与羁押合二为一的体制，长期以来为人批评。在多数法治国家，看守所与警察机构分离是当然的制度选择。之所以这样设置的理由在于，看守所的基本职能是保障侦查顺利进行同时保护好被羁押人的合法权益，而非仅仅为了前者……司法行政机关可能取代公安机关成为看守所新的管理者，我们期待这样的制度改进。呼吁更高层级的司法介入，是因为我们关注个案的正义；推动看守所管理体制的变革，是因为我们更需关注制度的正义。网民调查委员会暂告一段落，或许它还曾带给人们一些失望；但网络监督还要继续下去，监督的最终目标，不仅要找出“躲猫猫”的真相、给责任者以相应的"罪与罚",更期待成为看守所管理体制变革的推动力量。

潘洪其评论文章《"躲猫猫"真相初现,群众监督力量显现》(东方早报):虽然"躲猫猫"事件的真相现在由检察机关调查得出,而不是由网民参加的"躲猫猫"事件真相调查委员会调查得出,但广大网民和社会公众对"躲猫猫"事件高度关注,对警方结论的持续质疑,这对于推动检方调查"躲猫猫"事件的真相起到了不可忽视的作用。我们认为,"躲猫猫"事件真相初现,充分体现了网民参与的巨大力量,是一个群众监督取得成效的经典案例。网民参与"躲猫猫"舆论事件真相调查委员会对事件展开调查,或许可以说是群众监督走过的一段"弯路"。因为群众监督主要是一种权利监督,它不像行政监督、党纪监督、司法监督、人大监督等权力监督那样具有高度的程序化特征,以群众监督的形式对"躲猫猫"这样的刑事案件展开调查,缺乏足够的法律依据,也不能充分发挥群众监督自身的长处和优势。但是这段"弯路",却更好地说明群众监督必不可少,而且应当扬长避短,注意方式方法。

杨涛评论文章《以开门监督防范看守所干警躲猫猫》(东方早报):看守所干警的权力是公众赋予的,他们的薪水也出自纳税人,公众与纳税人可没有闲情和余钱让他们在工作时间玩"躲猫猫"。但是,光靠看守所的自律,是很难让干警做到不玩"躲猫猫"的。除了检察监督外,还必须引入公众监督……这种让公众参与看守所监督的思路是非常可取的,但仅限于此是不够的。参与巡视的代表应当更具有广泛性,不能限于官方指定的代表;羁押场所监督巡视员应当有随时视察看守所、与在押犯罪嫌疑人就监管情况进行交谈的权利,而不是由看守所事先安排好走走过场;羁押场所监督巡视员对于看守所违规现象提出纠正意见,看守所应当立即改正;对于指出看守所干警有违纪、违法行为的,有关部门必须及时调查。

杨涛评论文章《"牢头狱霸"是怎样炼成的?》(山西新闻网):牢头狱霸的发展壮大,更是与看守所民警直接的纵容、指使分不开,"以犯人制犯人"是一些地方看守所、监狱等羁押场所民警的管理法宝。其实早在1988年,公安部、最高人民法院、最高人民检察院发出的《关于坚决取缔"牢头狱霸"维护看守所秩序的通知》中就强调:"严禁使用人犯管理人犯,坚决取消在人犯中设'组长'、'召集人'等变相使用人犯管理人犯的做法"。可惜的是,二十多年后的今天,这种现象仍然普遍存在。追究牢头狱霸的刑事责任,处理若干个责任人,固然可以暂时告慰死者家属和平息民众的愤怒,但只要制造牢头狱霸的机制还在，我们就无法杜绝李荞明式的悲剧再度产生。

何兵评论文章《从躲猫猫入手完善人民陪审员制度》(新京报)：如果这个结论属实，那么，接下来自然就是审判。我以为，组织人民陪审员参与本案的审理，让人民审判，这是有秩序地发扬人民民主的最佳途径，也是“躲猫猫”事件的突破口。目前，人民陪审员制度不但需要继续坚持，更需要努力改进不完善之处。在这方面，不妨从“躲猫猫”这类公众关注度高的个案入手，尝试改革和完善之。人民一旦有效参审，就实现了“普通人民与权力的制度结合”。审案时，请他们“从群众中来”；结案后，请他们“回群众中去”。近百万名人民陪审员，将是司法公正的源头活水，谁想再“躲猫猫”——难！

黎明评论文章《愿躲猫猫事件催动狱政革新》(文新传媒)：幡然革新狱政、整肃执法队伍，于建设和谐社会有大补之功。“躲猫猫”事件若成为整肃恶行私法、启动狱政革新的契机，那么李荞明之死将可能产生减少众多冤死者的正面效应。若是，其人之死，将堪与孙志刚之死并论。

“躲猫猫事件”中的网民群体心理及其疏导

于建嵘博士近日发表文章，对社会泄愤事件的群体心理进行了较细致的剖析。我们依据其研究框架，对“躲猫猫事件”中的网民群体心理中的借机发泄、逆反、盲从等心理进行了归类，并相应提出一些疏导网民群体心理的意见，供各级政法领导参考。

一、“躲猫猫事件”中网民群体心理的主要表现

社会学家的研究表明，群体行为的发生过程中，会形成区别于个体的“群体心理”。对此，法国人勒庞早在1895年就有过深入的分析。他在《乌合之众》一书中指出，个体一旦参加到群体之中，由于匿名、模仿、感染、暗示、顺从等心理因素的作用，个体就会丧失理性和责任感，表现出冲动而具有攻击性等过激行动。“一个心理群体表现出来的最惊人的特点如下：构成这个群体的个人不管是谁，他们的生活方式、职业、性格或智力不管相同还是不同，他们变成了一个群体这个事实，便使他们获得了一种集体心理，这使他们的感情、思想和行为变得与他们单独一人时颇为不同”。(古斯塔夫·勒庞：《乌合之众——大众心理研究》，冯克利译，中央编译出版社2004年版，第14

页。)

通过对"躲猫猫事件"中网络舆情的引发、扩散及整合的观察与分析,可以看出,在这一事件中的网民群体心理主要表现在以下几个方面。

其一,发泄心理。"躲猫猫事件"的发生,并不仅仅因为李荞明非正常死亡这一事件本身。该事件最多只是起了一种催化或引爆的工具性作用,根本原因还在于人们对司法不公、司法腐败,尤其是看守所管理混乱的特定社会状态不满,并且认为网下表达意见和寻求救济的合法途径被堵死,从而选择借用网络语言来发泄不满。美国著名的社会学家埃里克·霍里就认为:"困苦并不会自动产生不满,不满的程度也不必然与困苦的程度成正比。不满情绪最高涨的时候,很可能是困苦程度勉强可忍受的时候;是生活条件已经改善,以致一种理想状态看似伸手可及的时候"。(埃里克·霍里:《狂热分子:码头工人哲学家的沉思录》,梁永安译,广西师范大学出版社 2008 年版,第 48 页。)当前中国社会的剧烈变化、利益的重新分配、社会阶层的重新划分和差距加深,社会充斥着广泛的不满情绪,很多人没有在经济发展中收益,反而感觉生活压力加大,心理上产生了相对的被剥夺感;某些地方政府长期行政不作为、乱作为,造成社会秩序紊乱甚至失控,一些人的利益得不到保护;司法失之公平、失之公正,信访长期无结果,使人感到无处说理,心理压抑;再加之道德体系崩溃,人心迷茫,这些深层次的矛盾长期累积,得不到有效的排解与疏导,碰到合适的导火索,一宗小案件演化为网络公共事件也就绝非偶然了。

其二,逆反心理。当起因事件发生后,警方给出的解释超越了常人的想象,"躲猫猫"一语在网上迅即演变成"隐藏的文本"。所谓"隐藏的文本"是美国著名政治人类学家詹姆斯·斯科特所提出的概念,它指的是相对于"公开的文本"(public transcript)而存在的、发生在后台的话语、姿态和实践。这种戏谑中的委婉批评已经成为千万网民网络生存智慧的重要组成部分。近来的网络上与"躲猫猫"相类似的例子还有"草泥马"。(可参见崔卫平:我是一只草泥马。)当云南省委宣传部门组织网民调查委员会介入到"躲猫猫事件"的调查之后,又因无执法权而事实上使得本被一些网民寄予了颇多期望的"调查"被演变成了"看守所一日游"。网民纷纷开始调查调查委员会的各成员,有评论指出,这些"调委会"委员们"从英雄到网托只有一天的距离"。尽管组织者和参与调查者均在反复进行解释与澄清,但多数网民似乎并不愿意听信这些解释。网民不仅不相信，反将其视为一次失败的危机应对，是为党政部门继续推卸责任、隐瞒事实安个幌子。从网民的构成来看，以中青年人居多，甚至有相当一部分是尚在十几岁至二十几岁的中学生、大学生。这是一个最容易产生藐视现有秩序心理的群体。在"官"、"民"二分的现实状态下，管理者和被管理者因处于不同的地位、各有其利益，看待问题和思考的方式已经各具特点。在"躲猫猫事件"已经造成了巨大的网络影响之后，相关部门仍在坚持"躲猫猫"，而调委会又处处受阻，根本没有法律途径求得真相，这与网民期望的结果存在极大的偏差。此种情境之下的任何解释都是很难获得网民信任的，相反还会成为网民在真相难求之下发泄不满的借口。

其三，表现欲。个人进入群体后，总有一种表现欲。这与人在现代社会里孤独感增强有关。"现代环境趋向于使社会原子化，它剥夺了社会成员的集体感和归属感，而没有这些，个人也难以取得良好的成就。许多人把不安和焦虑看成是现代的人格特征，这可以直接追溯至伴随现代化过程的深刻的社会解体"。而且，"随着数百万人从乡村移到城市，传统社会的规范遵从与赏罚效果削弱了，个体与他人直接的紧密联系松弛了"（C·E·布莱克：《现代化的动力——一个比较史的研究》，景跃进、张静译，浙江人民出版社1989年版，第27页。）但人内心对群体的渴望并没有因此而减少，有时反而更加强烈，只是其表现出来的方式和条件有所变化。也就是说，现代化造成个体间的距离以及因此形成的对人性的异化，并没有改变人类渴望群体生存这一本能性的需求，但会以另一种方式表现出来。"孤立的他可能是个有教养的个人，但在群体中他却变成了野蛮人——即一个行为受本能支配的动物。他表现得身不由己，残暴而狂热，也表现出原始人的热情和英雄主义。"（古斯塔夫·勒庞：《乌合之众——大众心理研究》，冯克利译，广西师范大学出版社2007年版，第49页。）这种英雄情结般的表现欲会促使网民去积极跟帖，参与讨论，强化已经在网上占据了优势地位的舆论意见。网络舆情的雪球正网民强烈表现欲的推动之下，越滚越大。

其四，从众心理。当个体意识到自己与群体的行为、规范、价值之间存在不一致时，就会产生从众情境"。事实上，这种从众心理的产生有一个群体压力的存在。"当群体成员或行为超出群体规范的范围，成员就会产生一种背离群体的感受，心理就有一种无形的紧张感。如果成员要想继续保持与群体的联系,这种心理紧张感就会迫使成员改变自己原来的意识和行为,使之符合群体规范的要求。可见,群体压力是当群体成员的思想或行为与群体规范发生冲突时,成员为了保持与群体的关系,必须遵守群体规范时所感受到的一种无形的心理压力。个体从众是个体在群体无形的心理压力下,放弃自己与群体规范相抵触的意识倾向,服从群体大多数人的意见,做出自己愿望相反的行为的现象"。(李宁:《群体心理学》,暨南大学出版社 2000 年版,第 49 页。)比如从常识出发去证伪"躲猫猫",其实也还嫌证据不足。察看千奇百态的个案,有违常识的种种巧合其实并不鲜见。就在 2 月 20 日,影视新星潘星谊在家中摔了一跤,不慎撞倒鱼缸,被玻璃碎片割破动脉身亡。这事如果发生在看守所,也必将是质疑一片——好好的怎么就摔了一跤,怎么恰好就撞倒了鱼缸,怎么鱼缸的玻璃碎片恰好就割破了潘的动脉。平心而论,在我们的日常生活逻辑里,这样的质疑实在是太自然而然了。然而在数以万字的跟帖和回复中,我们没有看到哪怕是一句反问,为什么不可以有例外?为什么"躲猫猫"就一定不会跟意外联系在一起?相信会有一些网民心中也曾闪过这样的疑问,但在质疑警方结论已成网络舆情的绝对优势意见时,网民们也迅速地被说服了。这种源于网络群体压力的从众现象,有可能使一个极小的事件在很短时间里就聚集起上万甚至是数以十万计的网民来。在网上聚集的这股庞大的社会能量如果得不到及时疏导或缓慢释放,就可能演变为激烈的网络冲突,甚至不乏向网下蔓延的可能。

二、网络群体心理的发生机制和疏导

从理论上讲,群体心理所具有的上述特征并不是同时发生的,它的发生过程有两个重要的机制:一是情绪感染;二是行为模仿。所谓情绪感染是事件的场景使原来无动于衷的旁观者的情绪也激动起来,从而完成从个体向群体的转变。而行为模仿则是指集群行为中行动者互相仿效,使整个人群产生一致的行为。情绪感染和行为模仿与上述分析的心理特征是一致的。它从发生学的角度解释了群体心理的形成有一个过程,而这个过程突出的特点是相互影响,并最终形成一个具有普遍"合理性"的社会情景。因此,如何根据这个过程中所表现出来的不同状况进行心理引导和心理疏导,对防范群体心理的形成及社会泄愤事件的发生具有重要意义。所谓心理疏导,也就是要在客观角度找到网民的心理需求和精神需要,通过适当的引导,对网民的心理状态施加影响。

首先，要加强特定人群的心理引导和干预。这主要是针对事件当事人的心理引导问题。以“躲猫猫事件”为例，当李的家属得知李荞明非正常死亡之后，第一反应往往是不能接受现实，内心的紧张不断积聚，情绪上陷入非正常状态，或者叫心理危机状态。他们往往情绪激动，悲伤、烦躁、焦虑、怀疑、过分敏感或警觉，甚至愤怒，绝望，往往会做出非理性的举动。这时，地方政府官员们除介绍相关事件的调查情况，回答当事人疑问外，发现当他们存在情绪失控情况的，暂时难以正常交流的，应及时安排专业心理医生或经过培训的社会工作者对其进行心理干预。心理干预是一种科学，它通过寻找规律，统计相关数据，总结以往的经验等寻找出有效的方法，来影响起因事件当事人的心理状态，改善或改变不良的心理状态和行为，从而为良性沟通创造条件，以避免事态不必要的升级扩大。需要指出的是，受害人的心理干预，是一种专业性的社会工作，政府有关机构和工作人员不一定具有这方面的知识，应充分发挥民间组织和专业机构的作用。当然，对于事件及时公正透明的处理是避免事件进一步恶化的关键，需要建立公权力当事人的回避制度，使得案件能够得到群众及时满意的处理，避免矛盾激化升级。

其次，要根据当前信息技术的特点，加强信息公开和权威发布。传统的信息封闭和压制在当今网络信息社会亦不能奏效，反而起到反作用。互联网是当今网络信息传输和交流的平台，也是“现代公民意识”逐渐崛起的一个主要平台，人们通过这个平台可以实现自由、交互、即时、多元、虚拟的信息交流与传递；网络信息传播具有很强的时效性、交互性、动态性、虚拟性、全球化性特征，同时，网络信息传播还具有传播无序性、主体的隐匿性和个性化等特征。随着高科技发展，公众获得、传播消息及表达意见的渠道已经极为多元化。单方面的信息封闭和压制已经根本不可能实现，从去年年底以来的“封口费事件”到“公费考察团事件”，再到今天的“躲猫猫事件”都已经生动的说明了这一点。相反，官方的信息封锁和压制往往会导致群众的“逆反心理”，并借由网络宣泄出来，制造出更高的舆论浪潮，引起民意和官方的对立，甚至压制者自身也会陷入丑闻泥淖。因此，只有加强信息公开和权威发布，在“阳光”下处理一切问题，扩大人民群众的知情权，才能有利于维护社会信心，避免公众“逆反心理”产生。当然，“躲猫猫事件”也告诉我们，自身陷入舆情危机之中的责任人，容易在“反沉默螺旋”下坚持与主流的网络意见相对抗。这是因为公布真实的信息将对其不利，这时，以最高层级的权力介入或依法组织中立第三方调查机构介入，将是迫使信息公开的较好办法。"躲猫猫事件"也正是在最高检察院介入之后，才能得迅速突破的。

最后，要加强利益表达团体的体制建设。群体行为不仅符合人的群体性，而且使个人又消失在群体之中。从这个方面来说，政府应该尊重人结群的本性，逐步减少对结社的控制，允许人们因为各种各样的原因——籍贯、行业、兴趣、处境等结成各式团体，促进公民社会的发育，使人们能够在正当的社会活动中找到集体感和归属感。更为重要的是，一个成熟社会必须建立一套完善的利益诉求机制，要建立一个社会安全阀机制，让社会情绪得到宣泄，否则就会形成"蝴蝶效应"。有许多情景下，堵塞社会情绪，会对社会群体产生"黑洞心理"，也就是看不到前景和希望，使人绝望。如果能建立科学的利益表达机制，就会将黑洞改为隧道，尽管道路还十分漫长，但由于前面的光亮，给人以希望。而且，通过正式建立的利益表达团体，相对因事件而聚集的群体而言，要理性和有责任感，也能较好约束社会成员的失当和过激行为。

【相关链接】

http://news.sina.com.cn/z/ynduomaomao/

http://club.news.sina.com.cn/archiver/?tid-242650.html

河南灵宝王帅案

河南灵宝籍青年王帅在天涯社区发帖，批评家乡违法征地现象，被羁押8天。平面媒体介入报道后，网民质疑滚滚而来：难道法律上还有一个“诽谤政府罪”？事件的处理结果是，河南省副省长兼公安厅厅长秦玉海出面承认王帅案是错案，并对王帅给予国家赔偿。

此类网络公案令人亦忧亦喜。忧的是，在司法冤狱面前制度性的纠错机制总不能及时启动；喜的是，在司法冤狱面前网民对于司法公正仍然不弃不离。诸多司法热点事件表明，激化网络舆情的并不是网民，而首先是一些公权力部门对司法公义的遗忘。

——海南大学法学院副教授，《政法网络舆情》周刊主笔 王琳

案例概要

●2月12日，河南灵宝籍青年王帅在网上发帖《灵宝老农的抗旱绝招》，揭发家乡政府违法占地搞工业园区建设。这个帖子在网上火速蹿红，各大门户网站都放在首页，也惊动了当地相关部门。3月6日，灵宝市警察以涉嫌诽谤罪为名，远赴王帅打工所在地——上海，将其抓获并刑拘。3月13日，因王帅家人与政府达成了某种协议，王帅被解除刑拘转取保候审。3月6日到3月13日，在上海和河南灵宝看守所，他度过了人生中最难熬的8天。

●4月10日下午，灵宝党政公众网上出现一篇“灵宝市信息中心”的帖子，这是灵宝官方就王帅事件首次对网络及媒体作出回应。文章称，王帅在网上发帖严重损害了灵宝的形象，特别是伤害了市抗旱工作指挥部和市水利局负责同志。文章称，媒体的报道给灵宝市委、市政府及有关部门负责人造成了不良影响，并强调王帅诽谤案正在办理中。

对于王帅的发帖行为，灵宝市委宣传部王部长接受媒体采访时说：王帅这个发帖人完全是“造谣”、“诬蔑”，实在是太让人生气了，在网上说的简直是胡说八道，什么抗旱绝招，明明是混淆视听。地被征了，农民让羊把麦苗吃

掉，这是很正常的，没什么好炒作的，这样说给灵宝带来多坏的影响，让市里之前为抗旱做的很多工作都白费了。

●“青年举报家乡违法占地遭遇跨省追捕事件”经媒体曝光后，网上群情汹汹，该事件被视为公民因言获罪及地方政府工作人员滥用职权，对批评人实行报复陷害的典型案例。巨大的舆情压力之下，灵宝市公安局撤销此案，河南省公安厅厅长在网上道歉，随后从灵宝市副市长、市土地局副局长、市公安局副局长、办案民警到大王镇镇委书记等均受到严厉处分。

●4 月 16 日下午，河南省副省长、省公安厅厅长秦玉海做客人民网时表示，公安机关在王帅这个事情上，执法是有过错的，当地公安机关执法中没有严格按照有关法律规定去办理。这件事情暴露出公安机关随意执法的问题，具有一定的普遍性。公安厅已经派出了督察和法制调查组在灵宝进行调查，查找在这个事情上公安机关应该吸取什么教训，避免类似问题的发生。“作为河南省的公安厅长，在我们省出了这种问题，在工作上我也有责任，在这里我也向大家道歉。”秦玉海说。

●4 月 16 日晚，灵宝市委、市政府向人民网等网站发去《关于对“王帅发帖事件”处理情况的答复》，承认了公安机关执法中存在过错，市委、市政府负有领导责任，并对大王镇五帝工业聚集区相关征地的补偿每亩按 2.89 万元的新标准执行。

●4 月 17 日，灵宝市公安局局长宋中奎等赴上海向王帅道歉，称这是一起错案，王帅的发帖行为不构成诽谤罪，公安机关在执法上有过错，目前已对这起案件作出了撤案处理。宋中奎表示，作为灵宝市公安局局长，在这件事上有不可推卸的责任，已向上级党委做出深刻书面检查，特向王帅道歉，并给予王帅国家赔偿。宋中奎同时告诉王帅，灵宝市公安局按照相关规定，对相关办案人员和责任领导予以责任追究，主管副局长焦占林、法制科科长黄立忠及两名办案人李平、贺彦伟已停职接受处理。随后，宋中奎将 783.93 元的国家赔偿金交给王帅。

●4 月 28 日下午，三门峡市委、市政府召开专题会议，对有关责任人进行了严肃处理：责成灵宝市委、市政府向三门峡市委、市政府作出深刻检查；责成灵宝市委书记吕均平、市长乔长青向三门峡市委、市政府作出深刻检查；对灵宝市委常委、常务副市长高永瑞给予行政警告处分，免去灵宝市大王镇党委书记黄松涛职务；责成三门峡市国土资源局依照干部管理权限对灵宝市土地管理局副局长李建强予以免职，给予灵宝市土地管理局阳店土地管理中心所所长翟海江行政记过处分。

河南灵宝警方跨省抓捕网民被指滥用警力

【新闻描述】

4月8日，《中国青年报》刊发了一篇题为《一篇帖子换来被囚八日》的深度报道。报道称，去年5月，河南省灵宝市政府以建设工业聚集区为名，以租代征“租”用大王镇28平方公里农地，其中大部分是基本农田，约3万余农民失去土地。但村民所得补偿却只有地上附着物和青苗补偿费，法律规定的土地补偿费和安置补助费根本没有涉及。

灵宝人王帅是位在上海工作的白领青年。王因多次举报无果，遂在网上以“河南灵宝老农的抗旱绝招”为题发帖揭露灵宝违法“租”地，并引发了较大的网络反响。3月6日，灵宝警方来到上海将王帅“捉拿归案”。从这天起到3月13日，24岁的王帅分别在上海和灵宝的看守所度过了8天。

3月13日，王帅被取保候审，警方给出的理由是“证据不足”。人虽然放出来了，但警方还要求王帅保持沉默。

【舆情分析】

公民因批评政府而被警方抓捕，事关言论自由与公民监督权，向来是网络关注的焦点。近年来，“彭水诗案”、“稷山文案”、“高唐网案”、“儋州歌案”相继发生，均曾轰动一时。“灵宝跨省抓捕网民”这一新闻也不例外地引发了舆情危机，成为最新的一例因个人遭受而受到众多网民关切的公共事件。

从舆情的传播路线看，灵宝方面的官方回应非但没能起到引导舆情的作用，反而激化了矛盾。如在接受记者采访时，灵宝有官员说：“这个人实在是太过分了，你看看他在网上说的这些，简直是胡说八道……这样说给我们灵宝带来多坏的影

响。”“有意见可以通过正常渠道反映，但不应该采取这种在网上发帖的方式，败坏政府名声。”“做事就要承担责任，受到一点惩罚，至少有点教训，下次不会再犯错。”以上言论，均成为“授网民以柄”的典型，屡被引用作为评论的靶子。

如《新华每日电讯》刊出该报记者姜锦铭的文章指出：灵宝官员说的话很“真实”很“有才”，但每一句听起来都相当的别扭，一句话，与现代政治理念格格不入。“太过分了”“胡说八道”“给点教训”“下次不会再犯错”，这种语言基本是泼妇骂街，很难认为是一个官员对待公民的态度，权力的霸气显露无遗，公仆理应有的谦卑毫无踪影。文章认为，网络改变中国人的生活习惯，网民成为“新意见阶层”，已是不争的事实。中央高层和越来越多的地方官员也频频现身网络“问政于民”，但在灵宝官员那里，网上反映意见倒成了“非正常渠道”。

针对灵宝官员称网帖败坏灵宝市政府形象，《钱江晚报》刊发评论质问：如果灵宝的领导真这么在乎政府的形象，为什么在征地这个牵涉到农民切身利益的敏感问题上胆敢违法？难道当地百姓眼中的政府形象就不是形象？为什么群众举报这么久，政府迟迟不予理睬？难道合法的征地、耐心的疏导、细致的群众工作不是树立政府的形象，而是动用警力压制言论，非得把人“教训”得俯首称臣才算有了好形象？

更多舆情则从权力与权利的关系来进行解读。如《南方都市报》的社论指出，灵宝政府与网民王帅之间，是强势的行政权力与弱势的公民权利之间的真实写照。事件给公众提供了集体反思的机会，让公众得以对一些地方政府公权力的毫无克制、对法律运用的正义流失，有更为深刻的检视和追问。

《齐鲁晚报》也有评论认为：民众必须“驯服”公权力，而不是反过来被“教训”。一些地方的官员，不管法律，不问是非，只是因为“不高兴”，他们就要“教训人”。可是，政府凭什么“教训”老百姓？警察难道是政府“教训”百姓的工具吗？公安机关以及所有政府部门都是为人民服务的，而不是“教训”人民的，如果公民没有违法，政府就不能动用警力来“对付”。吃百姓之饭，穿百姓之衣，公仆岂有“教训”主人的道理？

《北京青年报》的社评则指出，如果灵宝市的领导干部能够意识到危机之所在，他们理当及时纠正自己的错误，理当给失地农民更加合理的补偿，从而重新赢得农民的拥护。如果他们真把人民群众的利益看得比自己的面

子更重要，如果他们真懂得公民自由与宪法权利的神圣不可侵犯，他们就应该纠正跨省追捕的做法，向王帅致以深深的歉意。

也有较多舆情是从法治角度进行解析的。如《新京报》的评论认为，在刑法上，要构成诽谤罪必须有捏造某种事实的行为。而灵宝市政府违法"租"地并非虚构。此外，要构成诽谤罪还必须是针对特定的人进行的。而遭王帅"诽谤"的据说是"灵宝市政府"！根据刑法的规定，诽谤罪的客体是他人的人格尊严或名誉权。换言之，诽谤罪的侵犯对象只能是自然人。就算王帅真的"诽谤政府"了，也不可能构成"诽谤罪"。

《中国青年报》的一篇评论也援引《刑法》指出，政府无论受到公民怎样的批评，哪怕是不当和失实的批评，都不能指控公民涉嫌"诽谤罪"，更别提对公民采取刑事强制措施。

舆论也希望推进事件的处理。如人民网发表评论追问，灵宝发生的"以租代征"擅自将农用地转为建设用地是否该有人对此承担责任？《羊城晚报》也刊发评论呼吁，目前最迫切的，还是请上级部门迅速介入，查清楚"违法租地"与"跨省追捕"背后的真相，给举报者以及关注这起事件的人们一个公正的交代。

4月10日下午18时30分，灵宝党政公众网上出现一篇管理员发出的帖子：关于《一篇帖子换来被囚八日》一稿有关情况的回复，落款是"灵宝市信息中心"。文章称，报道给灵宝市委、市政府及有关部门负责人造成了不良影响，并强调王帅诽谤案正在办理中。同日，天涯社区内出现了众多支持灵宝政府的帖子和评论，这些试图引导网络舆论的官方行为仍未能扭转网上一边倒的质疑。以"滥用警力"和"权力压制监督"为主要事实判断的网络舆情得到进一步加强。

"灵宝警方跨省抓捕网民"的评论倾向分类图

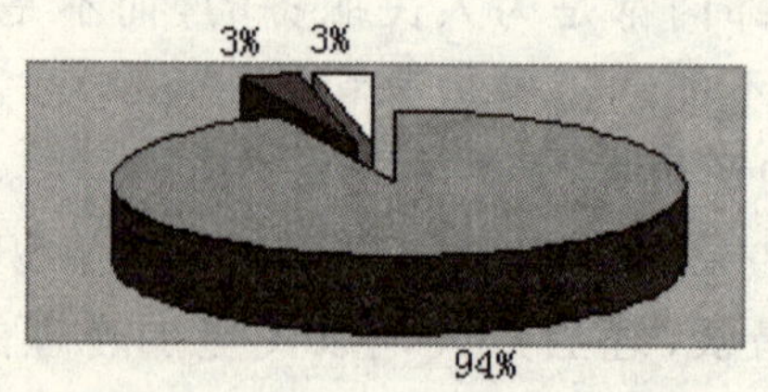

相关评论倾向分类图

题目	作者	媒体	时间	主要观点
有人为滥用公权负责比啥都重要	朱永杰	半岛网	4-8	应该有人为滥用公权负责
派警方跨省抓捕网民曝露了什么？	毕晓哲	金羊网	4-8	做贼心虚者、贪赃枉法者，害怕舆论、害怕民意监督，害怕自己“屁股上的屎”被察觉
发帖举报违法征地遭跨省追捕的悲哀	赵光瑞	大河网	4-8	地方政府动用警力打击社会批评，正在走向执政为民的反面
青年网上发帖遭河南警方跨省追捕令人震惊	赵国旗	人民网	4-8	不能让王帅为了法理和正义被拘8天后，还要其丧失对社会公平与正义的信心
发帖遭拘捕，从此少了一个热血青年	孙耒	成都商报	4-9	如果人的意志凌驾于法律之上，王帅们的努力终究是一厢情愿
举报获罪，是法治社会的耻辱	李跃	晶报	4-9	举报获罪，是法治社会的耻辱
灵宝市政府应向发帖举报者道谢并致歉	蔡方华	北京青年报	4-9	灵宝市政府应向发帖举报者道谢并致歉
“因言获罪”：何时听见律师的声音	刘敏	长江商报	4-9	在民告官、在对政府和警方的事后问责中，我们同样需要听见律师的声音
谁冒犯领导，就用警察去训他？	曹林	大河网	4-9	这样“教训”公民，显然是滥用公权力对公民进行打击报复
我们每个人都可能是王帅	十年砍柴	凤凰网	4-9	平时争权夺利的官员们，在维护自以为很光鲜的集体面子时总能思想统一且高效
又见“领导很生气，后果很严重”	王志顺	红网	4-9	我们再次看到了从制度层面保卫公民行使举报权和监督权的必要与迫切
目睹一颗“公民之心”的死去	梁丁	荆楚网	4-9	最令人难过、哀伤的是，我们目睹着一颗“公民之心”正在死去
网民发帖“入狱”八日该问谁的责	叶乐盛	荆楚网	4-9	为王帅的行动而深感敬佩，但为他的“获罪”而深感痛心
反思标题党与信息透明：发帖胳膊拗不过监管大腿	李欣	楚天都市报	4-9	存在公安司法“地方化”、“行政化”的嫌疑
给点教训的驭民之术令政府与法律名声俱损	社论	南方都市报	4-9	给点教训的驭民之术令政府与法名声俱损
公仆岂有“教训”主人的道理	盛大林	齐鲁晚报	4-9	民众必须“驯服”公权力，而不是反过来被“教训”

灵宝为何容不下草民王帅	刘雪松	钱江晚报	4-9	灵宝容不下一个举报的网帖、一个仗义执言的愤青,是民主法制的悲哀
质疑政府行为不应是件危险的事	刘义昆	潇湘晨报	4-9	质疑政府行为不应是件危险的事
批评政府哪怕失实,也不能以"诽谤"治罪	杨涛	中青在线	4-9	灵宝警方竟然动用刑事手段来对付行使批评权的公民,其滥用权力不止以千里计
政府的"名声"要靠什么来维护?	范正伟	人民网	4-9	政府的名声的维护,不在法律之外,而在依法行政之中
警方跨省抓发帖网民?滥用公权,定损民权!	钱桂林	人民网	4-9	滥用公权,定损民权
法律怎能只是权力部门的法律	庾向荣	金羊网	4-9	法律面前一律平等,权力部门和公民都受到法律的制约,也受到法律的保护
抓捕网民是"人治"在肆虐	黄河评论	西部商报	4-9	抓捕网民是"人治"在肆虐
跨省抓捕发帖者,就让这个社会和谐了?	天涯默客	华声在线	4-9	王帅们的遭遇让我们看到的是公权力的霸道,看到权力凌驾于法律之上的丑恶
"诽谤罪"不是权力滥用的遮羞布	王军荣	半岛网	4-9	权力不被控制,没有了诽谤罪来治公民,还有其他招术
青年发帖被跨省追捕让言论自由死在看守所	车红强	宁波网	4-9	灵宝市政府的做法,无疑是开民主和言论自由的倒车
一个青年和市政府的"良苦用心"PK	王华	扬子晚报	4-9	掌权者抛开法律,用"良苦用心"决定发帖者的命运
跨省抓捕发帖者是一种权力施暴	王刚桥	新京报	4-9	跨省抓捕发帖者是一种权力施暴
拘捕发帖青年的权力恐怖	银玉芝	大河网	4-9	警方及地方政府,倒是涉嫌多项违法犯罪
警惕"诽谤罪"阻塞言路	三刀柔情	大河网	4-9	警惕以"诽谤罪"的恐怖来"监督"群众的"网络监督",造成阻塞言路的危害
跨省追捕发帖者,办案经费紧张乎?	谢浮名	和讯网	4-9	河南灵宝的所作所为,更坐实了办案经费紧张这一借口的虚假
发帖是一种罪行	叶知秋	新浪网	4-9	灵宝政府再一次给河南长脸了,灵宝市公安局再一次给警察系统长脸了
违法征地为何成了新闻盲区	王俊秀	中国青年报	4-9	建立健全土地违法行为的稽查制度,显得尤为重要

跨省追捕不走“正常民意渠道”的发帖者背后	陶嘉	国际在线	4-10	任何企图阻塞网络通途的做法都有悖于建设公民社会的要求,得不到民意的支持
举报人,你往哪里逃!	乔志峰	大河网	4-10	举报者遭受打击报复,已经是公开的秘密
“故乡沦陷”依靠谁来救赎	单士兵	华商报	4-10	能够迈出“举报维权”这一步是很大进步
假如王帅遇上孙东东	兰心	南方都市报	4-10	若信访部门认真对待每一个上访户的问题,中国就不至于有那么多的精神病人了
谁在败坏政府的“名声”?	李吉明	人民网	4-10	“给点教训”之类的驭民之术,必定会导致政府公信的流逝、政府形象的轰然倒塌
期待灵宝政府向公民王帅三鞠躬	张军兴	天山网	4-10	政府应为自己不为公民服务、工作失职、肆意抓捕向公民王帅道歉
跨省抓捕发帖者:地方政府被碰了哪根神经?	舒升	新华网	4-10	王帅触动了地方政府违法占地、“权威”、“尊严”这三道神经
这样的干部还是党员吗	何耀伟	新华网	4-10	那些辜负了人民信任的人,最终也会被人民所抛弃
跨省抓捕发帖青年,谁给你的权力?	老土	检察日报	4-10	对公权力必须给以严格的约束和监督,缺乏制约的公权力很容易走向人民的反面
给“给点教训”的人一个教训	司徒笨	南方报业网	4-10	切实杜绝“防民之口,甚于防川”的恶行,尤为迫切
网络民意:须防“选择性重视”掐脖子	成一言	山西晚报	4-10	“选择性重视”表现为通过定点打击,杀鸡吓猴,要掐住网络民意表达的脖子
发帖遭跨省追捕 警方把群众当主人是空话?	路人甲	苏州日报	4-10	这一共识早已被人不当回事,类似社会规则被破坏殆尽
一个上海白领的“教训”	鲁宁	晶报	4-10	王帅学聪明了,杀鸡儆猴”的效果或许也已达到了
“良苦用心”	陈清华	南国都市报	4-10	政府和上访者互相不理解各自的“良苦用心”

灵宝网警来沪抓捕诽谤者王帅说明现在党权唯大(伟大)	黑星人	和讯网	4-10	说明民主之路离我们还很遥远,现在还是很严厉的党治天下时代
“政府失态”甚于“律师失声”	读者	长江商报	4-11	政府监督机关的“缺位”、“失态”和“不当发声”,危害更甚
救救家乡,救救公共精神	熊培云	南方都市报	4-11	正是公共精神的缺席,导致乡村不断沦陷于权力与资本之合谋
诽谤,多少公权暴力假汝之名	舒圣祥	千龙网	4-11	诽谤罪名与政府公权联系到一起,几乎已经成为公权暴力的代名词
王帅式的连环悲剧	弘农笑	新浪网	4-11	王帅的张冠李戴、青年报的断章取义、政府的迟钝行事,让王帅的悲剧接连不断
灵宝帖案中几个必须注意的问题	小荷1120	新浪网	4-11	对法律精通、愿意帮助王帅、并有相应的时间和精力的网友,应该会同王帅向灵宝警方展开法律维权行动
河南“灵宝帖案”主犯王二宝是英雄还是偏执?	baneiku	天涯论坛	4-11	王帅不尊重事实,确实对灵宝市政府构成了诽谤
遥看故乡沦陷徒奈其何!	十年砍柴	凤凰网	4-11	在霸道的权力下,爱乡甚至爱国的方式,也不是普通人能自由选择的
泌阳别墅、温州安置房、王帅、孙东东	余人月	光明网	4-12	害怕有一天,“上网”同上访一样也成为精神病的代名词
为何王帅红钻网络维权命运迥异	金波	南方都市报	4-12	王帅的执著与乐观不仅是正在维权者的榜样,更是我们可以前进的榜样
官员为何前仆后继抓捕网上批评者	李泓冰	人民日报	4-12	不少腐败案就是从网络上的“星星之火”,燎原到不可收拾的地步
谁来保护王大豪们的合法权益?	忠言	网易	4-12	失去监督的权利,必然导致腐败

相关评论文章一览表

【相关链接】

http://bbs.news.163.com/bbs/baoliao/128229762.html

http://news.sina.com.cn/c/sd/2009-04-08/053817565370.shtml

http://society.people.com.cn/GB/86800/9212911.html

陕西丹凤高中生受审猝死案

该案是2009年因刑讯逼供引发舆情危机的典型案例。虽然最终司法审判彰显了对责任人的刚性追究，但由其引发的刑事执法原生态值得深入反思。很大程度上，丹凤个案只是我国基层刑事执法状况的一个缩影，执法人员基本的法治理念之稀薄，对公民权利缺乏基本的敬重，对刑讯逼供的习惯性依赖，并未随着国家立法的进步而得到大面积嬗变。而危机产生后的被动也更加凸显了"出事后"的茫然心态，首先指向受害人家属的赔偿成为"救命稻草"，但结果却是意想不到的舆论质疑和批评。整个舆情应对中，平息事件的目的性过强，反而失去了合乎法治理性的考量。

——西安政治学院讲师，《政法网络舆情》周刊主笔 傅达林

案例概要

●2月10日凌晨，陕西省商洛市丹凤县丹凤中学一名高二女学生彭莉娜在丹凤县城丹江边被杀害，经侦查，丹凤县公安机关认定该校高三学生徐梗荣有重大犯罪嫌疑。

●2月28日晚11时，丹凤县公安机关传唤徐梗荣。3月1日早7时许，徐梗荣向警方供述了作案经过。当天，徐梗荣被刑事拘留。

●3月8日上午10时30分，在审讯过程中，徐梗荣突然出现脸色发黄、呼吸急促、脉搏微弱、流口水等情况，审讯人员立即将徐送往丹凤县医院抢救，11时，徐经抢救无效死亡。

●3月9日中午，死者家属聚集到丹凤县政府门前，寻求事件真相。丹凤县县长李吉斌出面接待。同日，陕西省检察院法医白宁波和商洛市检察院法医杨军虎在徐梗荣亲属委托人的见证下，对徐梗荣尸体进行了解剖检验。目睹尸检全过程的死者亲属描述："徐梗荣两个手腕上有清晰的环状伤痕，皮都翻了出来，两只手掌肿得像馒头，鼻腔里全是血，头顶外表皮完好，法医将徐梗荣的头皮揭开，发现很多直径为1.5厘米×1.5厘米的淤血点，头盖

骨内的脑子出现水肿。”这位亲属问法医，什么情况下脑子才会出现水肿?法医回答，得病或者是受到外力。“徐梗荣肠子里是空的，胃里有10毫升左右的液体，糊糊状。一段大约15厘米长的肠子呈黑色。法医剪下12厘米，一提起来，便滴下墨绿色的胆汁状液体，其他肠子为白色。”该死者亲属问法医“为什么会这样”，法医解释，“这说明死者没有进食，至于持续了多长时间不好认定。”“另外，死者大腿内部两侧有淤青，切开全是血，小腿上也有淤青。”

●3月12日晚11时，丹凤县政府和徐家人签下了一份《关于解决徐梗荣死亡事件的协议》，支付了12万元丧葬、抚恤费，徐梗荣的父母和奶奶终生享受当地最高标准低保。

●3月16日，媒体报道该案，陕西省检察院和商洛市检察院已迅速介入事件调查。当地群众猜测“这个孩子是被刑讯逼供打死的。”网民呼吁：公正调查、公开结论、公布处理结果。

●3月16日，徐家已将徐梗荣下葬。丹凤县公安局主管刑侦的纪委书记王庆保被刑拘，其他涉案人员也正在接受调查。

●3月17日，丹凤县突然取消了原本要举行的新闻发布会。

●3月28日，陕西省丹凤县检察院召开新闻发布会向媒体公布尸检结论报告：在公安机关审讯时猝死的高中生徐梗荣患有原发性心肌病，由于外伤、疲劳等原因引发心脏骤停死亡。包括丹凤县公安局局长闫耀锋在内的7名警察分别涉嫌滥用职权罪、玩忽职守罪、刑讯逼供罪等被立案和刑事拘留。

检察机关调查表明，自3月1日至3月8日清晨6时许，公安机关办案人员先后在县公安局刑警队、资峪派出所对徐梗荣进行了长时间、不间断的疲劳审讯，少数民警在审讯中对徐梗荣实施了肉体侵害行为，致使徐梗荣身体极度疲劳引发心跳骤停死亡。但徐梗荣家属表示对尸检结论不能接受，拒绝在检察院送达的尸检报告上签字。并表示希望重新进行尸检。

●3月29日，媒体报道尸检结果。绝大多数网民留言支持并质疑尸检结论。舆论风向有从关注公安刑讯逼供转向负面评价检察院的趋势。

●4月21日，陕西省商洛市委常委会决定对丹凤县公安局长闫耀锋停职检查。商洛市委常委会认为，徐梗荣死亡事件的发生，是公安机关在执法过程中发生的一起严重事件，对社会造成严重不良影响。商洛市委要求市县检察机关加大调查力度，市县纪委、法院要提前介入，尽快查清事实真相，给社会各界和群众一个满意的答复。案发后，检察机关立案侦查期间，闫耀锋、贾严刚、李红卫投案自首。经商洛市检察院和该市法院协商，商洛市法院指定商南县法院管辖此案。

●8 月 24 日，商南县检察院依法对此案向该县法院提起公诉。

●11 月 24 日，“高中生徐梗荣受审猝死案”在陕西省商南县法院一审宣判。法院以滥用职权罪判处丹凤县原副县长、县公安局原局长闫耀锋有期徒刑二年；以刑讯逼供罪分别判处办案民警赵朔、贾严刚、李红卫有期徒刑二年零六个月、一年零六个月和有期徒刑一年，缓刑一年。

●11 月 26 日新华网电，陕西省商南县人民法院副院长、审判长叶文广对 5 人的量刑作出解释。闫耀锋作为专案组总指挥，符合滥用职权罪的规定，应当判处三年以下有期徒刑。由于闫耀锋有自首情节，法院最终判决两年有期徒刑。丹凤县公安局主管刑侦工作的原纪委书记王庆保作为此案直接分管领导，对徐梗荣在审讯期间猝死负有不可推卸的领导责任，但犯罪情节较轻，法院认定玩忽职守罪，免予刑事处罚。赵朔、贾严刚、李红卫作为审讯人员，以暴力手段获取口供，犯有刑讯逼供罪。其中赵朔是审讯组负责人。根据他们在审讯期间的作用，分别作出有期徒刑两年半、一年半及有期徒刑一年、缓刑一年的判决。法院认定，贾严刚和李红卫有投案自首情节。此外，虽然多名民警参与审讯，但没有发现刑讯逼供行为。

陕西丹凤高中生受审猝死案凸显刑讯逼供积弊

近期，发生在公安系统的嫌犯非正常死亡事件引起了公安部的高度重视。4 月 1 日，公安部督察长祝春林在全国公安机关反腐倡廉建设会议上表示，今年将重点解决执法过程中当事人非正常死亡和监管场所安全隐患等问题。在此背景下，本刊以影响较大的陕西丹凤高中生受审猝死案为标本，梳理其舆情的发生、演变肌理，剖析刑讯逼供的体制性障碍，供有关部门参考。

事件回放

2 月 10 日凌晨，一名女高中生在丹凤县城丹江边上被杀害。3 月 1 日，有重大犯罪嫌疑的 19 岁高中生徐梗荣被公安机关刑事拘留。3 月 8 日 10

时30分，在审讯过程中，徐梗荣突然出现脸色发黄、呼吸急促、脉搏微弱、流口水等情况，审讯人员立即将其送往丹凤县医院抢救。11时，徐经抢救无效死亡。3月9日下午，陕西省检察院和商洛市检察院的两位法医对徐梗荣进行了尸检，遗体布满伤痕，家长怀疑孩子是被刑讯逼供致死。16日，丹凤县公安局主管刑侦工作的纪委书记王庆保被检察院以涉嫌玩忽职守刑事拘留。次日，刑警大队大队长孙鹏因涉嫌玩忽职守被取保候审。19日，丹凤县重启“2·10”女生被害案侦破工作。

媒体和各新闻网站几乎进行了全程跟踪报道，网民留言极其火爆。截至21日晚，新浪网上《高中生受审猝死续:丹凤县公安局纪委书记被刑拘》的网民留言有17,876条；搜狐网转载报道《19岁高中生猝死公安局尸体满身伤痕惨不忍睹》的原创评论达17,448条，全部跟帖达32,802条。

舆情最新态势

综观整个事件的舆情演变，以当地检察机关公布尸检报告为分水岭，大致可以划分为两个阶段：前一个阶段的网络舆情焦点，主要集中在对事件的愤慨表达、对警察执法的质疑、对死因的猜测、对刑讯逼供的合理怀疑等方面，其特点是普通网民的感性表达与时评批判相结合；后一个阶段的焦点重点集中在遏止刑讯逼供以及制度变革等深层次领域，其特点是以意见领袖表达为主。

在3月28日的新闻发布会上，丹凤县检察院表示，自3月1日起至3月8日凌晨6时许，办案人员先后在县公安局刑警队、资峪派出所对嫌疑人徐梗荣进行了长时间、不间断的疲劳审讯，少数民警在审讯中对徐梗荣还实施了肉体侵害行为，致使徐梗荣身体极度疲劳引发心跳骤停，经抢救无效死亡。

这一新进展立即被各大媒体争相报道，新浪网相关留言达30,536条。官方的尸检结论不仅让徐梗荣家属表示“不能接受”，也引发了舆论第二波的普遍质疑，纷纷质问“死亡主因是刑讯逼供还是心肌病”，并表达了“徐梗荣即使身体有病也本不该死”的判断。

与此同时，一些在全国具有广泛影响的媒体看到时机已到，纷纷推出大篇幅深度报道，如央视《法治在线》、SMG《七分之一》等电视栏目，以及《南方人物周刊》、《瞭望新闻周刊》等纸质媒体。这些“大块头”报道以鲜活的新闻事件和详细的现场描述，剖析了刑讯逼供的制度成因和危害，在网络上产生震撼效应。

例如，有媒体讲述了死者的同学吴明在公安局里的非人遭遇：双手反铐，背上加砖。文中称，吴明的遭遇在丹凤中学并非秘密，很多人都看到了他手上的伤。人们不敢想象：吴明都遭到了这样的逼供，作为重点怀疑对象的徐梗荣又会被折腾成什么样子？这一类“侧闻”的舆论效应并不亚于对死者的直接描述。在一些媒体对此案前后脉络的系统梳理中，更加强化了此前人们的种种质疑。

聚焦刑讯逼供

验尸报告的公布，某种程度上验证了此前舆论关于刑讯逼供的猜测，再度激起网民对刑讯逼供的制度追问。

现状分析。据《时代周报》分析，我国刑讯逼供大量存在，在一些公安部门成为一种破案的重要手段，北京的律师圈甚至流传着一句戏谑之言：“你又不是警察，凭什么打人。”来自《青少年犯罪研究》的《刑讯逼供调查报告》显示，47.54%的警察调查对象对嫌疑人有过很多次或多次“粗暴行为”，只有11.48%的被调查者表示“从未有过”。近20年因刑讯逼供立案查处的案件平均每年在400起左右，涉案人数近千名，涉及警察400名左右。广州大学人权研究中心在2006年对刑讯逼供所作的田野调查数据显示：检察官方面，在其办理的案件中，只有17%的嫌疑人没有提出遭受刑讯逼供；在法官和律师方面，这一数字分别为11%和1.33%；有70%的服刑人员知道与他关押在一起的人遭受过刑讯逼供。调查数据的一个推论是，刑讯逼供存在比例较大。

思想根源。舆论认为，有罪推定和封建特权思想在一些办案人员的思想意识中根深蒂固，虽然刑讯逼供为法律禁止，但有些司法人员并不反感这一做法。据专家分析，这些错误认识表现为：一为“必要论”，认为真正的犯罪分子不会主动交代罪行，没有一定的强制力量就无法迫其就范；二为“利益论”，认为刑讯逼供虽会造成一定消极后果，但却有利于侦破从案、串案，只要没有造成重大人身伤亡，刑讯逼供是利大于弊的；三为“口供论”，认为在目前我国现有侦查技术比较落后的情况下，没有犯罪嫌疑人、被告人口供，刑事侦查将很难进行。

制度缺陷。北京大学教授陈瑞华认为，无罪推定、犯罪嫌疑人和被告人的沉默权以及非法证据排除原则，在我国的法律中尚欠缺明确规定，如果不从制度上建立起防护墙，就无法避免刑讯逼供大行其道。刑讯逼供造成的冤假错案中，一个普遍的规律是逼供、诱供、指供、暴力取证，证据链几乎全部依靠口供而来。

治本之策。4月6日《燕赵晚报》的评论认为，冤假错案中往往伴随着屡禁不止的刑讯逼供的影子。我们一直缺少一份深入体制层面和国人骨髓的“痛究元素”，缺乏一种坚决彻底的防范性措施。《方圆法治》刊登《侦羁分离，越快越好》的文章认为，这不意味着我们国家看守所的看管状况越来越糟，只是说明媒体更为开放。刑讯屡禁不止，而且还集体铤而走险，触犯者中的许多人还是公安系统中的领导者和各种素质优秀者，这种反常的现象清楚地告诉我们，改变我国现行的侦羁一体制度，即实行侦羁分离则是关键。

4月6日，《法制日报》刊登著名法学家何家弘教授文章，分析了刑讯逼供查证难的原因，建议由最高法院和最高检察院以司法解释的形式制定推定规则如下：“有下列情形之一而且侦查人员不能提供充分反证的，应该推定有刑讯逼供：(1)犯罪嫌疑人在接受侦查讯问期间突然死亡的；(2)犯罪嫌疑人在侦查讯问期间形成非自造性身体损伤的；(3)侦查机关超期羁押犯罪嫌疑人而且没有按照法律规定通知犯罪嫌疑人的家属和单位也没有按照法律规定安排律师会见的。”

其他观点。强国博客一篇文章质疑：为什么被刑讯逼供致残、致死的总是无权无势的平民百姓？为什么没有看到官员犯案之后遭受过刑讯逼供？作者提出的这种刑讯逼供上的“官民不平等”现象，无疑也值得追究。

《燕赵都市报》文章认为，解决“非正常死亡”应弥合权利与制度的缺损。这类“非正常死亡”事件都是被动现形的，是在网络舆论助推下逐渐清晰化的。《检察日报》上《舆论监督需要“挤牙膏战术＋愚公精神”》的文章提出：舆论监督想取得胜利，就需要不停地“挤牙膏”。这是基于这样一种实际：上级官员都具有包庇下级官员的天性。

舆情特点分析

从此次事件分析来看，舆情机制上具有如下特点：

一是与其他类似事件发生“联想”，助长了网络舆情生长。此案前一阶段的舆情，基本上是在云南“躲猫猫”等一系列事件背景下发生的。而在后一阶段，又与随后的李文彦在江西九江看守所“做噩梦猝死”事件相连接。

新闻事件纠葛在一起，促使网络舆情更佳汹涌，单个事件中的官方应对压力也剧增。

二是“一个怀疑一个准”的现实，强化了网民推理的思维习惯。此案的舆情过程明显的凸出这一点：先是网民根据以往经验提出怀疑，接着官方在压力下展开调查，然后是如人所料的尸检结果，最后是更强烈的批评与质疑。这种调查结果与网民猜测的高度一致性，让其他政法部门面对类似新闻事件时，将陷入更强大的“有罪推定”判断之中，甚至“跳进黄河也洗不清”。

三是立体化新闻传播，增加了网民感性冲动的气氛。此事件中，媒体在报道上几乎是全方位的，网络上综合了纸质媒体、电台视频、自制媒体等各路信息，相关细节描述撼动人心，图片、视频等强烈的画面，容易助长网民的非理性表达。

四是官方应对自乱阵脚，提高了网民的厌官情绪。这一事件中，地方政法部门始终处于被动局面，舆情应对几乎毫无技艺，甚至在真相未明前就急着签订赔偿协议，引来舆论一片质疑。在笨拙的应对中，例如“商洛警方部署百日整顿”这样的新闻完全被掩盖，未对改变舆情起到丝毫作用。这种被动的局面始终给民众造成“藏有猫腻”的印象，透明度的缺失也影响网民到对其他官方政策的否定乃至抵触。

总之，陕西丹凤的事件提醒我们：对于政法部门领导而言，对待刑讯逼供的态度应当立场鲜明而坚定，绝不能因为追求政绩而“为达目的不择手段”。如何将观念上的认识转化为实际执法中的自觉行为，如何在刑事侦破中谋求手段与目的的均衡效果，出事之后如何把握主动权，依法、有序、理性而睿智地应对舆情，应成为执法部门始终关切的工作要点。

【相关链接】

http://www.chinanews.com.cn/gn/news/2009/03-28/1622376.shtml

http://www.p5w.net/news/xwpl/200903/t2257451.htm

http://opinion.people.com.cn/GB/9021120.html

http://fy.jcrb.com/shownews.aspx?newsid=1490

陕西高中生受审猝死案宣判
案中“诽谤案”同受关注

新华网西安11月24日电，陕西省丹凤县“高中生受审猝死案”当晚在商南县人民法院宣判：丹凤县公安局原局长闫耀锋犯滥用职权罪被判处有期徒刑2年；丹凤县公安局原纪委书记王庆保犯玩忽职守罪被免予刑事处罚；丹凤县公安局刑警大队原教导员赵朔、原民警贾严刚犯刑讯逼供罪分别被判处有期徒刑2年6个月和1年6个月。商洛市公安局刑警支队原民警李红卫犯刑讯逼供罪被判处有期徒刑1年、缓刑1年。

此案自案发以来，一直受到舆论的关注。案件宣判后，各大媒体都作了报道，网民跟帖留言踊跃。在新浪网热点网评排行榜上，《陕西高中生受审猝死案宣判 原公安局长获刑2年》(25日《武汉晚报》，评论6,378条)、《陕西高中生猝死公安局续：副县长等7人明日受审》(23日《武汉晚报》，评论3,947条)和《陕西丹凤高中生猝死公安局案5名被告获刑》(24日新华网，评论2,269条)分别居第一、二、六位，相关评论85,340条，足显网民对此案的关注程度。网民评论既有对逼供者的声讨、对蒙难者的同情，也有对司法公正的追问。

从舆情反应看，焦点主要集中在以下三个方面：

其一，对司法裁判结果的质疑。从刑讯致人死亡的后果来看，最高2年6个月，最低免予刑罚的判决离多数民众心中的朴素正义观尚有较大差距。凯迪社区“猫眼看人”刊发原创帖子《高中生猝死公安局案宣判法律再一次被嘲弄》称，“看了这篇报道，身为中国人，我有说不出的悲愤！为何从重处罚变成了判决最重的一名罪犯才被判处有期徒刑2年6个月！这是中国法律对特权阶层法外施恩，肆无忌惮、赤裸裸地强奸法律与民意的又一个活生生的案例”。该帖在凯迪社区被审查后才发布，部分网民的留言也被管理员屏蔽，点击数为44,357，跟帖数707。可以看到的网民留言中也表达了同样的质疑，“一般民众杀人，即使有法定的从轻情节，有判10年以下的么？刑讯逼供致人死亡，法律规定从重处罚，怎么反而变成了3年以下徒刑了呢？法律原来是个松紧带”。

虽然新华网陕西频道11月27日的报道《高中生受审猝死案：审判长解

释判决》中称，商南县人民法院副院长、审判长叶文广已于26日对5人的量刑做出了解释，但这种依据判决书内容的释疑，并没有消除网民对判决结果的疑虑。

其二，对审讯体制弊端的追问。专业媒体和意见领袖将焦点集中在刑讯逼供上。25日《法制日报》刊发报道《专家称陕西高中生猝死案暴露审讯体制弊端》，文中引述一位检察官的发言称："逼供、诱供、车轮战法、不让吃饭喝水、不让休息、长时间背铐，都让这个娃娃饱受煎熬，尸检结果虽然表明徐梗荣有心脏病，可发病原因却是日夜折磨导致的。"在命案必破的压力下，公安机关为了得到口供不惜利用一切手段，徐梗荣猝死事件暴露了审讯体制存在的弊端。而有学者认为，由于我国司法实践中对于口供证据的作用过分重视，不惜代价让犯罪嫌疑人"开口"，这个过程中往往出现使用各种刑讯逼供的手段。法学教授冯卫国提出，尽早修改刑诉法，尤其是在证据制度中确立非法证据排除规则显得十分迫切。"除了刑讯手段落后、作风简单粗暴之外，一旦发生大案要案，上级机关为了尽快消除恶劣影响，往往要求限期破案，给办案人员造成极大心理负担。而且破案效率又和奖金、职称挂钩，其实是变相给刑讯逼供创造了滋生条件。"

法律学者王琳发表评论《该撤掉刑讯逼供罪这把保护伞了》认为，警察作为执法人员，本应以维护法纪、保障人权为己任，而暴力逼供是法律明文禁止的讯问方式，它不但侵犯被刑讯者的人身权，更侵犯了司法公正。与普通人的犯罪相比，公职人员犯罪为祸尤烈，所以才有"知法犯法，罪加一等"之说。而现实却往往是"知法犯法，法外开恩"。丹凤案中，刑讯者不但没在"故意伤害罪"里"从重"，反在"刑讯逼供罪"里"从轻"。如此判罚，引发民意争相质疑，实是必然。作者认为，贯穿着以公权为本的刑事立法事实上令司法很受伤。而法官在刑讯案件的判罚中总是对"刑讯逼供罪"情有独钟，这背后的原因也正在于，"刑讯逼供罪"的罚责仅仅是"处三年以下有期徒刑或者拘役"。这一罪名事实上成了刑讯者的"避风港"。

其三，对公权介入网络诽谤案的质问。舆论在关注该案实体判决的同时，也对由该案引发的另一桩诽谤案充满好奇：在徐梗荣事件中，张国庆跟帖发表了评论。评论中，他不但指称商洛市公安队伍存在素质问题，还直指"商洛市公安局党委书记何铁虎在发生该事件期间，顶风违规提拔几名'带病'干部"。因为这些帖子，他被商州公安分局直接从西安抓到商州，处以行

政拘留10日，并处罚款500元。7月9日，他向西安市雁塔区法院状告商洛市公安局商州分局。11月2日，张国庆终于等来了商洛市公安局商州分局给他下发的《关于撤销对张国庆公安行政处罚决定的决定》。他还收到了商州公安分局给的5300元"赔偿金"。然而，11月19日，网帖中涉及的4名当事人以诽谤罪将张国庆告上了法庭。这4名自诉人分别为商洛市公安局刑警支队政委李建锋、商洛市公安局巡特警支队支队长张丹、山阳县公安局副局长饶玉明和丹凤县公安局政委王宏伟。

11月25日，该案被《中国青年报》以《陕西网民发帖质疑刑讯逼供致死案被抓平反》为题进行了大篇幅报道，舆论哗然。当天央视《今日观察》也播出《网上发帖惹争议 监督还是诽谤？》专题节目，评论员张鸿认为：现在很多地方政府就像被夸惯了的孩子，只习惯听表扬，不习惯听批评。公权力不是为个人服务的，当行政机关滥用了公权力来制止公民的批评，带来地方形象的损害才是最大的。特约评论员、中国政法大学教授蔡定剑提出：很多案件表明，明显地利用公权力打压言论自由，这是对我们当前《宪法》保护的公民权利、也包括修改《宪法》要保证人权的这样的承诺的严重违反。国家机关、国家工作人员，动用刑事、行政手段追究公民言论自由的权利，应该受到严格的限制。

叶铁桥在《中国青年报》发文《公权介入诽谤案为何频发》分析道，这些案件大都发生在县区一级政府，这是否意味着县区一级政府的执政能力、对政策及法律法规的理解能力存在问题呢？作者提出，监管者在新的传播手段面前，是宽容大度、抱着开放的心态面对，还是睚眦必报、违反正常的程序挟私寻仇，也是这些案件发生与否的原因。27日《新华每日电讯》刊登的《公权随意介入"诽谤罪"，何时是个头》认为：既然诽谤罪如此易被地方公权部门"误读"，看来公安部、最高检、最高法有必要再重申一下"规定"，或再进一步细化，使公权介入诽谤罪的立案条件更加明确，更难被滥用，并让违反者承担责任。有章可循、违者有责，可以让公权机关

不再被随意驱遣，当我们在网上发帖时，也对自己的言行有个判断，不至于总是战战兢兢。

同时，媒体也认为，从公安侦查到刑事自诉，“徐梗荣案”中的跟帖诽谤案回归法治。《新京报》刊发的《“官员诽谤案”开始回归法治正途》评论说，作为“启蒙官员”的一个“代表作”，自此，那些自认为受到“诽谤”的官员在动用公权力打压“诽谤者”时可能会有一丝敬畏。就“丹凤帖案”而言，接下来就看当事法院的公正裁判了——在这起颇为珍贵的“官员自诉诽谤案”中，期待公平与公正不要缺席。

附：陕西高中生受审猝死案媒体报道进展

2009-11-24 陕西高中生猝死公安局案被告承认刑讯逼供

2009-11-23 陕西高中生猝死公安局续：副县长等 7 人明日受审

2009-03-30 受审时猝死高中生尸检揭秘：法医解释死亡原因

2009-03-29 陕西高中生在公安局猝死续：家属拒接受尸检结果

2009-03-29 高中生受审时猝死续：尸检称徐梗荣死于心肌病

2009-03-28 陕西中学生猝死案公布调查结果 6 名民警被刑拘

2009-03-19 陕西丹凤高中生受审时猝死事件始末

2009-03-17 陕西丹凤检察机关介入调查高中生受讯死亡案

2009-03-16 19 岁高中生受审猝死公安局 尸检发现满身伤痕

【相关链接】

http://news.163.com/09/1124/21/5OTPI378000120GU.html

http://club2.cat898.com/newbbs/dispbbs.asp?boardid=1&id=3128640

http://news.qq.com/a/20091125/000554_4.htm

上海交管部门“钓鱼执法”事件

从张晖提起行政诉讼到孙中界无奈断指，两起不同的维权方式，共同将上海交管部门“钓鱼执法”的黑幕慢慢揭开。在这一负面舆情事件中，政府部门的调查从初期的百般抵赖到后来迫不得已的低头认错，再到最后轻飘飘的所谓问责，无不浸透着舆论的广泛质疑。这种背离法治正途的敷衍式应对姿态，对丑闻后的政府公信力重塑而言不能不说是一种遗憾。

回到“钓鱼执法”本身，这种设“圈套”对待善良公民的执法行为，从一开始就烙上了执法经济的目的性痕迹，构成了对法律的严重践踏、对公民权利的严重侵犯和对政府道德的严重亵渎，故而引起强烈的“民愤”。政府执法不能陷守法公民于“不义”，而由该案折射出的执法行为“请君入瓮”和“诱民入罪”，则将直接产生不道德的政府，并引发深刻的正当性危机，这从随后网民对其他诸多事件中执法有无“钓鱼”的质疑和担忧中可以得到充分印证。所以，如果说“钓鱼执法”案让网民很受伤，那么由其暴露出的政府善治不足则让法治很受伤，其败坏的不仅是一方政府的执法形象，更是整个政府道德的正当性基础。

——西安政治学院讲师，《政法网络舆情》周刊主笔 傅达林

案例概要

1.张晖案

● 2009年9月8日，上海私家车主张晖因搭载自称胃病要去医院的“路人”，被闵行区交通行政执法大队查获。14日，执法大队对张晖作出行政处罚，认定张晖“非法营运”罚款1万元。28日，张晖以该行政处罚决定“没有违法事实和法律依据，且程序违法”为由，向闵行区法院提起行政诉讼，要求撤销交通执法大队作出的行政处罚决定。10月9日，法院立案。此后，上海浦东“孙中界事件”被曝光。

● 10 月 26 日，闵行区政府宣布，张晖案的行政执法行为取证方式不正当，导致认定事实不清，区交通执法大队在区建设和交通委员会责令下已撤销行政处罚决定。3 天后，张晖取回 1 万元罚款，并表示继续诉讼。

● 10 月 26 日下午，闵行法院黄江法官大闹张晖所在的公司，态度恶劣地要求张晖撤诉，这令张晖坚定了将官司进行到底的决心。

● 11 月 12 日，就在张晖接到法院电话，告知开庭时间的第二天，张晖的妻子收到一封自称是“钓头”的恐吓信，希望张晖在起诉一事上适可而止，“给大家留条活路”，并清楚地在信中描述了张晖的家庭住址和女儿等家庭成员的情况。张晖很愤怒，但他表示“决不妥协”，网友们也纷纷发帖痛斥发信人，声援张晖。

● 11 月 19 日下午，上海市闵行区法院对“钓鱼执法”事件当事人张晖诉上海市闵行区城市交通行政执法大队一案公开开庭审理。经过一个小时的庭审和半个小时的休庭后，法官当庭宣判，确认交通执法大队行政处罚违法，原告张晖胜诉，由执法大队承担案件诉讼费 50 元。

● 闵行区政府至今尚未公布问责结果。

2.孙中界案

● 10 月 14 日，刚到上海上班几天的 18 岁青年孙中界“一时好心”搭载一男子，落入执法人员埋伏，被定为非法营运，车辆被扣。孙中界激愤之下，用菜刀剁掉自己左手小指以证清白。10 月 16 日，媒体报道孙中界疑遭钓鱼、自残断指证清白的事件，引发社会各界强烈关注。

● 10 月 17 日，上海市政府要求浦东新区政府迅速查明事实，将调查结果及时公布于众。上海市政府承诺“对采取非正常执法手段取证的行为，一经查实将严肃处理。”随后，浦东新区责成浦东城市管理行政执法局牵头进行调查，上海市交通执法总队参与核查工作。

● 10 月 20 日，浦东新区城市管理行政执法局公布调查报告，称查获的孙中界涉嫌非法营运行为，事实清楚，证据确凿，适用法律正确，取证手段并无不当，不存在所谓的“倒钩”执法问题。这一结论引发各界强烈批评，《人民日报》两度发表评论，央视节目明确提出质疑，更重要的是上海市高层也不满该调查报告，重压之下，浦东新区当天重启新调查，这一次是由人大代表、政协委员、媒体记者组成的联合调查组。

● 10 月 25 日，新华社提前公布调查结果，确认孙中界遭遇钓鱼，孙中界14日当晚在上海闸航路上搭载的男子陈某某并非普通乘客，在当天整治非法营运的行动前，原南汇区交通行政执法大队一名负责人就将执法的时间和地点通过“钩头”蒋某某告知“钩子”陈某某。

● 在10月26日举行的浦东“倒钩”案新闻发布会上，上海浦东新区区长姜樑曾表示，要启动相应问责程序，对直接责任人追究责任。“我们政府不能保证我们不做错事，但我们一定要保证我们是诚实的。至于参与的人要不要处分、怎么处分，会经过法律途径来解决。”

● 11月19日，上海浦东“钓鱼案”的当事人孙中界向上海市浦东新区城市管理行政执法局递交了赔偿申请，要求执法局限期赔偿他的损失，并通过央视等媒体向他公开赔礼道歉。孙中界的代理人郝劲松表示：如果执法局在60天内不答复，或孙中界对答复不服，我们将提起国家行政赔偿诉讼。

● 12月7日披露的沪监(2009)18号、19号文件，上海市监察局分别对浦东新区副区长陆月星和浦东新区城市管理行政执法局局长吴福康给出了行政警告的处分。处罚原因是在对原南汇城市交通管理行政执法大队对驾驶员孙中界采取非正常执法取证的“10•14”事件中，没有深入实际进行核查，轻信基层执法大队对该事件的情况报告，并在浦东新区五部门共同讨论的新闻统发稿上签字，以致公布的结果与事实真相不符，误导了社会公众，损害了政府形象。对两人的处分均由于两人“主动作出了深刻的书面检查和公开检讨，且在后续的事态平息工作中态度坚决，开展积极有效的工作”而有所减轻。对此，该事件当事人孙中界的代理人郝劲松“颇感震惊”，因为“仅仅对两个官员给予警告处分，而且浦东新区政府对孙中界迟迟不予赔偿。”

对上海“钓鱼式执法”的法理审视

【事件描述】

9月11日，一篇发表在上海爱卡论坛上的帖子引起了社会的广泛关注。帖子题为《无辜私家车被课以黑车罪名扣押，扣押过程野蛮暴力》，帖主自称是上海外企白领张晖。

帖主称，9月8日下午1点左右，他驾私家车在等红灯时，一名白衣男子过来敲他的车门，说自己胃痛，因打不到车，请求带他一程，还拿出 10 元钱当车费。帖主说，他先是拒绝，但看到对方"疼痛难忍"后"心软"，同意让他上了车。这名男子在车停驶后突然拔走车钥匙，七八名身穿制服的人随即出现，"强行"将他塞进一辆面包车，双手反扣，卡脖子，搜去证件，扣车。"制服人员"告诉他，交钱才能拿回车。他想打电话报警，电话被抢走。最后被罚 10000 元加 200 元"保管费"了事。帖主称，他打电话到闵行区交通执法大队投诉，对方问他为什么要让不认识的人坐车，张说那个人说自己胃疼得厉害，对方继续质问"他胃疼关你什么事？"9 月 11 日，他又到建交委要车，交通科的万科长说，没有雇社会人士诱骗车辆，"没有这种人"。"那很有可能是一部分有'正义感'的社会人士"，"是配合执法"。9 月 12 日，帖主在跟帖里表示，"如果是因为拿车，要写《认罪书》我也只会写：我错了，我不该有同情心，不该 30 多岁了还这么天真，不小心就带来不认识的人，我一介平民还想和雷锋同志叫板"。

【传播情况】

帖子发出后，阅读量很快超过百万，并被迅速转载于国内各大小论坛。被网络名人韩寒在博客里以《这一定是造谣》为题转载后，引发了更为广泛的关注。随后，《东方早报》、《南方都市报》等平面媒体都跟进采访并评论，各大网媒也都有网民踊跃评论。在大旗网有关"钓鱼式执法"的热门文章里，有超过 105 个评论热帖。最热的帖子要数凯迪社区的《惊爆上海好心车主被"钓鱼"后与执法大队的对话》，点击量超过 60,000 次，回复超过 500 条。有网民称此事的当事人为"上海版的南京老太"，并戏谑称之为"倒钩"，很多帖子里都可以看到"闵行倒钩，天下第一"的跟帖。

如果说这些网民是在以一种娱乐的方式调侃发泄，那么也有众多知名博客是从法理层面进行审视——执法部门是否可以"诱民入罪"？如果这么做，是不是会带来更大的危害？

【法理解读】

魏英杰：执法部门不可"诱民入罪"

如果执法部门先让人伪装成路人搭便车，再以"非法营运"进行处罚，无论是否涉及钱款，都可能构成了"诱民入罪"。从现有报道看，执法人员放"倒钩"时并无特定对象，也没有证据表明该车主以前有搭客收费行为。这就意味着，采取"钓鱼式执法"更加失去了合法性依据。

这位白领的遭遇并非单纯的执法对错问题，其实质是公民在为法规缺失"埋单"。由于法规不明确，执法部门或因执法难度太大而陷入被动，但也可能加以利用，使之成为"合法"获取部门利益的来源。最终，有关部门还可以借此转嫁执法不当所应承担的责任。试想，一旦搭便车、拼车"合法化"，相关部门还能够以执法的名义"诱民入罪"吗？

十年砍柴：伤害良善的执法艺术贻害无穷

这是一起典型的"请君入瓮"式的"执法"，它完全背离了执法乃是为维护法律尊严和公序良俗的目的，而涉嫌诱人违法，逼人作恶。即使这位私家车司机真的贪图10元钱的小利，但只要那位要求搭车的"路人"曾经以胃疼却拦不到出租车为借口的事实存在，就不应认定为"非法运营"。因为这位司机并无开黑车牟利的主观故意。利用倒钩"执法"，虽有可能抓获那些职业"黑车"，对维护出租车管理秩序不无裨益，但其危害性远远大于其正面效果。

笔者这样说绝非危言耸听。在当下，诚信缺失、道德滑坡是令人忧心的社会问题，在被称为人情荒漠的大都市，良善之心所散发的光辉是何等的可贵，作为政府部门，有义务去呵护这点光亮，而非采取"倒钩"的方式去消灭本已稀缺的同情心。

长平：比"黑车"更黑的是垄断权势

"黑车"到底黑在哪里呢？就是没有向这些部门和出租车公司缴纳管理费用而已。管理费用该不该缴？那要看它的设置是否合理。如果垄断性太强，市场被扭曲成畸形，部门利益和出租车公司的利润高得离谱，没有"黑车"那才是怪事。

通过市场调节，辅以适当管理，"黑车"并不至于如此"猖狂"。但是由于权力的贪婪，这种调节的渠道被阻断了。这才是"黑车"存在的根源。跟这种权力畸变相比，"黑车"实在算不上有多黑。

王琳：钓鱼式执法应尽早"正法"

其实问题集中在处罚依据上。被处罚人声称要上法院，执法者也建议可以法院见，或者通过行政复议解决。我们期盼一个独立的司法程序能够为这桩沸沸扬扬的"钓鱼式执法"定纷止争。但在这之前，我们也看到了当事人的无奈和执法者的蛮横。事实清楚、证据充分是行政执法的前提条件，处罚已经做出，相关证据怎能保密？面对公众质疑，行政执法部门理应公开相关证据以正视听。

在证据的认定上,"倒钩"所提供的证言具有何种证明能力也值得追问。鉴于《行政程序法》至今仍未出台,《行政处罚法》关于处罚程序的规定又并不详尽。2008 年 10 月 1 日施行的《湖南省行政程序规定》第 70 条规定,"以利诱、欺诈、胁迫、暴力等不正当手段取得的"证据材料,不得作为行政执法决定的依据。若将以上规定应用于上海这起"钓鱼式执法"事件,其行政处罚显然不成立。

黑格二:"执法钓鱼"的危害远大于"黑车"

世界各国执法机关也都使用类似手段,比如警察扮演瘾君子向毒贩购买毒品。但它也备受争议——"诱惑取证"的目的是取得那些有违法意图、违法行为者的违法证据,而不是引诱、教唆那些没有违法意图的人去违法;否则就违背了执法的正义初衷,沦为"执法钓鱼"、"放倒钩",或者叫执法圈套。执法圈套和正当防卫等一样,都是当事人无罪免责的理由。从法理上分析,当事人原本没有违法意图,在执法人员的引诱之下,才从事了违法活动,国家当然不应该惩罚这种行为。

从本案看,就算张先生是"非法营运",但最先他并不想违法,而是在男子自称胃痛打不到车的"引诱"之下,才开始"违法"的。从法治国家的经验看,诱惑取证应受到严格限制,它绝不能由所谓的"协查员",乃至"有正义感的社会人士"操作,因为他们往往对"执法"有利益诉求,倾向于"引诱"当事人。而这种"执法钓鱼"撕裂了社会成员间朴素的情感,败坏了公德,今后那些真的生病、临产的路人可能再也得不到帮助。

【相关链接】

http://bbs.daqi.com/concern/dj/2_27034/index.html

上海“钓鱼执法”案宣判再次引爆舆情

【新闻概述】

11月19日下午，上海闵行区“钓鱼执法”案在闵行区法院开庭审理。闵行区交通行政执法大队大队长刘建强出庭并表示，处罚决定已经事先撤除，之前提交的证据也已撤销，当庭没有必要再对处罚决定的合法性进行举证和辩论。原告律师郝劲松直指被告方此前的所谓“认错”，是舆论压力下的被迫行为，他要求法庭继续对被告对张晖的行政处罚行为进行严惩；张晖则表示，事情发展到这一步，自己个人的得失已不想计较，只希望相关部门能以此事为鉴，让上海从此没有“钓钩”，更没有像他这样的无辜受害者。

经过一个小时庭审和半个小时的休庭后，法官当庭宣判，被告闵行区交通执法大队在今年9月14日作出的NO.2200902973行政处罚决定违法，50元的诉讼费由被告承担。走出法庭的郝劲松对在场的媒体和声援者宣布，“这是一次标杆性的胜诉。这次胜诉，结束了多年以来上海关于‘钓鱼执法’的大小诉讼案原告无一胜诉的历史。面对某些行政机关的栽赃陷害，面对日益严重的司法腐败，为了断指洗冤的孙中界，为了上海千千万万被钓鱼执法的无辜市民，我们太需要一个胜诉的判决来树立人民对法律的信心”。

【舆情综述】

闵行区法院一审判决宣布5分钟后，判决结果就发布到了网上。一直关心本案的网友们纷纷表示，“由衷地佩服张、郝二人，他们敢于‘吃螃蟹’，树立了一个典范。希望此案例能推动行政执法，起到了一个标杆和里程碑的作用”。但总的来讲，网民对这次判决评价不高，普遍认为是否“钓鱼”这一关键事实还没有搞清楚，还没有任何人为此受到任何处罚。因此，司法机关在此案中的表现只能算是差强人意。

如此判决是舆论压力的结果

为什么上海系列“钓鱼执法”案中，被栽赃陷害的车主屡诉屡败、无一胜诉？张晖的律师郝劲松认为，此前，上海高院与市交通执法局等有关部门也曾就此邀请有关专家学者研讨，并颁布了《上海市高级人民法院行政庭关于审理出租汽车管理行政案件的若干意见》。但这份《意见》与司法公正、独立原则不符；二者对某些事宜形成一致意见并要求下级法院参照执行，显然会偏袒行政执法部门，是行政机关对司法审判的行政干预。而这次，由于上海市主要领导的表态，司法机关迫于压力也必须判张晖胜诉。

《南方周末》网友“zlzj1970”也直截了当地说，“若不是新闻曝光，若不是排山倒海的质疑，会有今天的判决结果？不要太乐观，迟来的正义仍然是非正义，若没有全国人民今天的关注，或许本案还是另一种结果”。

法律界人士黄晏铭认为，如此的草率结案、“神速判决”，连个择日的“宣判”都等不及了，而不传唤“自称胃痛要去医院”给张晖栽赃的相关要害“证人”一一到庭，庭审法官不求证事实真相就“凭空”径直“当庭判决”是对法律的轻蔑，更是对全国人民的莫大亵渎！遮盖了真相的“判决”能说是胜诉的官司吗？给张晖栽赃者被事发机关称为“有正义感的乘客”哪里去了？网友“梅山红豆杉”认为，张晖案能够获得这样一个结果，已经是相当的不容易。他分析说，张晖一案是发生在9月8日，一个多月后的10月14日，同样是在上海，还发生了震惊全国的孙中界“断指验法”事件。如果不是孙中界采取这样极端的方式维权，如果不是上海市委主要负责人“紧盯不放”，如果不是后来采取“第三方”调查的方式再次进行调查，那么“孙中界案”就永远不可能有真相，孙中界就可能成为“钓鱼执法”的又一个牺牲品。如果“孙中界事件”没有还原事实真相，那么，闵行区法院对张晖案的审判结果，极有可能不是现在这个样子。

此前6起“钓鱼事件”原告均败诉

更有人指出，在“钓鱼事件”中，司法的缺位令人匪夷所思。上海此前曾有6起起诉“钓鱼执法”的案件，原告均败诉，这表明在类似事件激起全国公众强烈反响并引起上级机关的重视前，司法部门在纠正交通部门的违法行为上毫无作为，正是由于法律的缺位和不及时，客观纵容了钓鱼行为的长期存在和四处泛滥。如果法律无法做到强硬和公正，又如何保证在各种利益驱动下的非法行为不再发生？

新浪博主“悠扬”在博文《“钓鱼执法”麻烦多》中写道，“钓鱼执法”中的问题有政府监督不力，更有公检法司失职渎职、甚至徇私舞弊、枉法裁判的可能。对于已经明显形成非法利益集团的“钓鱼执法”问题，他们是真的不知道，还是因为有什么难言之隐，不方便知道？他们又是依据什么证据去调查、审理和判决的？到底是依法审判，还是依权、依利审判？哪些人怕张晖继续“闹”下去？哪些人怕他打赢官司？最怕的恐怕是当地的法院。事件开始

时，法院就数次要求张晖撤诉，那时法院已经显得很紧张了。目前的情况和开始时不一样了，政府已经就孙中界和张晖案件的错误向公众道歉，张晖打赢这场官司已经没有什么悬念。一旦对张晖案件做出胜诉的判决，那些过去被判败诉的车主们就有了可以利用的判例，他们就要“翻案”。对于法院来说，那就是错案，而错案是要追究责任的，法院能不害怕？那些还没有打官司的被“钓鱼”者，也可能以张晖为榜样，走上诉讼之路。上万人啊，都打起官司来，上海的地方法院如何应对？这才是问题关键。

期待对相关责任人进行处罚

在天涯社区讨论此案的帖子中，有网友说，“这个判决表面上还了私家车主张晖的清白，表面上让极端的变异的‘钓鱼执法’得到了惩罚，可实际上呢，包庇了那些可以跟交通执法人员分成的‘钩子’”，包庇了整个事件的幕后操纵者甚至是幕后操纵集团，也埋下了以后还会发生类似事件的地雷。善良的人们迄今还不知道陷害张晖、孙中界们的到底是谁，所以只有将那些串通一气、共同作弊者们全都捉拿归案，才能算张晖的官司赢了，否则，张晖的官司只能算是打了一场名胜实输的官司！不把栽赃陷害者亮相，仅以‘张晖已顺利拿回了全部罚款’来‘谢幕’是典型的执法者违法不究”。

网友“缺心眼的老实人”留言说，“法院已经裁定执法大队行政违法，可问题是谁来进一步追究他们到底犯了什么法呢?有可能会公诉吗?且让我们关注事态的下一步发展，希望早日看到上级部门是如何处理相关责任人的”。

这样的判决能起什么作用

天涯社区网友“老六”在博文《张晖一审胜诉：庶民的短暂狂欢》中提出四个问题，一问“张晖案”能否成为结束“钓鱼执法”的司法判例？回答是我国是大陆法系国家，充其量这个判决只能作为国内其他法院审判此类案件的参考。二问张晖的行动能否激发起公众普遍的公民意识，张晖之后，会有多少公民在遭遇违法执法之后，不再是忍气吞声，而是走上法庭，为自己的公民权利讨要法律的说法？又或者是看到张晖的行动与结果来得如此之艰难，反而熄灭了原有鼓起的一点勇气。三问公权力能否以此为鉴，得到警示，从而执法更加规范，不再走出法律圈定的笼子？不钓鱼，就必定会衍生出“钓鸡钓鸭”的丑剧，因此关键是对公权力的制约和监督。四问谁来回答上面这些问题？倘若问题只是问题而没有答案，疑虑终是疑虑，如果便是结果，那么张晖的胜诉依然只是个案的胜利，依然只是庶民的短暂狂欢，与公民社会无关。

网友“推销珊珊”说：“希望不要只停留在个案的胜诉上，因为在这起公共事件中，还有更多空间需要所有人一起努力，推进整个社会行政、执法和司法的进步！希望这不只是一个个案，我们需要做的还很多很多。”

青年学者尤宇在其搜狐博客中指出，最根本的问题，仍在于如何拘束执法者，使他们不能以违法的形式执行法律；仍在于如何根除政府与民争利的恶习。区区一个判决，对于治疗此病，不过是九牛身上拔一毛。欲扳动牛角，还有待千千万万个张晖将违法钓鱼者送上法庭。

【相关链接】

http://news.sina.com.cn/c/p/2009-11-19/133419

车主遭遇“钓鱼执法”续：起诉执法大队获立案

【新闻概述】

10 月 10 日，中国网刊发题为《车主遭遇“钓鱼执法”续：起诉执法大队获立案》的报道称：上海一车主好心搭载自称有病的男子，结果遭遇运管部门“钓鱼执法”，认定他涉嫌非法运营，被扣车罚款一万元。近日，当事人通过维权律师郝劲松，起诉上海市闵行区城市交通行政执法大队，要求对方撤销处罚并承担诉讼费用。昨日，上海市闵行区法院已正式立案。报道还附上了诉讼状。

本案引发了从网络到全社会的强烈反响，网络舆论几乎一边倒地批评这样的执法手段。9 月 16 日晚，闵行区交通行政执法大队大队长刘建强在上海本地电视台新闻节目中对主持人提出的几点质疑均以“不清楚”、“不能透露”、“这是工作秘密”作答，大多数网友对此表示不满，并称此事仍然疑点重重。当事人张晖于 9 月 28 日向上海市闵行区人民法院提起行政诉讼，要求依法判决撤销行政处罚决定，退还罚款。但并没有提出要求赔偿与道歉。张晖的代理人、律师郝劲松称，“我在 9 日中午接到了法官的电话，本

案已经立案。”

“一个政府的权威由其一贯的良好作风，如民主、公平、公正、透明而形成，人们发自内心的对其产生信任。倒钩事件则会导致政府的权威和公信力减退，特别是执法大队一方面标榜自己的良好执法形象，提倡市民展现良好素质，一方面却鄙视并打击张晖好心载人的行为，这会更严重的导致政府的权威和公信力减退。”郝劲松认为，“倒钩”实为欺诈，与诚实信用原则不相符合，对社会的公序良俗也是沉重打击。如果连最应讲究诚信的政府也要采取欺诈的方式牟取不正当利益，执法犯法，侵害公民的权利，这是非常危险的，这将导致一个社会的崩溃。

此案在社会上引发了广泛讨论。知名作家韩寒在博客中写道，在这个社会上，如果你生病了或者家里有急事需要搭车，有人愿意让你上车是很罕见的，这样的人是珍稀的物种，是单纯的好人。闵行区交管部门做的事情说简单点，就是将这些单纯的好人从茫茫车海中分辨出来，拘押下车然后罚款一万。

【舆情综述】

网民对钓鱼案的关注持续升温，新闻发布两天来，网上热议不断，当前网易网民评论超过2500条，腾讯网评也有近800条，因与之前的反应类似处较多，此处略去，只综述最新舆情。

1、痛斥钓鱼执法现象 叹惜政府作为加剧道德滑坡

网民中绝大多数的评论仍集中于对钓鱼执法行为的批评上，认为不论有何司法取证方面的解释或托辞，均毫无正当性可言，而更是由此给已经严重败坏的社会道德水平雪上加霜。“交管部门是该查的不敢查，为了点利益去挖空心思找财源，哪个车站和超市门口不是黑车成堆，除了交管部门，谁不知道，但他们也许认为那些人不好缠，还不如找那些多一事不如少一事的良民们开刀，钱来的多，也方便，也就出来了钓鱼事件了”；今后“谁还会做好事？谁还敢做好事？谁还不寒心？谁还不默然？”；以敛财为目的的执法人员与黑车主怀着虽是同样目的，但却“比真正的黑车主更让人感到寒心”。网民批评掌握社会公权力的执法部门这种令人不耻的行为加剧了社会的腐败堕落，使政法部门的形象跌至低谷。

典型评论：

“中国现在的社会已经误入歧途了，或许说国民和律法到了一种匪夷所思的地步，加强立法，适当地参阅其他国家的法律也未尝不可。做好事，搀扶倒地的老人都不敢，这样的社会真是不敢想象。"

"一个政府部门都在利用人们的良知，利用人民的好心，这是什么行为？这不是小事，是怎么引导的方向问题！是要人们冷漠需要关心的事，还是要人民热心助人为乐。如是前者以后谁还会去扶起跌倒的老人？谁还会去帮助生病的病人？谁还会去见义勇为？"

"这是一种严重毁坏社会道德的卑劣行为！政府这样的作为，以后还有什么见义勇为，助人为乐的义举产生?！就连志愿者也岌岌可危！政府主要领导如果有责任心、有勇气的话，应主动在媒体上道歉，消除影响，给受害人赔偿！"

"闵行区城市交通行政执法大队是渣滓，它毁坏了人们心中仅存的良知和道德，是逆潮流而动的小丑。为此应当反思：一是这种机构有无设置的必要？它是属于上海市自行设置的，还是国家行政序列中规定设置的？二是它有无法定的行政执法权？三是它为什么有这么大的处罚积极性？是否创收部分用于发放工资、奖金或什么的？但可以肯定的是一定与他们的奖金有关。四是这种钓鱼式的查处方法或权力是谁授权或给予的？国家及法律法规对这种很容易逼良为娼、危害社会的方法有无禁止性使用规定？是否任何部门都可以运用？另外，国家应当把税收与收费的部门合并，大幅度减少过桥过路费，减轻企业和人民群众的负担，并取消这种有碍社会进步和改革的机构。"

2、交流各地钓鱼情况 提示应对措施

在网易，至少有来自二十多个城市的网民留言，说明自身所处地方的交管部门所存在的钓鱼执法现象——"在我们这里，钓车很正常"，"太黑了，全国各地都一个样"的议论比比皆是，各种罚款的具体情况都成为网民的披露内容。相关的应对，除了已经广泛形成的习以为常式的被动接受外，以暴易暴的意见颇有市场，不少网民建议永远对声称危急或困难的搭载者予以拒绝，或对上车后出示证明系钓饵者予以暴力回击，这

些不同的建议均有相当多的支持者。

3、评议诉讼受理 预测未来结局

首先，网民对诉讼得到受理感到一丝希望，感受到司法的公正性，“应对涉案人员进行严肃处理，并追究相关人员的法律责任”。但对于诉讼本身，又有相当多的异议。一是认为“张哥，还应该将作鱼饵的那厮一并起诉啊！”，指向直接制造案情的“上车声称胃痛”的伪患者；二是对诉讼结局的议论。多数网民希望胜诉以挽回民心，“希望你赢，否则雷锋叔叔就在中国绝种了！”的评论屡屡被网民支持并顶起；然而属于消极心态的大量回复则认为，警方又会和类似危机公关事件一样，再次找来“临时工”作替罪羊；更有网民提示，这类事本来就是招募临时工作为，系潜规则，如大连网民提示当地警方对临时工完成的每个钓鱼案件给予一百元的奖励。

4、赞赏网络舆论威力 吁请共同加强

对于本案的受理，网民评论多认为系网络舆论的威力使然。当前，揭露社会丑恶面与腐败现象，影响相关的司法进程，网络舆论成为重要方式，网民们对此已有基本的共识，在留言评论中通过对内容的同义回复和顶帖表达而形成主流意见或观念，以图影响司法的趋势相当明显。当然，也有个别网民认为此案的曝光系因记者猎奇报道所致，事实及网络所呈现给公众的此类执法现象及其危害程度远没有目前所看到的那么大，不宜做过度渲染。

【相关链接】

http://news.163.com/09/1010/06/5L890TQT00011229.html

http://news.qq.com/a/20091010/000112.htm

呼和浩特"10·17"越狱案

越狱案从发生到抓捕及至调查处理，全过程几乎处于良好的信息敞开状态，公安机关通过适时发布新闻、迅速澄清事实、主动引导舆论，使处置突发事件和舆论引导工作同步开展。正是这种及时而果断的资讯公开，让原本一起狱政管理的负面新闻，得到了媒体的通力配合，不仅成功化解了可能蕴含的舆情危机，而且以透明化的应对方式汲取民众力量，最终促使逃犯被成功抓获。

遵照惯常的治理思维，突发事件发生后，为避免事态扩大给官方应对带来"不必要的麻烦"，往往采取"捂盖子"的做法，在单方力量解决完事情之后再告知民众真相。但是从呼和浩特越狱案和河南杞县钴60事件的后果比较中，我们不难得出结论：在当前信息化时代，"捂盖子"只会捂出谣言和恐慌，反而让事件处理方深陷舆情漩涡而更加焦头烂额；而及时的信息公开，才是避免舆论无据猜想、杜绝恐慌私下蔓延、借助大众智慧化解危机的最佳路径。美国法院曾在一桩案件的判决中这样要求：tell the truth ,the whole truth ,nothing but the truth。翻译过来就是：说出真相，说出全部真相，只说真相。回顾这一年来发生在我们身边的舆情事件，莫不从正反面验证，这种"真相原理"恰是我们应对突发危机的"不二法门"。这也正是呼和浩特越狱案带给我们的最大启示。

——西安政治学院讲师，《政法网络舆情》周刊主笔 傅达林

案例概要

●10 月 17 日下午，呼和浩特第二监狱发生越狱事件，4 名重刑犯利用凶器绑架、杀害一名狱警后潜逃。这 4 名越狱犯是：乔海强、李洪斌、董佳继和高博。4 人均为男性，年龄最小的 21 岁，最大的 28 岁。次日，公安部发出 A 级通缉令缉拿乔海强、李洪斌；发出 B 级通缉令缉拿董佳继、高博。呼市公安局局长颜炳强介绍，该案还接到了中央政治局常委周永康的批示，要求全力缉拿犯罪分子。

●越狱案发生后，内蒙古自治区检察院召开电视电话会议，就监管场所安全检察提出明确具体要求。其中包括建议合理安排警力，防止监狱内部一线警力不足等。另外，检察机关在对案件侦破过程履行法律监督职责的同时，已经按照自身职能要求，对这起脱逃事件的发生开展事故检察。小黑河地区检察院及时成立了案件处置领导小组，各相关部门负责人及干警在接到情况报告后 10 分钟内到达案发现场，开展调查工作。对牺牲民警尸体法医检验等工作实施了监督。

●10 月 17 日，内蒙古司法部门披露越狱案案情。罪犯乔海强、高博、李洪斌、董佳继抢夺了当班民警徐某某的警服，并将其捆绑，又将另一名当班民警兰某某残忍杀害。之后，一名罪犯穿上抢夺的警服，其他 3 名罪犯换上便服，打伤监狱门卫值班民警，强行冲出大门，在监狱大门口外抢劫一辆出租车后驾车逃脱。17 日 16 时开始，出动 3000 余名警力展开抓捕行动。

●10 月 18 日，发动社会治安综合治理人员及群众做查控工作。呼市四市区各派出所对辖区旅店、洗浴场所及出租房等场所展开排查，在主要出城口设置 150 多个卡点。新华社内蒙古分社分管政法的政文室负责人汤计表示，呼市第二监狱是一所现代化监狱，监狱内监控设施及布防非常严格，在押犯人要想从监狱内脱逃是不可能的。汤计说，监狱外设的砖厂可能是犯人借役劳动时逃跑的。但正义网 18 日的相关报道称，据知情人士介绍，呼和浩特第二监狱硬件条件较差，设备不够先进，经常接待外界的参观访问，守卫力量相对薄弱。此次事故，相关责任人 9 名，处罚方案正在确定中，其中绝大部分或者全部要负刑事责任。

●10 月 20 日上午，警方在呼和浩特市和林县境内发现四名越狱的囚犯，在抓捕过程中当场击毙一名囚犯，抓获三名囚犯。在抓捕过程中，有一名武警负伤，逃犯劫持的人质也受了伤。一名逃犯在追捕过程中受到重伤。

●10 月 20 日，小黑河地区检察院对呼和浩特第二监狱“10•17”袭警越狱案的相关责任人正式立案，随后在自治区人民检察院支持下成立了专案组，查处越狱案件背后的失职渎职行为。检察机关经侦查证实，张和平有失职渎职行为，已经涉嫌玩忽职守罪。

●10 月 23 日，呼和浩特第二监狱党委副书记、政委刘建宾和副监狱长邓建设、孙玉龙、王维平等人受到停职检查处分。内蒙古自治区监狱管理局已从其他监管系统抽调相关人员接替他们的工作。呼和浩特第二监狱党委书记、监狱长张和平被免去职务，新任监狱党委书记、监狱长由原包头监狱长乔和营担任。内蒙古自治区监狱管理局表示，待案件调查结束后，他们将根据事实，依法依纪对监狱相关领导和责任人进行严肃处理。

●10 月 25 日，呼和浩特市警方介绍，他们正对 3 名落网的越狱逃犯进行突审，罪犯实施越狱的犯罪行为涉嫌暴动越狱罪、故意杀人罪等 7 项罪名。罪犯在监狱内策划和实施越狱、杀害狱警的行动涉嫌暴动越狱罪和故意杀人罪。越狱后，他们实施的犯罪行为涉嫌五项罪名：一是抢劫监狱门外的出租车和车内乘客 700 元的行为，涉嫌构成抢劫罪；二是由身着警服的罪犯以公安民警名义拦截征用出租车，涉嫌构成招摇撞骗罪；三是为逃跑抢劫农用三轮车，涉嫌构成劫持车辆罪；四是逃跑中劫持 1 名人质，涉嫌构成绑架罪；五是在警察抓捕中负隅顽抗，刺伤民警，涉嫌构成故意伤害罪。

●10 月 31 日，越狱案侦查工作已经基本结束，下一步该案将移交检察机关审查起诉。3 个罪犯将会在无需批准逮捕的情况下，由检察机关直接向人民法院提起公诉。

●11 月 12 日，小黑河地区检察院对张和平采取了刑事拘留措施，并相继对副监狱长邓建设、第二监狱第二监区监区长王军、副监区长李刚、民警徐福蒙和刘文志，值班门卫钱国军等 6 名越狱案件中的责任人采取了取保候审的强制措施。

●11 月 26 日，据内蒙古自治区人民检察院披露，呼和浩特第二监狱原党委书记、监狱长张和平因在“10•17”袭警越狱案中涉嫌玩忽职守罪，11 月 24 日下午被内蒙古自治区小黑河地区检察院依法逮捕。

呼和浩特“10·17”越狱案舆情概览

事件脉络

刷卡越狱:10 月 17 日下午两点半，呼和浩特第二监狱发生一起 4 名罪犯杀害 1 名狱警后脱逃的案件。4 名重刑犯皆为“80 后”,因为抢劫、盗窃或故意伤害,其中 2 人被判死刑缓期两年执行,另 2 人被判无期徒刑。当日下午集体劳动时,4 名囚徒用裁纸刀将 34 岁的狱警兰建国杀害，将另一名狱警捆绑。接着其中 1 人换上了警服,另外 3 人换上了来历尚不明的便装,刷卡出门,径直来到监狱里科技含量最高的一道关口——此门配有“视网膜”识别系统。4 人尾随一名出门的警察,趁着门还未关上的时间间隔,成功出门。出门后,他们劫持了一辆门口等人的出租车,并抢劫了一名女乘客 700 元现金,之后往市区南二环逃逸。

全民追捕:案发当日,中共中央政治局常委、中央政法委书记周永康批示,要尽快将逃犯抓捕归案,北京周边接壤地区要协同组织抓捕。18 日,公安部迅即发布 A 级、B 级通缉令，内蒙古自治区公安厅也向全区发出通缉令,并请求山西省公安机关协助查缉逃犯。19 日,内蒙古方面首次披露越狱案案情。当天,在接到举报后,公安与武警在和林格尔县舍必崖乡展开了地毯式搜索。17 时许警方又出动一架小型飞机开始在台几村上空搜索。20 日 8 时 10 分,警方接到舍必崖乡小梁村村民举报,9 时 30 分,将“享受”了 67 个小时“自由”的 4 名逃犯一人当场击毙,其余 3 人悉数抓获。

后续进展:审讯工作于逃犯到案当晚开始。与此同时,由司法部监狱管理局局长带队的工作组也进驻呼和浩特第二监狱。司法部并就越狱杀警案件下发紧急通知,要求各监狱劳教所要迅速组织一次安全隐患大排查,针对监所管理、安全警戒设施、技术装备方面存在的问题,进行一次全方位、彻底的检查。10 月 23 日下午,因在“10·17”袭警越狱案中负有不可推卸的责任,呼和浩特第二监狱党委书记、监狱长张和平被免去职务,党委副书记、政委刘建宾和副监狱长邓建设、孙玉龙、王维平等人受到停职检查处分。内蒙古自治区监狱管理局表示,待案件调查结束后,他们将根据事实,依法依纪对监狱相关领导和责任人进行严肃处理。目前,3 名越狱人员分别关押在托克托县与和林格尔县，负责审理工作的是呼市公安刑警大队与和林格尔县公安刑警支队。经审讯，案犯乔海强供出李洪斌是主谋。目前警方已将越狱人员的逃跑路线做了一个完整的还原。

传播过程

10月17日晚，内蒙古自治区监狱管理局通过内蒙古卫视发布协查通报，请广大人民群众积极提供线索，予以配合缉捕。随后，越狱案件引起了多家媒体的极大关注。次日，中央级媒体和内蒙古以外的记者就来到呼和浩特市采访此事。

正式的媒体报道是从18日开始的。当日10时05分，中央人民广播电台中国之声频道《央广新闻》栏目较早对此事作了报道。随之，中国广播网刊发报道《呼和浩特4名重刑犯杀狱警出逃 警方通缉(图)》，披露了4名越狱罪犯的资料和照片。

20日之前，事件传播主要以网络报道为主。凤凰网、中国广播网、新华网等都作了原创性报道，但披露的文字信息较为简短，附有电视截图和图片信息。从20日开始，平面媒体开始集中关注。当天做了报道的有《三江都市报》《新安晚报》《都市快报》《哈尔滨日报》和《广州日报》等。经人民网中文报刊监测系统检索，21-26日报道“呼和浩特越狱案”的平面媒体有91家，具体如下：

21日：人民日报、中国青年报、人民公安报、农民日报、嘉兴日报、南京日报、青年时报、吉林日报、南京日报、重庆时报、三晋都市报、新晚报、东南早报、晶报、沈阳晚报、河南工人日报、华商报、新安晚报、每日新报、呼伦贝尔日报、上海商报等。

22日：长江日报、京华时报、新民晚报、甘肃经济日报、东方卫报、台州晚报、周口晚报、贵州日报、侨报等。其中长江日报刊登了《司法部工作组进驻呼和浩特越狱案事发监狱》、《呼和浩特越狱案审讯已全面展开》、《呼和浩特越狱逃犯均身负重案》等多篇报道，成为当日媒体传播的主要载体，并被新浪网等网媒转载。

23日：人民日报、北京青年报、北京晨报、沈阳日报、现代快报、南方日报、珠海特区报、晶报、生活报、昆明日报、兰州日报、周口晚报、东南早报、京江晚报、萧山日报、城市晚报、新安晚报、三峡都市报、经济晚报、石狮日报、东莞日报、天天商报、扬州日报、法制晚报、江南晚报、今晚报、荆门晚报、辽阳晚报、青岛晚报、重庆晨报、楚天金报等。

24 日：重庆晚报、新文化报、金华日报、台州晚报、三江都市报、东方早报、洛阳晚报、燕赵都市报、燕赵晚报、当代生活报等。

25 日：扬子晚报、生活报等。

26 日：人民日报、北京青年报等。

在近 9 天的传播过程中，包括央视《东方时空》和《新闻 1+1》栏目以及人民日报、法制日报等在内的数十家媒体作了持续性报道，并利用视频、当事人描述、专家分析等手段，力争还原罪犯越狱细节和警方抓捕过程。例如人民网的《万人大搜捕 66 小时大纪实》和新华网的《内蒙古越狱逃犯 1 人被毙 3 人落网（组图）》专题，用大量图片反应抓捕过程，文字表述少，但冲击力大，网易转载后网民留言达 3931 条。25 日，凤凰卫视播出的相关节目中，有一段据称是四逃犯越狱时情况的视频录像颇为引人注目。这段越狱视频录像共有两段，前后不到一分钟，角度很像是在监狱高处的监控摄像机所拍。对于这段犯人逃跑的视频来源，凤凰卫视称不便透露。“越狱事件”的新闻发布会更是引起了 30 多家媒体关注。立体式、全天候的新闻报道，被各大网站尽收网中。

网络反应

在媒体的及时报道下，呼和浩特越狱案从发生到抓捕，犹如现实版的《越狱》般惊险刺激，吸引了无数网民的关注。自媒体披露以来，几乎每天网站的报道后面都有数以万计的网民跟帖留言，新闻访问量与日俱增。从我们从新浪和网易截取的热点报道的网络反应中（下图），不难看出这种舆情的火爆程度。

新闻标题	转载网媒	来源	日期	跟帖量	点击量	点击排行
呼和浩特越狱逃犯均身负重案	新浪网	长江日报	22日	494		15
呼和浩特越狱案审讯已全面展开		长江日报	22日	192		8
司法部工作组进驻呼和浩特越狱案事发监狱		长江日报	22日	509		3
内蒙越狱案遇害狱警家属获两万元慰问金		长江日报	22日	849		
呼和浩特逃犯受审时供出越狱主谋		重庆晚报	24日	1028		
呼和浩特 4 名重刑犯杀狱警出逃 警方通缉	网易	中国广播网	18日	关闭	882186	本周第 7
内蒙古越狱逃犯 1 人被毙 3 人落网		新华网	20日	3931	1660652	本周第 2，本月第 3
内蒙古 3 名越狱逃犯可能被迅速处决		广州日报	21日	4090	1034921	本周第 3
内蒙越狱案审讯已全面展开		中国广播网	22日	1870	814236	24 小时第一，本周第 8
内蒙古越狱案涉事监狱长被免职		新华网	23日	659	281594	
抓捕内蒙古越狱逃犯过程视频曝光		网友视频	26日	21	12743	

与此同时，许多网民活跃的论坛和社区，一些转引的报道或原创评论，同样引起网民的极度关注。例如"天涯杂谈"中题为《呼和浩特越狱案件背后不为人知的故事》的帖子访问量达284，321人次、回复1571条，《呼和浩特四越狱犯全部落网 人质及一名武警负伤》访问量14，075、回复143，《内蒙呼和浩特第二监狱上演越狱事件》访问量8，653；新华社区中《"鹰眼"为何失灵？呼和浩特第二监狱监狱长因越狱案被免职》访问量16，126，《曝光：当场击毙！呼和浩特越狱犯抓捕现场惊心全程(组图)》访问量24，714。

从跟帖留言内容分析，普通网民关注的焦点并不集中，早期主要是表达对案件的惊叹和猜测，例如一开始就有网民预测：当地公安面临巨大压力，被勒令限期抓捕逃犯，罪犯将于26日之前陆续截获(状态是活捉)。更多的网民则表示：看到呼和浩特市第二监狱这惊天一幕，让人不禁想到《越狱》和《刺激1995》，"一切就像是电影，比电影还要惊险。"随后，随着媒体披露信息的增多，网民更加关心抓捕的过程，并提出自己的分析，同时反思监狱管理漏洞的帖子开始出现。到10月20日9时许，各地新闻媒体、门户网站播报了逃犯1名被击毙、3名被抓获的消息后，网民纷纷对此发表评论和留言，"公安好样的！""真是天网恢恢，疏而不漏，大快人心！"等肯定警方的留言不断。但同时，深度反思的留言也随之增多，直至成为网民关注的最大焦点。10月20日13时38分，某网站的匿名博客却出现一篇题为《逃犯被捉反思》的博文。博文通篇以逃犯角色，做出六点反思。一是没有策划好行动，二是忌讳暴露行动痕迹，三是没有改变秃头形象，四至六条是反思通缉不当、浪费警力、被擒逃犯后果。反思的结论是："四名逃犯全是80后，年轻没文化决定其命运"。反讽的背后，透射出网民对监狱管理的质疑。

媒体聚焦

1、"鹰眼"为何失灵

媒体披露，该监狱出入门禁均需刷卡或通过"鹰眼"系统(把眼睛对在机器上核实身份)，出监狱的人数不对应该很容易被发现。不少文章对"鹰眼"系统失灵做出了分析。

一篇点击率很高的文章《媒体还原呼市越狱案经过 引发监管六大疑问》称，从凶犯所持刀具从何而来、监狱三人小组管理制度形同虚设、凶犯所着便装为何在之前的定期检查中没有被发现、红外线监控是否有用、监狱演习为何没有发现隐患、工人何以把守监狱大门这六点提出质疑，矛头直指该监狱的管理制度所存在的缺陷和隐患。通过这六点质疑，许多分析人士认为监狱的管理存在着巨大漏洞和隐患，甚至有评论断定这次越狱事件并非偶然，而是必然！越狱案敲响了监狱管理漏洞的警钟。

北京师范大学犯罪与矫正研究所所长吴宗宪在接受采访时则提出，应该有很好的监狱分类制度。对于危险性很大的犯人，应该采取更为严格的管理制度，这个管理制度不仅包括工作人员要有更为高度的责任心，而且还应该有一项技术手段。比如说严重危险犯人的出入，要通过指纹识别或相貌特征识别等方式来杜绝犯人可能从大门混出去的现象。

2、中国式监狱如何转型

一个部级现代化监狱，四道关卡、戒备森严，四名罪犯如何能成功越狱？监狱管理到底出了什么问题？网友对此纷纷献计献策，有的认为是“人性化管理出现了误区”，有的认为是“警员素质不够”，有的认为是“劳改没有触及罪犯灵魂”，新浪网网友“好人武警”和“wmrui1998”则认为核心病症在于监管与警力的矛盾，“各个监狱为了发展监狱经济提高效益，都争着要罪犯，然而罪犯多了，管理民警却没有增加，导致监管警力矛盾突出。”“监狱等劳改场所大部分地处偏远、条件很差、气候恶劣的地区，离现代年轻人心中向往的理想生活相距很远，大家不愿到危险高、待遇低、地位差的一线监区工作，出现一线警力严重不足”。更有自称是狱警的网友坦言，雇用外来施工人员成监狱隐患。由于警力不足，很多狱警一年中有超过1/3的晚上是在监狱中度过的。

10月22日，中国网在“新闻眼”栏目开辟专栏：《越狱》终结后的反思。其中有文章认为，这起越狱事件不是孤例，重庆市某监狱此前对媒体称，狱警的精力大都用在抓生产上，在“监企合一”的背景下，如何解决中国160万囚犯的吃饭问题，并改造好他们，是目前比较棘手的。

《中国新闻周刊》分析认为，目前中国有700多所监狱，大约47%地处县城甚至乡镇以下的行政区域，70%以上位于交通不便的偏远地区。这导致监狱基本独立于地方，许多监狱形成自我封闭、自成体系的小社会。而随着社会发展，监狱逐渐打破了以往的自我封闭，这期间，监狱的生产地位也逐渐取代了改造功能。所以，狱警的精力大都用在抓生产上。服刑人员从劳动场所回监区常是一窝蜂，很容易带违禁品进来，威胁监区的安全。

3、法律上的延伸思考

有评论认为，是不是当狱警遇到越狱的暴力分子，一定要以命相搏才叫尽忠职守？否则就要受到苛责？曾经有这样的古谚：法律不强人所难。在刑法理论研究上被称为期待可能性。具体而言是指，从行为时的具体情况看，可以期待行为人不做违法行为，而实施适法行为的情形。也就是说，当行为人不具有期待可能性的时候，我们就不应苛责他应负法律的责任。

陈杰人在《中国青年报》针对警方“3 名逃犯被问明情况后，应该很快就会被执行死刑”的言论发表评论：绝不能因为逃犯这次闹出的动静太大，就牺牲法律原则，加重对越狱者的处罚，也不能违背法定程序，对越狱者随意处罚。作者分析认为，此前已被判死缓且正在考验期内的董继佳可能难逃死刑，但其他两名无期徒刑罪犯，在其越狱的罪责尚未明朗之时，显然无法断言他们是否可能被判死刑。

《长江日报》刊登评论《监狱不应是文明的荒漠》认为：对监狱管理进行整顿和反思绝对必要，但如果就此尘埃落定，未免过于懒惰，因为这样是忽略了监狱的另一个基本功能——规驯和改造。作者说，呼和浩特的越狱犯，是因为残暴难驯，还是因为求生本能，抑或是无法适应监狱管制，我无从判断。但我想，我们不能认为把人关在监狱，并且看管住不让逃脱就是万事大吉。怎样让他们重归文明，应当是监狱管理、制度、功能反思的延续，不要草草停步。

舆情提示

随着舆情的发展，反思也在舆论和实践两个层面展开，监狱管理和防卫的漏洞，在追捕进行的同时就被提及，呼和浩特第二监狱监狱长已被免职，相关问责和整顿是可以预见的后续程序。而此时分析这一舆情事件，至少有三点启示：

其一、为这次成功抓捕 4 名逃犯立下头功的是信息公开。事件发生后，有关方面在第一时间向社会公开真相，并在报纸、电台、电视台公布罪犯特征，发动群众提高警惕，提供线索。据公安机关统计，共有 30 多家媒体关注此次“越狱事件”。正如自治区公安厅副厅长张有恩在 20 日的新闻发布会上所说：“区内外多个媒体、网站对此事相关信息的客观报道在一定程度上起到宣传、动员群众的作用。事件发生后，许多群众纷纷向公安机关举报，这为我们的追捕工作提供了很好的条件。”为此，他就媒体在成功抓捕逃犯过程中所起到的作用先后三次向媒体和新闻工作者表示感谢。22 日，《人民公安报》刊登评论《胜利，源于正义的力量》也称，公安机关通过适时发布新闻，迅速澄清事实，主动引导舆论，使处置突发事件和舆论引导工作同步开展。相比之下，近年来在一些地方，采访受阻、记者挨打、说情贿赂、威逼恐吓、设备被砸、报纸被扣、新闻单位遇围攻的事件此伏彼起，愈演愈烈。恰如荆楚网《由公安厅官员三谢媒体想到的》所言，新闻媒体是我们处置重大事件包括重大刑事案件时不可或缺的力量，应该最大限度地借用和发挥。

其二，涉及具体的法律问题时应当恪守舆情理性。这次越狱事件，媒体报道及时、充分而广泛，民众的关注度也非常高。尤其是在这种态势下，政法机关的工作人员更应保持谨慎，一切公开的发言，都应当符合法律的规定，因为他们的一言一行，都会通过媒体而广泛传播，继而产生巨大的舆情效应。例如在抓捕逃犯后，一名内蒙古公安厅的办案人员就向媒体表态，“这一追捕仗打得很漂亮，案情也很简单，3 名逃犯被问明情况后，应该很快就会被执行死刑。”对此有评论认为，这种在节骨眼上的不当言论，严重违背了罪刑法定和程序公正原则，在潜意识里将对公众起到“重实体轻程序”和“宣扬死刑迷信论”的不良作用。这样的言论，应当引起广大政法工作者和民众的警惕。

其三，后续细节释疑应当及时公布。要防止逃犯已经抓捕媒体可以忽略的思想，对于一些疑点问题，还应当尽快向媒体公布细节。例如在 10 月 20 日的新闻发布会上，《中国青年报》记者追问，罪犯的凶器从何而来？3 名罪犯出逃时的便衣从何而来?呼和浩特第二监狱安装有先进的照片比对系统，进入监狱必须拍照，出来时也要拍照，比对照片吻合以后才能出来，罪犯如何能脱逃？对此，内蒙古自治区监狱管理局副局长王立军说，“我们正在调查案件具体过程、发案原因、管理方面的问题，调查结束后我们会实事求是地客观地去定性，到时会把结果通报给新闻媒体。”这种承诺应当尽快兑现。与此同时，对监狱内是否存在渎职、是否属于事故，在查明真相时，也应及时公布，以消解可能的猜测与质疑，力争使整个事件获得良好的舆论效应。

【相关链接】

http://news.qq.com/a/20091021/000967.htm

http://news.qq.com/a/20091022/000064.htm

http://chenjieren.blog.sohu.com/134502389.html

郑州扫黄公布小姐裸照事件

事起扫黄，本是一起警方宣示战绩的视频加新闻却不料最终演化成负面舆情沸然的网络事件，这恐怕是始作俑者无论如何未曾想到的。郑州警方在报道扫黄战绩的视频中“公布小姐裸照”，引来网民对其中的便衣光头警察的一片喊杀声，同时抱以对卖淫女的无限同情，随后，更多望文而生的对当事警方的诘责，多少带点莫须有、甚至上线上纲性质的腐败联想等均由而衍生开来。可惜的是，警方在最初对舆情的回应中把责任推向媒体对视频的“擅自发布”，企图以此掩盖其本来正义堂堂的宣传所产生的纰漏，之后的大规模删帖更是被网民嘲笑为无能之举。对此，学者们对政法机关与媒体之间的关系展开了更为深入的解析，归结出网络时代新闻从业者在与政法机关共同协作时应如何保持客观性、独立性以及政法类新闻报道所应具备的客观、严谨、法治及人权理念等等，这些均成为该事件的重要舆情收获。

本案启示：网络时代，政法机关的一切行为，有意无意之间均在接受公众的监督。在执法过程中尊重人权，执法文明已经不能再是空洞的口号，而是因应网络全方位监督之下的应然之举。漠视公众的监督，忽视自身形象的塑造，怠慢网民的人权法治理念，最终吃亏的只能是自己。

——北京学者，《政法网络舆情》周刊主笔 马新耀

案例概要

●10月28日晚，河南省郑州市公安局出动300余名警力，集中开展打击涉黄涉赌专项行动，对全市的小浴池、小旅社、小录像厅、茶社、网吧等公共复杂场所进行突击清理清查，对部分存在涉黄涉赌现象的娱乐场所进行重点打击。

河南省公安厅、市委政法委有关领导现场督战，市公安局负责人指挥，治安支队、特巡警支队、市区五公安分局等民警集中待命。

当晚9时30分，战斗正式打响，各行动小组通过缜密侦查，里应外合，统一行动，成功打掉中原区某洗浴中心、管城区某洗浴会所、惠济区某电玩城等多家涉黄涉赌场所，共抓获违法犯罪人员9人。

在行动后的报道视频及照片中，一位剃光头的暗访民警，引起了众多网民的关注，他先是两脚踹开房门，然后厉声逼问赤身裸体缩作一团的小姐："第几个，今天晚上第几个，说！"从视频中判断，这位光头民警是郑州市公安局治安支队的侦查员，是当晚行动中的"卧底"民警。引起最大争议的，是一张照片。照片中，光头民警一把揪住赤身裸体的小姐的头发，将她的脸往上抬。

●11月2日上午10时57分，网友"放开那位姑娘"在大河论坛魅力郑州版块发布《郑州大规模突击扫黄 公布小姐裸照引巨大争议》帖子，很快引起国内各大网站关注。在该帖中，"放开那位姑娘"转帖了警方查处涉黄场所的7张图片及1部长度为2分钟的视频。

●11月2日下午，郑州市公安局政治部一位值班人员受访时表示，她还不知道此次事件，暂不便评述。该工作人员表示，她将向有关主管领导汇报，调查了解此事。

●11月3日下午，河南省公安厅宣传处副处长苏银海接受记者采访时表示，裸照系当地某媒体记者擅自发到网上，并非公安机关所为。在此次专项整治活动前，河南省公安厅曾多次强调，民警在执法过程要尊重并保障犯罪嫌疑人的肖像权、名誉权等人身权利。至于照片中光头便衣的执法行为是否过于粗暴，苏银海表示他当时不在执法现场，不便发表评论。

河南警方公布“小姐”裸照事件舆情观察

【主题事件】

据中新网10月29日报道《郑州专项扫黄行动卖淫嫖娼者被抓现行》称，10月28日晚，在郑州市第二次大巡防集中行动中，郑州市公安局出动300余名警力，集中开展打击涉黄涉赌专项行动，成功查处多家涉黄涉赌场所，抓获违法犯罪人员9人。该报道还附有多幅图片和现场视频。

无论是在现场行动的视频中，还是在此后陆续公布的照片中，引起最大争议的画面，是一位“光头佬”一把揪住赤身裸体的小姐的头发，将她的脸往上抬，小姐双手捂胸、一丝不挂。

正义网记者首先对事件进行了采访，并于11月2日发布《“公布小姐裸照”河南省公安厅首次回应》一文，称河南省公安厅有关部门就此接受了采访，答复是“我们不知道这个事，还需要进一步调查”。并告诉记者，他们也是在得知记者采访后，才在网上搜索相关图片。

11月3日，《武汉晚报》记者采访了河南省公安厅宣传处副处长苏银海，苏表示裸照系当地某媒体记者擅自发到网上的，并非公安机关所为。至于图片中警察执法是否过于粗暴，是否“钓鱼”执法，苏银海表示自己当时不在现场，不好做评论。

【传播情况】

11月2日，由中国网首发的《郑州大规模突击扫黄 公布卖淫女裸照引争议》一文使得此事件开始发酵，该文在标题中首次用“裸照”一词作标题，使之在网络上得到迅速传播。网络媒体则更多以《郑州大规模突击扫黄 公布小姐裸照（组图）》、《小姐一晚做26次 被警察公布裸照（视频）》等吸引眼球的标题作报道。11月3日起，各大网络论坛上相关的评论文章大量出现，至4日上午形成舆情高潮。

以人气较高的天涯社区和凯迪网为例，11月3日至5日，相关的评论热帖出现在两个网站的热门栏目（天涯杂谈和猫眼看人）首页，甚至在首页主题中超过半数，如天涯杂谈的《卖淫女的茫然和光头警察的神武!》一文得到点击152,238人次，网民留言639条；凯迪网同文转载仅在11月3日一天即得到20余万次点击和约3000条网民回复。此外,《郑州大扫黄行动现场直击(组图)》、《郑州警察抓小姐有什么错》、《河南省公安厅首次回应"公布小姐裸照"》、《羞辱小姐的英雄们》、《网友要人肉光头警察》、《这厮到底是变态恶魔还是人民警察?》、《郑州警察涉嫌强制猥亵、侮辱妇女罪》、《中国政法大学女教授 巫昌帧声援郑州卖淫女》、《郑州警方称卖淫女裸照系记者擅自发布》、《为郑州扫黄公布小姐裸照叫好!》、《依据刑法光头警察判五年以上有期徒刑》等文章,也都有数万到数十万不等的点击量,和数百到近万不等的回帖数。

网民参与评论的热情持续高涨,在4日形成高潮,但从4日下午至5日,相关的热门网帖不断被各网站删除,截至发稿时多数已不可查,或只能从谷歌网页快照中得到部分内容。大量网帖遭到删除后,相关主题的评论帖也被禁止发布,已开放的评论也被删除或关闭。如汉网的"河南警方称卖淫女裸照系记者擅自发布"一文于11月4日被网易转载后,网民评议不断,当日评论近两千条,但随后评论被全部删除,评论功能关闭。

截至11月10日12时,央视网复兴论坛中《(视频加照片)郑州警方扫黄,现场裸照竟被公布》一帖(点击数158,357,网民留言近400条)仍开放评论,但其热度已明显消退。天涯杂谈《敬那些骂光头警察的道德标兵们,你们闭嘴吧》这一支持警方的主帖因跟帖数飙升被顶至首页,且绝大多数是负面评论。凯迪网留有网民转载的平面媒体评论文章及11月5日前的网民评议内容,但也不再开放评论功能。综合来看,大型网站对该话题的网络封杀均在11月5日中午至下午的时段,网民的评议客观上已经减少,官方网络封杀见效。

【媒体评论】

对郑州警方的作法,各大平面媒体与央视都持批评态度,其中网络版传播最广者有三:

一为《南方日报》11月3日发布的《警方公布小姐裸照是否合法?郑州警方突击扫黄反招网络舆论一片质疑》一文,主要概述了该事件的网络舆情,反映了网上巨大的异议声浪。文章写到,"网友'五岳散人'在经济观察网以《羞辱小姐的英雄们》为题对此发表了评论:如果照片只是放在档案中也就罢了,居然事后还要洋洋得意地公之于众,这种权利意识之低,已经到了地平线之下。""记者采访了北京大学法学院王磊教授,他认为直接将裸照公开，不仅侵犯了公民的隐私权，也给这些人（指小姐）改过自新、重新做人设置了障碍。他建议执法机关在类似的扫黄行动中，更应注重对嫌疑人基本人权的保护，媒体也应注意操守、把好关。”

二为《中国青年报》11 月 4 日评论文章《警方公布小姐裸照涉嫌多重违法》。文章认为，警方侵犯“小姐”的隐私权显然已成共识。郑州警方在网上公布小姐裸照，还涉嫌传播淫秽物品罪。另外，郑州市警方的执法方式也大可质疑，“小姐”的卖淫行为已经被制止了，没有任何反抗能力，“光头”男子何以要用粗暴的方式揪住她的头？对这种轻微违法者用这种野蛮的执法手段，显然属于违法。

三是 11 月 4 日晚央视《新闻 1+1》以《公布裸照，羞辱的是谁？》为题对本案作了全程回顾和反思，其中对媒体与事件的关联分析说：本案有三个关键的层面，一是警察在执法的时候涉嫌违法；二是媒体要守住底线，不能以新闻或法制节目的名号传播淫秽色情画面；第三，执法过程当中要避免曝露相对人的隐私。

新闻评论员白岩松评论说，“这个警察拽着女性的头发问话，我觉得这已经不仅仅是涉嫌违法，甚至是一种变态的执法”，“很多警察在执法的过程中邀请记者，这种公开性是好的，但以‘用媒体曝光来使你丢人’的心态来制止某种行为的做法却是不可取的。还有一种是炫耀式执法的心态，希望自己的成绩要让媒体都记录下来，但出了事的时候却又开始说是媒体擅自发布了”。

【网民观点】

1、谴责光头警察 同情卖淫女

相比平面媒体和央视的理性批评，网民的议论则更为激烈。一片喊杀声浪虽经网络管理人员封杀，但仍此伏彼起，非理性声音占据主流，“光头佬、杀人犯、恶棍”等称呼充斥网络。网民们还对那名光头警察发起了人肉搜索，甚至有几位网友贴出了他的姓名和单位，但说法不一，均有待核实。

与此相对应，网民对卖淫女抱以同情，认为她们为生活所迫从事此业，背后都有无数辛酸故事，进而引申到对社会腐败问题的不满等话题。也有极少数网民认为“对已经没有道德的人不应该用道德的方法对待”，但支持者了了无几。“扫黄应注重违法者的人权保护及人格尊严”成为绝大多数网民的共识。

2、揭露警方的相关违法违规问题

首先是对扫黄行动的目的和规模提出质疑。不少网民认为这种扫黄的目的不外乎是为了落实年终罚款，背后存在利益驱动。有郑州当地网民留言称："这次行动只查小旅馆、小理发店、小洗浴中心，不敢查大饭店、豪华洗浴中心，因为那些大的豪华场所是某大人物开办的，供大人物享受的，警察不敢去查。"其他典型的评论如"既然卖淫都要公开照片，那党委政府的财政账本公开不？""抓嫖娼，还是抓收入，谁知道呢。"

其次，在关于扫黄最终多是罚款放人或劳教等处罚的议论中，某些网民从《监狱劳动教养人民警察着装管理规定》中查出"男人民警察不得留长发、大鬓角、卷发、剃光头或者蓄胡须"的规定，直指光头警察违反了人民警察法。另有法律博客网网友查到《公安机关办理行政案件程序规定》第六十二条规定"对违法嫌疑人进行检查时，应当尊重被检查人的人格，不得以有损人格尊严的方式进行检查"，并就此分析了警方的错误。

此外，还有一些网友将话题延伸至"钓鱼执法"方面，此类话题也充满了对警方的批评。

3、深度解析警、媒责任

郑州警方扫黄违法发布裸照，在舆情鼎沸之下回应称系记者擅自发布，并非公安机关所为。这一点，也被网民反复批驳，其中以时评人刘洪波的评论《媒体与警方的错中错》最为典型。该文对政法系统与媒体的关系做了深入的反思，值得重视。文章写道，

长期以来，记者和媒体不被视为独立的报道者，媒体和记者也已失去对其社会角色的明确认识。这就是为什么很多权力行动都"带着记者"，而记者也习惯于被带着，报道人员是作为重大行动参与者被例行带到现场的，这里不会擅自，也没有擅自的可能。

警员粗暴执法与记者无公民隐私观念，我看都是一贯如此，久已成习。对此，他们自己可能不以为意，就连社会中很多人也不觉得有何不妥，有些人是必须自己被权力或媒体侵害，才能明白权利和尊严的意味，一般情况下，他们会觉得侵害一个"坏人"的权利和尊严，很爽快，很正义。

我们这里有很多行为，初看起来正义堂堂，细看起来粗鄙野蛮。当其正义堂堂时，那不是擅自而是津津乐道的荣绩；当其被认作羞耻时，便成了擅自。这就是擅自与不擅自的关系。那些"齐抓共管"的人们，乃至社会的一般

意识，对作为“工作对象”的人，需要什么人性与温情的概念呢，如果硬要说有，那也是“弱者随我羞辱，强者令我恐惧”。

【舆情分析】

数幅旨在丰富警方扫黄成绩的图片，反使警方的努力化为一场闹剧，并由此引发了汹涌的网络舆情，这促使我们反思在处理与媒体关系方面、提高执法素质和舆情应对水平方面警方应注意的问题：

1、与媒体保持良性互动。媒体、特别是网络媒体，对于事件的报道注重新、奇、趣，追求娱乐化。在市场经济条件下，媒体为追求新闻轰动效应，追求更大的经济利益，对负面性的新闻格外热衷，因此，对于各种充满上述要素的案件，媒体经常是不断追逐警方力求得到消息线索以作炒作之资，这是媒体依赖警方的一面；与此同时，警方违法办案、甚至错案本身往往具备上述要素，其丰富的内容更可能成为媒体热点（如孙志刚事件、太原警察打死北京警察事件）。在依托媒体发布信息的同时，警方切不可失去自身的独立性，应注重严格依法办案，以事实和证据发布案情，谨言慎行，特别是对于办案过程以及办案图片的发布更要慎重行事，防范失误。而这当中最基本的原则，就是法治、人权、程序等诸理念的落实。

2、认真提高执法素质。本案网络舆情表明，绝大多数网民对于警察在执法中应保护人权与尊重隐私的规范均有一定的、甚至深刻的认识。这就提示，警方更应加强对一线办案人员的相关培训，提高其依法办案、文明办案的能力，长远来看，即须综合提高执法素质。对于个别人员违法办案所造成的对警方整体形象的破坏，要及时予以澄清、处理、致歉、公布，并在这一过程中及时请媒体发布，尽可能早、尽可能赶在负面舆情泛滥之前力争淡化或消除负面影响。

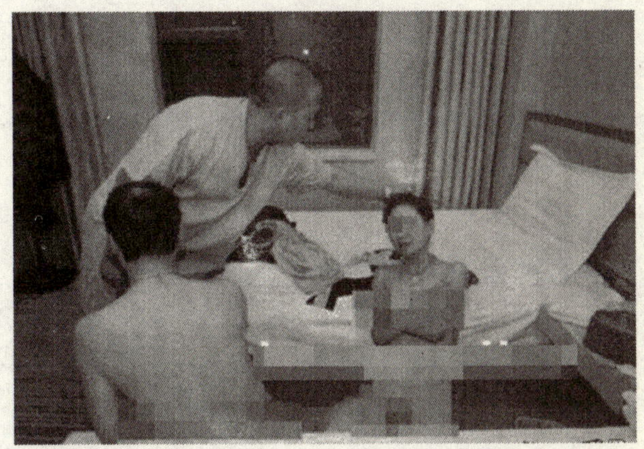

3、冷静对待网络评论。本事件中网络上汹涌的负面舆情在5日戛然而止，原因是网络上大规模的删帖和关闭评论，此举被网民讥刺为“被和谐”。对过激批评言论的封锁，诚为一种临时性管控措施，但我们随后并未看到进一步的主动性的化解和疏导工作，相关部门只停留在强势封杀上，此举势必增加绝大多数网民的不满，有可能在未来警民冲突或误解中被放大。建议警方及相关政法部门对本案部分当事人予以处理和处分，甚至公开作出批评与自我批评，以回应网民的批评。对相关舆情的应对应采取具有建设性的“问题发生－－＞媒体介入－－＞重视改进－－＞媒体报道－－＞重塑形象”步骤，其中，当事警方真诚回应网民意见是达成理解与沟通的关键。

【相关链接】

http://www.chinanews.com.cn/sh/news/2009/10-29/1938240.shtml

http://news.jcrb.com/jxsw/200911/t20091102_278577.html

http://epaper.nfdaily.cn/html/2009-11/03/content_6792881.htm

http://news.163.com/09/1104/03/5N8CVF0T0001124J.html

http://no1lawflat.fyfz.cn/blog/no1lawflat/index.aspx?blogid=539799

http://bbs.cctv.com/frame.php?frameon=yes&referer=http%3A//bbs.cctv.com

http://liuhb.blog.sohu.com/135971277.html

http://space.tv.cctv.com/video/VIDE1257361592113884

http://club2.cat898.com/newbbs/dispbbs.asp?boardid=1&id=3094470

司法公正类

内蒙古吴保全网络诽谤案

一起网络举报案，因为司法部门的介入而走入怪圈：一审为吴保全所确定“诽谤政府罪”招致各路媒体的普遍批评，二审则略显荒诞地为上诉作了加刑处罚，法律判决本身出现的这些矛盾已足以提示本案背后那一股左右司法的特殊力量。其网络舆情的传播也就难怪一直指向政府官员操纵司法这一焦点，反而极少有人关注那些失地农民的悲惨境遇。

目前吴保全仍身陷牢狱，公检法三部门于中的作为均已自证其滥用了司法权力，却都有苦难言。新闻媒体透露的情况表明三方均是迫不得已而为之，某些领导背后的授意几乎成了显台词。这也就难怪网民持久地表达愤怒、失望与谴责。本案的舆情反馈本是相当快捷，但案情至今未被澄清或有效更正。相关部门自始至今的“强硬”实在令人慨叹，缓慢的司法纠错机制也让人焦虑，更重要的是，这种消极不作为严重损害着司法的权威。

值得注意的是，当前有相当一部分网民均猜测本案的判决旨在与王帅案达到一种微妙的平衡，这也反映出了政府对网络言论的复杂心态。悲观者认为本案以后政府对网络言论的打压恐将成为主基调，乐观者则认为本案可使网络言论更重证据、重事实，有助于网络反腐的长远发展。无论如何，相信本案彻底了结后将见分晓。

——北京学者，《政法网络舆情》周刊主笔 马新耀

案例概要

●2007 年 9 月 6 日，寨子塔村村民康树林给青岛的吴保全打了一个电话。聊天中，康树林说起了康巴什新区的征地风波——鄂尔多斯市政府以低价在农民手里强行征收了五万多亩土地，却迟迟不兑现当初的承诺。从 8 月 6 日开始，当地的几百名村民天天到市政府门口讨说法。政府非但不给解决问题，还派警察打人、抓人，前后有 20 多人被拘押，几名老太太被打伤住院。

●2007 年 9 月 7 日，根据康树林的描述，吴保全写了一篇文章——《领导：你要杀你的农民姐弟？》，并将它发到了他所熟悉的网站上。帖子中，吴保全言辞激烈地抨击了康巴什新区的征地行为。

●2007 年 9 月 16 日，人在青岛的吴保全被带到鄂尔多斯并连夜受审。因涉嫌通过互联网公然侮辱诽谤他人，吴保全被处以行政拘留 10 天。第二天，康树林也被行政拘留 10 天。

住进看守所后，吴保全才见到了他为之抱不平而被拘留的征地村民。而此时，鄂尔多斯市政府广场上的集会仍在继续。10 天后，吴保全拘留结束，当地村民为表歉意，给吴保全买了回青岛的飞机票。但吴保全并没有离开，他留了下来，开始了更为详细的调查。

●2007 年 10-11 月，吴保全以网名“找我吗”，通过大律师网、文学博客网、记者网等发表题为《鄂尔多斯市浮华背后的真实情况——一些不敢公示的秘密》的网文。网文首先质疑：康巴什新区征用的 32 平方公里土地，只有内蒙古自治区的批准文件，而没有国务院的红头文件，合法性存疑。

●一年后，法院出具的吴保全刑事判决书上，依然清楚的写着：“政府用地是逐步进行开发的，每次建设用地的审批，都是经过内蒙古自治区人民政府审批同意的，这可由 28 次内蒙古人民政府建设用地审批件证实。”

根据《中华人民共和国土地管理法》第四十五条规定，征用基本农田或者征用基本农田以外的耕地超过 35 公顷的以及征用其他土地超过 70 公顷（约 1050 亩）的，应当由国务院批准。记者获得的多份由内蒙古自治区政府审批的文件显示：从 2004 年到 2005 年，每隔 30 天左右，就会有一份土地审批文件发出，审批面积均在 60-70 公顷之间。

与此同时，吴保全积极奔走，接受村民的委托，到北京聘请律师，向媒体记者报料。2008 年，因为吴保全的积极推动，《网络报》关于康巴什征地的长篇报道刊发。

●2008 年 4 月，正在辽宁省开原市办事的吴保全再次被警方带回鄂尔多斯，理由是他捏造事实发布帖子，侮辱、诽谤他人及政府。

●2008 年 5 月 23 日，寨子塔五队队长解来存再次被行政拘留，一直到 7 月 4 日，拘留整整 45 天。公开的理由是："涉嫌挪用公款，为移民区上访的居民提供了资金。"

●2008 年 10 月 17 日，鄂尔多斯市东胜区人民法院一审判决吴保全犯诽谤罪，判处有期徒刑一年。被告人吴保全不服一审判决向鄂尔多斯市中院提起上诉，鄂尔多斯市中院受理案件后，认为一审法院认定上诉人吴保全犯诽谤罪事实不清，发回一审法院重审。

●2009 年 3 月 10 日本案重审判决：诽谤罪成立，判有期徒刑两年。

●2009 年 4 月 17 日，吴保全再次上诉，鄂尔多斯市中级法院裁定，维持原判。

●2009 年 4 月 21 日，迫于媒体压力，鄂尔多斯市中级人民法院院长对"吴保全诽谤案"提起审判监督程序，案件进入再审程序，同年 9 月 16 日，本案再审宣判。

●2009 年 9 月 17 日，法制网的头条新闻为《吴保全网络诽谤案重审 获刑一年零六个月》，报道吴保全网络诽谤案已经于 16 日终审的消息：经过一审二审再审等法律程序，吴保全网络诽谤案今天在内蒙古自治区鄂尔多斯市东胜区人民法院重新审理，被告人吴保全被判处有期徒刑一年零六个月。

内蒙古网络诽谤案重审：吴保全被判 18 个月

【事件综述】

9 月 17 日，法制网的头条新闻《吴保全网络诽谤案重审 获刑一年零六个月》，报道了吴保全网络诽谤案已经于 16 日终审的消息：经过一审二审再审等法律程序，吴保全网络诽谤案今天在内蒙古自治区鄂尔多斯市东胜区人民法院重新审理，被告人吴保全被判处有期徒刑一年零六个月。

本案的基本经过：

2007 年 9 月 7 日，吴保全从朋友处得知农村老家被政府强行征地，低价买进，高价卖出，村民们苦诉无门后，第二天便将此情况发布到了网上。9 月 16 日，他被鄂尔多斯警方从青岛抓捕并遭连夜审讯。其后，吴保全被告知因其在互联网上公然侮辱诽谤他人而被处以行政拘留 10 天。2007 年 10 到 11 月间吴以网名在多家网站发表题为《鄂尔多斯市浮华背后的真实情况——一些不敢公示的秘密》的帖子，抖出一串当地政府违规问题。2008 年 4 月 27 日，吴在沈阳再次被抓，理由是他捏造事实发布帖子，侮辱、诽谤他人及政府。同年 10 月 17 日，鄂尔多斯东胜区法院一审判决：吴保全诽谤罪成立，判有期徒刑一年。吴不服上诉，2009 年 3 月 10 日本案重审判决：诽谤罪成立，判有期徒刑两年。吴再次上诉，4 月 17 日，鄂尔多斯市中级法院裁定，维持原判。4 月 21 日，迫于媒体压力，鄂尔多斯市中级人民法院院长对“吴保全诽谤案”提起审判监督程序，案件进入再审程序，9 月 16 日，本案再审宣判，吴保全被判处有期徒刑一年零六个月。

法院最终认定的事实：

“2007 年 9 月 6 日，吴保全得知康巴什村民因政府征地补偿事宜正与政府进行交涉，表示可以在网络发帖。2007 年 9 月 7 日，吴保全以“找我吗”的网名，在互联网上发布对时任鄂尔多斯市委书记云峰进行攻击的帖子，题目为《云峰，你要杀你的农民姐弟？》。该帖子诬称，‘云峰为了打造鄂尔多斯和自己的新形象，强制征收土地，倒卖土地，打伤农民……是一个旧社会的活阎王’。吴还凭空捏造云峰的话说，‘你们上访，我就是皇上，今天是你的领导，明天是中国的皇上！你们到哪里都是我的人，小小百姓算个屁’。帖子在网上发布后，被国内多家网站转载。之后，被告人吴保全亲自到康巴什村充当农民代言人，先后收取康巴什村民现金 29.5 万元，除了支付律师费，部分自己开销。”

报道中所述的吴及律师的辩护意见：

“被告人吴保全对帖子中编造的事实表示认可，但辩称‘是为了渲染气氛，制造轰动效应，引起有关部门的关注，以推动问题的解决’。被告人的辩护律师则认为，吴保全发帖是为了帮助农民解决问题，不具有诽谤他人的主观故意，没有造成严重后果，不足以判刑。”

【网络传播】

法制网对此案终审的内容报道后，各大新闻网站均作了全文转载，还有一些网站做了专题系列报道。但新的网络评议相对较少，如网易在今年4月份的报道《内蒙古男子发帖举报征地问题被判刑 重审再加刑》后面有一万余条网民评论，而此次转载法制网再审宣判的报道后面，仅有50余条评论，后来评论功能与绝大多数网站一样则干脆关闭了。当前对本案设有专题的网站中人气较高的一个是凤凰网，其所做专题为“关注吴保全案 捍卫言论底线”，后面的评论多为早期的，再审宣判后的网民评论很少；另一个是大旗网，专题为《吴保全“诽谤”案惹争议》，再审后的网民新评论仅两条，皆为不满意见。两专题的定调与间或出现的网民博客评论一样，都明确宣示了对本案结局的批评态度。

【舆情综述】

一、愤怒渐消 问责不应去远

吴保全案案发之时，正值河南王帅网络诽谤案结案，后者因网络发帖者揭批当地政府征地问题被跨省抓捕而冤案终得昭雪并获国家赔偿，也致河南警方公开道歉，一时间令网络上批评揭秘之义举得到肯定，网民多期望吴保全会成为王帅第二。然而经历法院一审定罪、上诉竟然加刑，直到如今的终审，网民们也经历了一番法律程序和网络言论约束的熏陶。相对最初如潮的批评和愤怒情绪，近日网络的反响明显平淡，网议汹汹之势渐消，评论用“寥寥”二字形容也不为过。

当然，网民对判决的不满仍占多数，如“没有陪审团，我不相信这个判决公正”、“这两年其实因言获罪的很多，要是有完善的监督机制人民也不会做出这样的事”、“重审还加刑？法律真是像玩一样的，可怜的刑诉法，又被强奸了一次”、“网民的失败，民主的失败。希望吴保全再上拆。不要怕打击报复。”等。

与此相对应，对案件背后的事实、即吴保全所反应的问题关注更少：吴对政府征地违法问题代村民向公众揭秘，其揭发通过网络进行，当中掺杂了对当地官员的诽谤用语，但非法征地及挪用的事实如何，最终问责的结果如何，在整个案件过程中却未得到关注，网民一边倒地只去关注了吴本人的命运，政法部门也未在本案过程中就征地问题作出说明。这一现象反应了网民、包括绝大多数媒体对网络言论自由的过度关注，而实际上，征地问题的问责也应予以依法处理。

二、法治蒙羞 阴影亟待消除

本案中，政法部门办案的过程使法治蒙羞，为各路媒体特别是网民所批评，具体如下：

1、一审时，媒体在报道中称，基层检察官和法官、甚至中院的法官均在私下承认吴保全无罪，指本案是“受到了市里的影响”。吴保全一审被判刑，理由仅仅是“严重危害了本地区作为全国先进市区的社会发展秩序”。网民批评说，在权力的干预下，本案是“欲加之罪何患无辞”的典型。

2、本案一审荒唐地对吴保全定下“诽谤政府罪”，引起舆论大哗，也引发了公民对政府批评建议权的广泛讨论，特别是对相关的网络言论自由权利的质疑、申明与确认；本应属于刑事自诉案件的诽谤罪却由公安跨省抓捕和检察公诉、以及上诉后被加刑问题，均暴露了地方权力随意玩弄法律的种种“事实”，这些问题遭到各路媒体的普遍批评；在再审程序中，虽然吴案被还原成自诉案件，但对发帖内容的具体情况和被诽谤者关系并未认真作出认定，法理联结仍较为牵强，相关政法部门究竟是被迫如此还是水平低下，均成为网民议论的主题。至今为止，本案是否最终以完整的自诉渠道进行审理也未获公开，原告方如何主张、辩诉情况如何都不得而知，这些都加深了网民对政法部门的质疑。

3、关于本案的如许法律问题，学者们的论述和批评在平面媒体不断出现，经网络转载或是在网络上发酵的议论俯拾皆是，均是批评本案中政法部门的不当作为。如南都报网刊载秋风的文章《“吴保全案”中司法的苦恼》认为，本案所涉的网民批评政府权利、司法滥用权力和领导干预司法等问题，建议“需要领导们具有政治伦理，明白自己权力的界限，不对执行法律的部门随意发号施令”，也揭示政法干部的苦衷：“法官傲视‘领导’的原理只有一条：检察官、法官的收入、升迁、荣誉等权利与利益，不由行政部门控制，尤其是不由同级行政部门控制。这样，检察官、法官们的法律意识、正义精神，就可以得到正常发挥。”

【本刊点评】

有网民至今仍对被诽谤者本人是否涉嫌腐败或滥权存疑，并断言此案未来必有反复。也有论者猜测本案的判决旨在与王帅案达到一种微妙的平衡，反映出政府对网络言论的复杂心态：悲观者认为打压为主基调，乐观者则认为本案可使网络言论更重证据重事实，有助于网络反腐的长远。

本刊认为，吴保全案最大的意义，是以政法部门的定罪失误最终依法定程序得以纠正的过程再次确认了网络平台上公民批评政府的言论自由权利。半年以来，通过网络平台对本案的不断评议，网民对于批评政府、甚至是因信息不对称而存在错误的批评也不为过的观念渐已深入领会。吴保全案的结局虽然仍令不少人叹息，但这一纸判决何妨看作公民网络言论自由的确认书？倘作如是观，其法治进步意义怎么说都不为过。长远来看，本案或可为网络公民的成长、网络反腐的推进提供一种新的动力。

【相关链接】

http://www.legaldaily.com.cn/0801/2009-09/17/content_1155068.htm

http://blog.ifeng.com/article/2587618.html

http://news.163.com/09/0420/05/57ANVE9P0001124J.html

贵州习水嫖宿幼女案

在官员"性事"频发的背景下，该案被媒体披露仅一天时间即被舆论赋予了"显著性"并进而演变为"公共议题"。由此引发的舆情井喷让深陷其中的司法机关手足无措，随后出现的回应式司法，不仅未能平息普通网民对于官员道德败坏的愤怒，还招致法律界诸多理性声音的批评，堪称"两头不讨好"。

一边是立法的不尽如人意，一边是民意的口诛笔伐，在道德与法律的冲突中，原本遵从理性中立的司法也难脱干系，只能在网民道德口水的威逼下委曲求全。该案固然折射出了当前体制下的诸多司法纠葛和无奈，但焦点依然是舆论与司法的关系课题。舆论影响司法向来是一把"双刃剑"，既推动案件真相的调查并尽可能地倒逼个案审判更接近实质正义；同时舆论占据道德的制高点也带来"全民法官"的担忧，道德评判、立法缺失等因素的介入让司法很容易偏离法治轨道，而成为民意道德的"殉葬品"。此案带给我们的警示，恰是这样一种基于理性立场的担忧：政法机关应对舆情危机能否坚守法治原则，会不会迫于舆论压力而对民意曲意逢迎？这在欠成熟的司法环境和欠理性的网舆背景下，应当成为一个值得关注的论题。

——西安政治学院讲师，《政法网络舆情》周刊主笔 傅达林

案例概要

● 4月3日，《中国青年报》发表文章，披露贵州省习水县5名公职人员（政府官员、司法干部、教师、县人大代表等）因涉嫌嫖宿幼女被依法逮捕。文章称：2007年10月至2008年7月期间，2名犯罪嫌疑人先后在习水县县城的3所中学和一所小学门口附近守候，多次将10多名中小学女生（多名女生当时未满14周岁）挟持、哄骗到偏僻处，以要打毒针、拍裸照、殴打等威胁手段胁迫到司法局一名叫袁莉的女子家中卖淫。嫖客由袁莉负责联系，其中有习水县第一高级职业中学教师冯支洋、习水县同民镇司法所干部陈村、司机冯勇等人。消息传出，各大平面媒体和网络媒体纷纷转载，记者陈强的博客一天点击70万余次。大多网民表示"看到这样的新闻相信每一个中国人不仅仅是气愤，因为案件本身已经触及了中国人传统道德的底线"。更多的网民为公务员的素质道德担忧。关于本案以嫖宿幼女罪还是以强奸罪（强奸幼女）立案、公诉及判决，受到民间及学界的广泛关注及质疑。

● 2月，习水检察院对相关犯罪嫌疑人提起公诉，县人民法院并定于4月8日进行开庭审理。2009年4月，经公安机关补充侦查后，习水县检察院审查认为，袁荣会强迫幼女卖淫，已涉嫌强迫卖淫罪，情节特别严重，根据刑事诉讼法的规定，可能判处无期徒刑或死刑的案件应由中级法院管辖，故将全案报送遵义市检察院审查起诉。本案提级审理后，仍以嫖宿幼女罪起诉成为社会关注焦点。一些专家认为，此案已引起社会极大关注，可能成为今后类似案件处理的一个标本性案件。

● 4月8日，贵州省习水县嫖宿幼女案在习水县人民法院进行不公开开庭审理，7名犯罪嫌疑人出庭受审，其中包括5名公职人员。合议庭决定择日进行宣判。习水县县委书记李凌说，针对此案，政府及相关部门不回避，不隐瞒，及时邀请媒体对案件情况进行通报。涉案的习水县移民办主任李守民已经免除公职，县人大代表、习水县利民房地产开发公司经理母明忠已被中止代表资格。此案后，开展打击卖淫嫖娼专项斗争和校园周边环境专项整治，加强学校内部管理，加大干部违法违纪案件查处力度。本案中，被告辩护律师以"我不愿为这种人辩护"为由拒接出庭辩护，被学者认为有违法律规定，却受到了网民的赞扬。

● 4月21日，庭审中因案件证据和事实发生变化，习水县检察院依法将全案撤回补充侦查。并因案情复杂，依据管辖权转移，改由遵义市检察院向遵义市中级人民法院提起公诉。

● 5月17日，遵义市人民检察院以被告人袁荣会构成强迫卖淫罪，以被告人冯支洋、母明忠、陈村、冯勇、李守明、黄永亮、陈孟然构成嫖宿幼女罪向遵义市中级人民法院提起公诉。

● 7月24日，贵州省遵义市中级法院公开宣判：以强迫卖淫罪判处被告人袁荣会无期徒刑；以嫖宿幼女罪分别判处被告人冯支洋有期徒刑14年，被告人陈村有期徒刑12年，被告人母明忠有期徒刑10年，被告人冯勇、李守明、黄永亮、陈孟然各有期徒刑7年。中国青年报认为，习水案开创了全民法官时代。民意的介入最终导致司法的公开与纠偏，而舆论监督的界限也突破以往质疑的底线，直接对司法专业判断形成干预。

贵州习水嫖宿幼女案舆情分析

4月3日《中国青年报》发表文章，披露贵州省习水县5名公职人员（政府官员、司法干部、教师、县人大代表等）因涉嫌嫖宿幼女被依法逮捕。另据报道，此案4月8日将在习水县法院不公开审理。

文章称：2007年10月至2008年7月期间，2名犯罪嫌疑人先后在习水县县城的3所中学和一所小学门口附近守候，多次将10多名中小学女生（多名女生当时未满14周岁）挟持、哄骗到偏僻处，以要打毒针、拍裸照、殴打等威胁手段胁迫到司法局一名叫袁莉的女子家中卖淫。嫖客由袁莉负责联系，其中有习水县第一高级职业中学教师冯支洋、习水县同民镇司法所干部陈村、司机冯勇等人。

消息传出，各大平面媒体和网络媒体纷纷转载，记者陈强的博客一天点击70万余次。大多网民表示“看到这样的新闻相信每一个中国人不仅仅是气愤，因为案件本身已经触及了中国人传统道德的底线”。更多的网民为公务员的素质道德担忧。

另据报道，贵州省威宁县两年前曾发生在的一起“教师强迫学生卖淫案”，首犯赵庆梅被毕节地区中级法院一审判处死刑。

【官方回应】

县司法局家属：嫖宿幼女发生在司法局宿舍，是因为强迫幼女卖淫者袁莉住在司法局宿舍，但她和司法局没有什么关系，她买的是二手房。

县政法委书记：不回避问题。涉案干部的所作所为已经触及了中国人传统道德的底线，如果把这个案件等同于一般的治安案件，那是政治上不成熟的表现。在查处案件中，办案人员遇到了来自社会舆论和内部分歧两方面的压力。

县检察院：此案以嫖宿幼女罪起诉至县法院，经过研究并根据被告人的犯罪事实，没有一个被告人的最高量刑可能超过 15 年有期徒刑。“我们也想对他们重判，但不能感情用事，必须严格依法”。

县法院：还在对案卷进行研究。如果在审理过程中发现被告人有可能被判处 15 年以上有期徒刑，将可能提交上级法院审理。因涉及未成年人和个人隐私，法院将不公开审理。

县公安局：除被起诉的 8 人外，警方对嫖娼的 9 人进行了治安处罚。对强迫、介绍、容留妇女卖淫的未成年人刘某、袁某已送到少年管教所，从事卖淫活动的程某被收容教育。

【舆情综述】

对案件的发生和政法机关的表态，网络舆情经过了愤怒谩骂、提出质疑再到深究背后的原因并拷问体制三个阶段。

网易网友大部分留言为认为“这样的老师、公职真是败类，是禽兽，枪毙几次都不为过”，“都是国家工作人员，拿着国家工资，整天干这些伤天害理的事，应该处以重刑，绝不能姑息！”

网友“马而立”在红网发表《不公审的习水案不要保护了恶人》文章指出，该案自去年八月受害人报案并因害怕打击报复逃往外地后一直没有音讯，最终经省委常委、政法委书记、公安厅厅长崔亚东作出批示并由遵义市公安局专案组秘密调查才通报案件情况。反常的现象说明，此案背景复杂，应该异地用警。

网民对检察院以嫖宿幼女罪而非强奸罪起诉表示异议，官方的解释是嫖宿幼女罪的量刑起点 5 年比强奸罪的 3 年更高。网民一阵见血地指出：“虽然量刑起点高，但降低了审级，量刑的上限也相差甚远”。实则违背了刑法“嫖宿不满十四岁的幼女的，依照刑法有关强奸罪的规定处罚”的规定，有避重就轻之嫌。

资深媒体人杨耕身发表《泣血拷问贵州习水嫖宿幼女案》一文，指出当悲剧以一种令人发指的方式呈现出来，留给人们的却是一种从未有过的荒凉与寒冷。习水县多名公职人员嫖宿年幼女生案不只是一场人伦悲剧，更像是一场恶魔的狂欢。在当地嫖宿幼女如此容易，甚至当地公安机关真的一无所知？案件背后至少昭示了地方失序。

文章最后总结，近些年来，社会溃败的迹象已经明显出现。这是一个更为可怕的现实：在案发当地，似乎没有一种力量，可以使这样的溃败得到阻止；似乎所有的力量，只是在为无尽的溃败推波助澜。

【相关链接】

http://www.people.com.cn/GB/60833/72591/9097031.html

贵州习水嫖宿幼女案舆情追踪

4月8日，贵州部分公职人员嫖宿幼女案在习水县法院一审不公开开庭审理，包括5名公职人员在内的7名犯罪嫌疑人出庭受审。上午9点开庭时，现场聚集300余人，场面一度失制。受害人家长试图进入法庭旁听被拒绝，只有新华社、《中国青年报》等少数媒体允许入内。指定的被告辩护律师拒绝辩护均未出庭。受害女生王清出庭作证不到一分钟。整个庭审一直持续到第二天凌晨，历时10多个小时，法庭没有当场宣判。此前7日晚，遵义市政法委、法、检等人员提前到达对案件进行指导，市政法委书记杨舟表示要在法律规定的量刑范围内顶格处理此案。报道中的每一句话，再掀网络舆论高潮。仅腾讯网转载《京华时报》《律师不愿为公职人员嫖宿幼女案被告辩护》一文，网民发帖人数就达90,297人，其中支持死刑的有8,670人，支持严惩或者判无期的达10,906人。很多网民认为此案仅显冰山一角。

综观整个舆情发展事态，网民一直处在愤怒、无奈与悲哀声中。道德正义与司法理性的较真贯穿其中，以检察院起诉罪名之争为导火线，以律师拒辩为高潮。大众的网民与精英的学者在这场争夺舆情话语权中千姿百态，在批判当事者卑鄙时的异口同声，在道德与法律，程序与实体冲突时的见解各异。都表明，网络舆情绝非等闲视之，舆情的疏导是那样的重要。

嫖宿幼女罪与强奸罪之争

习水县检察院检察长解释嫖宿幼女罪的量刑起点是5年比强奸罪的3年更高，而未提最高刑期嫖宿幼女罪是15年而强奸罪是死刑。网民几乎一致的认为此举检察院在避重就轻包庇嫌疑人。

苏北人在《羊城晚报》发表《恳请媒体不要再称习水嫖宿幼女案》指出嫖宿幼女罪是指利用金钱或财物购买的方法与不满14岁的卖淫幼女发生性关系的行为。而该案中被侵害对象均为中小学生，她们受到刘某、袁某以“要打毒针、拍裸照、殴打”等手段胁迫后与其发生了性关系，绝非出于自愿，也不是为钱财，故罪行定性错误。

李晓亮发文《习水性侵案定性为嫖幼岂是严惩》、椿桦发文《那些被奸淫的幼女能算妓女吗？》、刘昌松发表《习水检察院把强奸变嫖幼是放纵》等文章从法律的规定和实际的操作对检察院的做法进行了反驳。

这场争论以正义网11日刊登记者龙平川对刑法学家阮齐林的专访为终结点。文中详解答两罪的区别、对幼女进行性侵犯的性质认定及司法审判上的难点。

律师拒绝辩护是道德正义与司法理性的较量

律师“拒辨”姿态引起了绝大多数网间民意的认同、激赏与附和。“律师好样的！”、“拒辩是对最好的反抗”等网帖从开始占住评论的主页渐渐发展怀疑律师或许出于无奈。《检察日报》发表张国卫《拒绝辩护：凛然背后或有隐情》指出律师甘冒受处罚风险拒辩，更多是保护自身的考虑。因为一些执法部门和媒体，在判决之前就明显的对案件定性。

此后道德正义与司法理性的争论一直进行，网民也逐渐冷静参与其中。司振龙在中国江西网发表《习水幼女案法律是第一正义》文中指出在法律疆界内，“罪与罚”只有严格依据法律条文公正地施予而没有道德评定的标准。律师据辩权只能依职业法规依据而绝非一厢个人道德好恶的“愿意与否”。唯此，法律才能为社会道德、伦理、风气筑起最后一道防线，而非居于道德律令之下致使整个社会逆流人治的时代。

傅达林在华商网撰文《习水案谨防道德亢奋屏蔽法治理性》指出拒辩无

异于告诫民众坏人就不应当享有辩护的权利，折射出法律遭受道德亢奋的影响，希望习水案的审判不要再度陷入“道德公审”和“舆论审判”的漩涡。

王琳在《习水性侵幼女案怎可未审先判》文中指出遵义市法院派审判人员参加庭审和市政法委书记杨舟要求在量刑范围内顶格处理不但直接干涉了习水法院依法独立行使审判权，也让二审终审形同虚设。

习水案会随着时间消逝慢慢忘却，但其背后凸显社会秩序的混乱更让网民深思。正如人民网时评《官员嫖宿幼女案为何需要领导批示》指出如果不是迫于上级命令和舆论压力，此案将难见天日。而事后整顿未触及干部管理体制之弊，更需深刻反省。

【相关链接】

http://news.ifeng.com/mainland/200905/0509_17_1146678_1.shtml

贵州习水嫖宿幼女案舆情走向

据中国新闻网消息，4 月 22 日，习水县人民检察院对“嫖宿幼女案”作出撤诉决定。对于撤诉的原因，习水法院负责人透露：“检察院审理过程中发现了新的事实和证据，要补充侦查。”据传，中央调查组已进驻习水，要将2007 年以后的案件重新审核。网络上再一次掀起了一波舆情高潮，主要的趋势有如下几个方面：

一、案件走势大转弯，撤诉是积极信号

荆楚网载《楚天都市报》的《习水案检方撤诉是个积极信号》一文认为，在舆论的压力下，习水案检方突然撤诉有“弦外之音”：习水案检方撤诉，不仅仅是“要补充侦查”那么简单。该文以为，这其实是一个积极的信号，负责审理案件的司法部门有意对案件性质重新认定，与其日后陷入更大的被动，不如现在收回。只要结果是公正的，就算过程来得曲折点，也令人欣慰。还有评论表示：能否推翻嫖宿幼女罪“顶格处理”，能否推翻让人难以接受的“嫖宿幼女罪”相关法律条款，让人看到此案来了个大转弯。

二、检察机关以撤诉拖延办案，视法律程序如儿戏

由于检察机关撤诉原因的说服力不强，引来一些媒体和网民的质疑。《广州日报》的评论说："嫖宿幼女案"撤诉必须给公众一个理由，否则，法律的公信力将不复存在。一位网友撰文对检察机关的撤诉作出分析：撤诉说明检察院已经知道起诉案件在罪名某方面是存在错误的，据说中央调查组已经进驻习水调查此事，至于说有新的证据估计只是借口，只是当地检察院掩盖错误的一块遮羞布罢了。如此一来，总感觉当地检察院视严肃的法律程序如儿戏，本身就违背法律程序，做事相当随意。该网民还认为："当地检察机关'案发前失聪失察、案发后敷衍塞责、归案后量刑歧轻'的做法，让这一本该严打快惩的案件一拖再拖，让犯罪嫌疑人继续逍遥。"

在搜狐网相关新闻后的留言中，一些网民的留言说："为什么要撤诉，是不是又想不了了之"、"又开始躲猫猫了"、"拖吧，拖到大家都忘了也就没事儿了，典型的办案方式"等等。

三、为舆论监督胜利欢呼，反思司法与舆论的关系

对于外界疑检察院撤诉的原因是基于舆论的压力，一些评论在为舆论监督的胜利喝彩的同时，也进行了深入的反思。云南网的时评指出："以强奸罪起诉习水侵犯幼女案的犯罪嫌疑人正是舆论所追求的目标，看来，在监督习水案的过程中，舆论取得了初步的胜利。"

但是杨涛在《东方早报》发表的文章也指出：司法公正不能总是由舆论推着走。为何司法机关运送正义的过程总是要在媒体推动下亦步亦趋，为什么司法公正有时离不开舆论监督？还有评论指出，每一次舆论的胜利，恰恰折射出"国家公器"的"跑偏"，折射出法制的"跑偏"，也折射出公平和正义的"跑偏"。舆论胜利的次数越多，说明法制"跑偏"的次数越多，舆论所取得的胜利越重大，法制"跑偏"就越严重。

四、弄清事实是公正审判的前提，程序公正是司法公正的保障

凤凰网上一位北京网友留言称："从媒体披露的信息看，这个案件涉案人员这么多，应该分别处理，不能一概而论，对于有些少女，如果其不同意，在发生关系时男方有强迫或者威胁的话，可以定强奸，但是如果真如媒体宣传的那样，有些少女还在放学后自动到袁某家里去，如果这样的话就应该定嫖宿幼女了，这是没有疑问的，关键是证据。

大江网的时评认为，司法审判不能适宜于"从快从严"的行政指示，不能遵从于“顶格处理”的官员表态，更不能服从于操之过急的社会舆论。只有合乎法律程序的审判，经得起历史检验的审判结果，才能最大地安抚社会焦躁的情绪，才能最大地维护法律公正和尊严。嫌犯虽已丧心病狂该得到应有的惩处，但理应获得公正审判。

五、专家建议废除“嫖宿幼女罪”

网友“魏文彪”在人民网观点频道发表评论《把习水案撤诉当作取消嫖宿幼女罪契机》，指出：需要看到的是，如果不通过修订刑法取消嫖宿幼女罪，此类案件以后还可能再发生，对该类案件的审理就依然可能会引发争议，从而使社会正义受到一定程度的损伤。而如果能够通过修订刑法取消嫖宿幼女罪，就能使以后可能发生的此类案件，都得到与更为有力保护幼女要求更为相符合的审理。厦门大学法学院副教授黄健雄也认为：“从大部分民意反应来看，从中国目前的国情和民族道德风俗来看，应该废止‘嫖宿幼女罪’。”

【相关链接】

http://news.163.com/09/0423/09/57IT661E0001124J.html

http://news.sohu.com/20090422/n263555208.shtml

http://news.sina.com.cn/pl/2009-04-24/071117677557.shtml

湖北巴东“邓玉娇刺官”案

今年上半年，最吸引国内舆情的公共事件莫过于邓玉娇案，因为它具备了所有构成网络突发事件的要素。在官民对立、贫富悬殊、性别鸿沟的社会背景下，湖北巴东弱女子邓玉娇，将一名试图对其图谋不轨的地方官员刺死，由此引发了舆论的高度关注。而最初引起民愤的，应该是官方媒体披露这位娱乐城女服务员在事发后立即自首、涉嫌故意杀人被立案侦查的消息。

此时的媒体和舆情关注，大约持续了一个月。大部分网民的态度高度一致，即认为邓玉娇是正当防卫。其中一些人认为她是电影《红色娘子军》中吴琼花式的苦大仇深的抗暴女英雄，还有些人认为这是公权力掌握者滥权的一个活典型。

就传统媒体表现而言，当地和广州、北京、成都等地的报刊、电视台都有介入，并且提供了基本案情，报道基本遵循客观、平衡的手法，而评论几乎都是倾向于邓玉娇的。就网络而言，一时间，互联网上的信息披露和观点发表势如潮涌，许多网民还以诗歌、文言文、老歌改词翻唱等文学艺术手法表现对邓玉娇的高度同情和对涉事官员的愤怒。而值得重视的还有网民调查团的参与。

在法律界，无论是义务参与辩护维权的夏琳、夏楠，还是朱明勇、浦志强等其他律师，态度也与网民和其他大众相仿。对案件看法的分歧主要集中在法学界，一派以马克昌、杨支柱、高一飞等法学学者为代表，认为邓玉娇防卫过当甚至有罪；一派以萧瀚为代表，认为邓玉娇无罪。

另外，本案也再次引发了是否存在媒体和舆情审判的争议。尽管关键细节仍未公开，但多数人认为基本事实清楚，邓玉娇无罪。而法学泰斗马克昌事后接受媒体采访时说的一番话颇为耐人寻味。出言谨慎的马克昌教授一方面支持法院的判决，认为防卫过当的认定是正确的；另一方面也认为，如果没有民意，邓玉娇“至少”会判缓刑。而他对民意、包括网友的抨击表示理解。这实际上表明，民意在很大程度上纠正或避免了严重的司法不公。

——北京外国语大学国际新闻与传播系教授 展江

案例概要

【主题事件】

5月10日，湖北巴东县野三关镇政府招商协调办公室主任邓贵大、黄德智等人在该镇雄风宾馆梦幻城消费，因要求女服务员邓玉娇提供“特殊服务”而与之发生争执。邓玉娇用刀将对方两人刺伤，邓贵大因被刺伤喉部抢救无效死亡。案发后，巴东警方于12日将邓玉娇送到医院进行抑郁症检查鉴定。18日，警方宣布以邓玉娇涉嫌故意杀人对其立案侦查。5月26日晚，警方决定将对邓玉娇的强制措施变更为监视居住。5月31日，湖北省恩施州公安机关宣布对“邓玉娇案”侦查终结，认为邓玉娇致人死伤的行为属防卫过当。6月16日，法院一审判决邓玉娇“免除处罚”并当庭释放，至此，整个案件宣告落幕。

【报道情况】

5月12日《长江商报》首发消息，开始引发媒体关注。“干部队伍建设”与“案情（法理）分析”成为媒体两大热议话题。

5月18日：荆楚网一则《女服务员刺死官员涉嫌故意杀人被立案侦查》的消息，迅即点燃各媒体的报道热情。

5月19-21日：舆论界针对警方执法不公的质疑声音急剧增多，同时批评担忧“权力机关失信于民”的媒体呼声也显著高涨。

5月22日：《广州日报》一篇《邓玉娇明确表示受到性侵犯》的报道，再次引发媒体关注热潮。

5月23-24日：“邓玉娇案关键证据离奇被毁”和“邓母解除律师委托”等消息一经披露即被广泛转载，“质疑警方执法不公”乃至对邓玉娇未来判决悲观的声音，也随着扑朔迷离的案情新变化而呈持续攀升状态。“巴东警方”“失去公信”“异地侦查”等成为热门关键词。

5月26-27日：随着26日晚，当地警方决定将对邓玉娇的强制措施变更为监视居住，媒体态度开始缓和，针对司法机关的呛声明显衰减。

5月28-29日：28日，《新京报》女记者孔璞和《南方人物周刊》记者卫毅在巴东采访时遭围殴，这一突发事件成为当天媒体的关注热点。事发后，巴东县委、县政府，恩施州、巴东县宣传部门迅速安排州、县宣传部门干部和当地公安派出所民警赶到现场，对事件调查核实。巴东县政府对发生该事件表示歉意，对记者表示问候，并责成公安部门迅速调查事情真相，表示如有违法行为将依法严肃查处。

5 月 30 日：媒体延续了对“两记者被打”事件的持续关注，相关文章占当日评报总数近 4 成。

5 月 31 日：案情出现重大转机，湖北省恩施州公安机关宣布对“邓玉娇”案侦查终结，认为邓玉娇在遭受到黄德智、邓贵大强迫要求陪其洗浴，被拒绝后又拉扯推搡、言词侮辱等不法侵害的情况下，持刀将邓贵大刺死、黄德智刺伤，其致人死伤的行为属于防卫过当，且有自首情节。公安机关根据律师的申请并考虑到邓玉娇的身体状况，依法对其变更了强制措施，实施监视居住。

6 月 1 日：媒体评报量迅速攀升，对警方前一天“解除强制措施”的决定持“支持与欢迎”态度的评论报道，与认为“案件存疑仍须关注”的媒体观点基本持平，且后者矛头大都明确指向“邓玉娇防卫过当”的官方说法。

6 月 15 日：邓玉娇案庭审在即，蓄势待发的各方媒体迅速跟进。

6 月 16-17 日：法院一审判决邓玉娇“免予刑事处罚”，媒体评报热情随之升温，外媒报道有所增加。

6 月 18-19 日：案件审结，媒体关注度迅速退潮。

邓玉娇案网络舆情观察

【事件概况】

5 月 10 日晚，湖北巴东县野三关镇政府 3 名工作人员在该镇雄风宾馆梦幻城消费时，与女服务员邓玉娇起争执，两人被刺伤，其中招商办主任邓贵大经抢救无效死亡。争执原因是官员提特殊要求遭拒后用钱抽打女服务员。12 日上午，办案民警向巴东县政府通报该案调查结果，称服务员可能患抑郁症，最终结果还要等待对嫌疑人进行精神病鉴定。

消息经网络转载后引起广泛关注，当前谷歌有约 10 万余项相关查询结果，相关的评论见于各大论坛及博客。网民倾向明显，对邓女的叫好声一片，网民将之比为古之烈女、巾帼英雄等等，甚至争相以诗词歌赋彼此唱和，对案件本身的法律分析也倾向于正当防卫，呼吁严肃追究另外二犯的刑事责任，而对公安部门的强制措施表示不满，对政府部门在事发后的总体处理表示不能接受。

【网络舆论】

1、查明事实真相，呼吁依法处理

网民对公安部门公布邓玉娇有精神病存在质疑与担忧。依照法律，抑郁等精神病症患者在处罚量刑时从轻，更有甚者免予起诉。精神病鉴定可能沦为强势犯罪嫌疑人的“免罪金牌”，一直以来被法律界人士担忧，而今却被用在无权无钱的女服务员身上，颇显法律的正义。但相当多的网民却认为这不是邓玉娇的幸运，而是相关部门有意识转移公众视线、回避案情真相。

绝大多数网民认为，以抑郁症对邓玉娇轻判一定程度上能消除邓贵大之死给当地招商引资工作乃至当地官员形象带来的负面影响，但毫无疑问这是自欺欺人。邓贵大等令官员形象蒙羞的行径一目了然。反观现实，网民更批判罔顾女性尊严的更多的好色官员，如以侵犯有抑郁症的服务员而死而为案件定性，不足以使好色官员引以为戒，也不足以震慑其检点自己的形象。据此，网民强烈呼吁有关部门依法处理本案，特别是要立即刑拘涉嫌强奸的另外两人。

2、捍卫正当防卫权利，网民声援邓玉娇

根据警方公布的调查结果，邓贵大在要求邓玉娇为其提供特殊服务遭拒后而起争执。争执中邓玉娇两次被按倒在沙发上，杀人由此发生。据此，绝大多数网民都认为在当时处境下的邓玉娇完全可视为“正在遭受不法侵害”。根据刑法规定，为此采取“制止不法侵害行为对不法侵害人造成损害的，属于正当防卫，不负刑事责任。”网民认为，于情于理邓玉娇都应被从轻发落。网民据此呼吁立即无罪释放邓玉娇，弱势的人群都要学习她反抗暴徒的精神。

《邓玉娇应当无罪的理由并非抑郁症》一文作者周东飞对邓玉娇行为的法律分析可谓全面深入。文章要点有二：1、该杀人案的实质应当是一个女性公民的正当防卫案。3 名男性当事人的乡镇干部身份、女当事人的身份和职业也不应成为案件的决定性因素。关于双方当事人身份的讨论自有其社会价值，却并没有法律意义。女服务员得到普遍的同情可能与双方的身份有关，但她应当被免除刑事责任却只与法律有关。2、一个人行使其自卫权利与抑郁不抑郁无关，公民的正当防卫权利不必借助抑郁症或其他精神疾病来实现。邓玉娇的自首行为以及可能的患病事实，可以作为减轻责任的情节，但不是主要的和仅有的理由。刑法关于正当防卫的相关规定，才是邓玉娇应当被判无罪的关键。

3、当前的处理存在不当，质疑巴东县相关部门

当前，网上流传最多的是邓玉娇案件发生后，湖北巴东县委、县政府、县公安局所作出的不当处理的质疑。网民的主要意见：1、不应非法拘禁实施了正当防卫的受害人；2、主观地、单方面地污指受害人有精神病；3、强制将受害人关进精神病院，企图把正常的邓玉娇制造成精神病人。借助近期孙东东有关上访户多存在精神病的言论，网民更担忧当地政府部门利用国家权力在对受害人邓玉娇实施精神和肉体的迫害。这一意见初见于新华网论坛，后被网民广泛转载，颇具煽动性，一时引起相当多的网民的宣泄愤激情绪。湖北恩施电视台在事发后播出了对本案的专题采访，以邓母之口确证邓玉娇患有忧郁症，同时证实邓玉娇谣传的所谓治疗并未进行，而须在进行精神司法鉴定之后才有可能实施。这一采访内容广泛传播于互联网，对上述非理性意见进行了澄清，之后网民的讨论趋于理性。

4、支持邓玉娇 网民在行动

大量网民吁请全国妇联站出来为"凶手"邓玉娇说话，至今未得响应。相反，在确认邓玉娇被刑事拘留后，著名法律组织公盟及其代表许志永在其博客上发文，表示"愿意为邓玉娇提供法律援助"，关注该案进展并为其提供法律分析及处理指导，网民群相呼应，网友"屠夫"(吴淦)则作为实践者，亲赴事发地为邓玉娇家人提供帮助。二者在网络与现实的互动受到网民的称道，推动着事件的发展，这一法律援助之举目前极为理性，但在网络上的反馈则略显纷乱，有称赞者，也有指其沽名钓誉，但许吴二人不断更新的网络信息表明，二人正踏踏实实地为邓的家人提供帮助。网民们在向邓玉娇致敬的同时，密切关注着网友屠夫的调查结果，也关注着刑事诉讼程序。

【舆情研判】

本案的网络舆情发酵阶段中，网民通过自身实际行动试图对案件最终处理发挥影响，通过网络舆论表达预测及自我研判也呈现新的特点，反映出网络舆论对政法工作的影响也开始对网民行为产生影响，这种互动渐成为重大公共事件网络反应的常态。

1、发挥网络舆论影响力，推动事件进展

网络舆论威力得到网民的重视，网民试图发挥舆论影响力，对案件最后处理进行主动的推动。除了常见的声援、支持、叫好类文章之外，本案中相当多的网民在声援的同时不断提醒其他网民要理性讨论、不将问题泛政治化、珍视言论自由、在法律范围内讨论问题等等，表现出可贵的品质。与赞扬烈女性格、叫好正当防卫的同时，反讽腐败官员和相当多的诗歌传记体文字也夹杂其中。

网友“教书匠”在凯迪网猫眼看人发表的评论文章《关于邓玉骄屠官事件的网友舆论问题》得到了许多人的呼应，作者认为网络的批评声援效应有限，倡议网民给当地县政府、公检法机关打电话、写信，发电子邮件，或在其政府网留言，鼓励当地网友或能够到当地的网友直接到相关部门说明想法，“这才真正有用！”作者同时提供了当地政府网站、县长信箱等，作为响应，许多网民已经采取了行动。

2、审视舆情影响力度，预测案件结局

继轰动一时的上海袭警案之后、2009年至今邓玉娇案是当前网络反响最大的一起公共事件。与前者不同，网民对杨的滥杀与邓的正当防卫的辨析与理解已经很广泛，彼此的分歧相对较少，理性讨论的相互约定与提醒也呈网络一景，这是该案依法处理的较好舆论背景。当然，对案件的处理，网民也不无担忧，具有代表性的如网友“上穷碧落”在人民网上所发表的《推测一下邓玉娇案的最后处理结果，看能不能应验》一文，反映出网民对于网络舆情与政法部门办案理念彼此互动的认知，具有相当高的水准，值得政法领导重视。在本文的结尾，我们将此文附录如下：

案情经由媒体、网络已经大致清楚，是非公论，网上舆论基本一边倒地支持邓玉娇。网上的舆论，从来都是情绪化的，作为政府、公检法部门，不听不行，全听也不行。按照我国历来的习惯性做法，重大案件处理前，上级党委、政府会事先明确处理原则，一个基本方针，也就说，为此案判决定一个调子，明确一个解决方向。现实里存在三个选择。

一、顺应网民意愿，搞它一个“大快人心”式的判决结果，比如宣布邓玉娇无罪。

二、无视舆情，授权公检法严格依法追究邓玉娇的刑事责任。

三、大事化小、小事化了，来它一个“冷处理”，既然不判邓玉娇的罪，也不能让她完全“没事儿”。

媒体永远关注悬念，网民始终在乎正义。无论如何，一起正当防卫案件正成为全国性的网络群体事件，能否敢于承担，善于将危机转化为机遇，化被动为主动、化不利为有利，主动向社会澄清传闻的事实真相.争取得到全国民众的理解与支持，以"理性、平和、文明、规范执法的能力"与"舆论引导能力"以正视听，争取赢得全国民众的支持与理解，各级政法机关面临着严峻的考验。

【相关链接】

http://blog.sina.com.cn/xuzhiyong

http://forum.xinhuanet.com/detail.jsp?id=66796522

http://club2.cat898.com/newbbs/dispbbs.asp?boardid=1&id=2813703

http://www.tianya.cn/publicforum/content/free/1/1568524.shtml

邓玉娇案警方认定防卫过当舆情综述

【事件及传播】

新华网5月31日发布消息，报道《湖北省恩施警方认定邓玉娇属防卫过当》并配发了此前已经由刑事拘留改为监视居住的邓玉娇及家人共进午餐的照片。该报道肯定了邓玉娇的自首情节，并称公安机关已侦查终结，31日已依法向检察机关移送审查起诉。

各大网络媒体都以头条新闻位置转载了这一消息，由此引发了新一轮网络评议。在这轮网络传播中，有一个显著的特点，即新闻传播广泛，但网民评论受到明显限制：网易与搜狐网在其时事论坛中仍允许网民发帖评论，而新浪、腾讯则完全作了限制。此前一直人气高涨的两大论坛凯迪网及天涯网中一度被连续置顶热炒的主题讨论均遭遇删除，相关主题发帖也受到了明显限制。当事律师及几位网友的博客或被封锁，或其报道和评论文字被删除。而同时网上出现了更多网民在博客上的新的讨论分析，由于缺乏网络论坛功能，难以形成此前群众运动式的论战规模和或声援的舆论氛围。个别知名网民的博客文章例外，其受到的跟帖评论并不亚于网络论坛效果，其代表如时寒冰博客文章《邓玉娇案背后藏着多少秘密?》，此文全面揭示和分析事件真相及可能走向，得到网民跟帖评论近3000条。

【舆论综述】

1、警方三次不同定性引来连续批评

至此为止，警方已三次对本案定性，因处调查过程中虽可理解，但网民推测显然也受到背后某种操控、加之慑于舆论而作出这一更正，警方的办案思路一直不明确。总体上，网民对警方的最终定性基本表示接受，但认为这均为无奈之举，肯定是上层机关的干预使然。多数网民意见：1、"被害人是党员干部成为本案定性困难的重要因素"；2、警方至今未明确邓玉娇受到了什么性质的不法侵害，有意忽视可能存在的强奸事实；3、如果以不法侵害起诉，犯罪主体就是黄德智、邓贵大，而邓玉娇就是受害者，三个男人侵害一个女子应当定性为正当防卫；4、即使非如此，对邓玉娇定性防卫过当，也应明确是对何者何种侵害行为的防卫过当。

对于防卫过当的理解，网民存在更多的论辩，包括法律专业的网民认为从本案报道以及公安机关的侦查结论来看，认定防卫过当不能成立，也不符合刑法的立法意图。

总体来看，网民先期批评激烈程度已明显降低，舆情热度稍减，理性声音渐起，理性分析的网文增加。

2、批评对官员处罚不当 预测后期案件走向

网民普遍认为政府对某施害官员仅予开除党籍和治安处罚，未被追究刑责，属于从轻处理。关于死伤者二人的亲友在当地皆属更高级别官员的传闻在网络上一直不断，至今未有官方的澄清，据此，网民对有了更多的猜疑，认为案件背后隐藏着更多秘密。这也是时寒冰博客文章《邓玉娇案背后藏着多少秘密？》受到广泛追捧的原因。而且，网传本案"牵涉案件的官员其实还有第三个人，但是后面这几天这个人被刻意隐去了"，邓贵大这个招商主任为了招待该人才去的案发地娱乐场所，此人极可能是上级官员。依法查明公布真相的呼声强烈，不少网民呼吁本案由公安部直接侦办，异地审理。

预测对邓玉娇处理的可能性，悲观论认为仍会对邓玉娇严刑处理，乐观者指其已经属于正当防卫范畴。总体看，同情支持邓玉娇的舆论仍属主流，由目前的定性可以断定她终于可免一死，对此，网民庆贺影响警方定性的主要动力是网络言论自由与舆论力量，认为这是该类事件推动社会进步的一次标志性事件。目前来看，不管如何判，只要在邓玉娇不认罪的情况下判处她有罪，今后的法律程序会引发持续的负面舆情，不利于政法机关，更可能引起民愤再度高涨。那么突破口何在，网民预测政法机关会采取攻心策略，让邓玉娇主动的认罪，由此换得其轻处理，最终平息舆情。

3、批评网络封锁 呼吁继续关注

真理愈辩愈明，真相经得起网络且必然要经过网络的曝光。对于本案近期受到的明显的网络封杀，网民表达了强烈愤慨。认为"有人在考验全国网民的耐心"，网民表达"一个民女的命运之所以让我们如此牵挂，是因为我们对强权充满恐惧，说明我们对正义是多么渴求，如果我们不据理力争，不誓死捍卫正义，那么我们都可能成为下一个邓玉娇。"，号召大家仍需努力呼号，直到结案。

在上周《新京报》及南方报业等记者在案发地调查报道过程中受到的恐吓、殴打，网民呼吁政府予以严肃处理，以维护新闻自由、保护记者的正当权利。

【舆情研判】

本案或许也有类似的指向性意义。有网友分析"这是一个创造历史的案件"，毕竟，它已远不止是一个简单的司法问题，案件关涉的多重维度使其处理结果必然牵动亿万人民的神经，舆情民意是必然要考量的一个重要因素。案件的影响力和受关注度已经超越瓮安事件，直追一年前上海袭警案，有不少网民也直接把两案作类比，讨论其共性与差异。事涉官员，又均是舆情高涨，如何依法处理，并在处理中着重呈现二者的差异性，"给全国人民一个说法"，这一点政法机关应格外重视。

【相关链接】

http://news.163.com/09/0531/22/5AM62PUN000120GU.html

http://shihb.blog.sohu.com/116967734.html

http://www.infzm.com/content/29218#commentlist

http://bbs.news.163.com

邓玉娇案一审获判"有罪免罚"

财经网于6月16日上午率先刊发了该网记者王和岩发自巴东法院现场的报道：6月16日上午11时，备受瞩目的"邓玉娇刺死官员案"在湖北巴东县法院一审结束。合议庭当庭宣判，邓玉娇的行为构成故意伤害罪，但属于防卫过当，且邓玉娇属于限制刑事责任能力，又有自首情节，所以对其免除处罚。财经网记者在报道这一消息时，特别评论称，邓玉娇在法律上由此彻底恢复自由身。

财经网的这一消息迅速被各大门户网站和天涯、凯迪、大旗等知名的社区所转载。网易、搜狐网、新浪网、凤凰网、腾讯网等门户网站均在首页的重要位置进行推荐。11时30分，以关键词"邓玉娇案一审判决"为关键词搜索，可得相关网页113篇。截至16日下午13时(新闻发布70分钟)，五大网站网民评论如下：

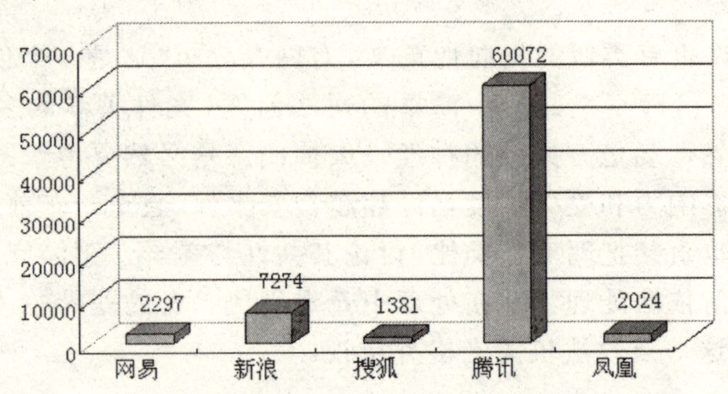

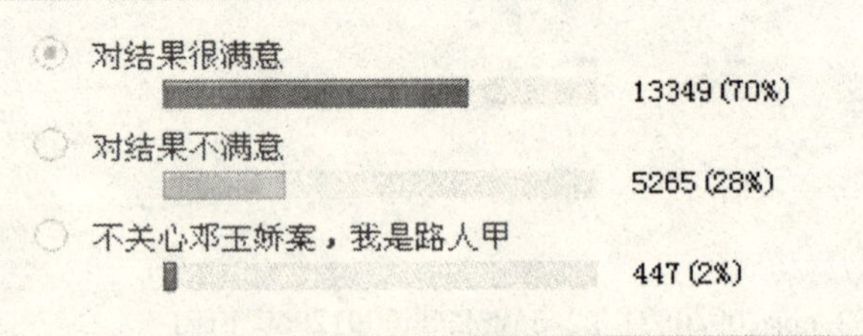

腾讯网调查：您如何看待对待邓玉娇案的一审判决结果？

至下午四时许，本刊已在新浪网等重点网站上监控到九篇较有影响的网络评论。从网民的跟帖和评论中可以看出邓玉娇一审判决的舆情集中在对判决的肯定，对判决的质疑以及对邓案的反思上。

标题	作者	媒体	主要内容
邓玉娇案背后的社会契约性	张永璟	新浪	邓案对社会进步和体制演变具有促进作用
勿因邓玉娇案而否认民意的价值	王琳	新浪	民意对于制约司法专横是必要的
邓玉娇案的"胜利"让人感到几分沉重	乔志峰	新浪	邓玉娇的胜利只是舆论重压下的胜利，是偶然
邓玉娇的幸运未必是我们的幸运	笑蜀	凤凰网	制度缺失导致悲情故事，而公众关注却有限，因此邓是幸运的
邓玉娇案到底有多大的自由裁量空间	西江书生	华龙网	法律的自由裁量权过大令人忧虑
邓玉娇无罪，邓贵大们不能无责	岳粹景	金羊网	黄德智、邓中佳仅受纪律处分难以服众，应予法律制裁
邓玉娇被判无罪彰显中国司法进步	邹凯	金羊网	一审判决彰显中国司法进步
免罚邓玉娇只是庶民的短暂狂欢	洪涛三	中国江西网	一审判决权力与民意游戏博弈的妥协
邓玉娇恢复自由是道义的胜利	梁江平	华龙网	一审判决是道义的胜利

相关媒体评论一览(截至16日16时)

多数跟帖和评论对邓案一审判决表示认同。如网友"邹凯"在金羊网发表了题为《邓玉娇被判无罪彰显中国司法进步》的评论。作者指出邓案一审判决不但是邓玉娇的胜利，还是媒体的胜利，亿万网民的胜利，中国司法在人民的监督下向公正、公平、公开迈出了可喜的一步！文章呼吁网民以后还应该继续关注像邓玉娇这样的弱势群体，给予他(她)们足够的法律援助，社会各媒体(包括网络媒体)要有力地履行自身的舆论监督责任，让司法更为公正，这同时也应该是每一位有良知网民的责任。

时评人梁江平则在华龙网发表评论《邓玉娇恢复自由是道义的胜利》。文章认为：虽然判决结果仍然将邓玉娇的行为定性为"构成故意伤害罪，但属于防卫过当"，会有大量的网友感到不满，但毕竟免除处罚的结果仍然值得我们高兴，也与大多数网友的最初期待相一致。这充分说明公众的关注，对于推进行政以及司法透明化、公正化的重要作用，充分展示了来自社会底层的、来自人们内心深处的道义力量。作者最后指：邓玉娇恢复自由，不仅仅是法律斗争愚氓的胜利，更是一场公理对抗自私，道义对抗邪恶的胜利。

也有一些网民对判决和涉及此案的官员处理表示了质疑。如华龙网刊发了署名“两江书生”的评论文章《邓玉娇案到底有多大的自由裁量空间》。作者认为司法的独立性在邓案的一审裁判中受到了影响。文章指出：单从这个案子的自由裁量空间就大的让人瞠目结舌，从可能的死刑到免除处罚，案件几乎是来了方向性的大逆转。从前期的许霆案、华南虎案以及现在的湖北邓玉娇案，我们似乎可以得出结论，凡是大众关注的案子尤其是网民关注的案子，最后似乎都以民意为念，换来网民的狂欢。作者认为：在公权力与民意的博弈中我们看不到一个权威的独立的价值判决，即使这几个案子都百分百的判断正确。文章担忧“法理上的迥异带来现实的紊乱”。

网友“岳粹景”在金羊网发表评论《邓玉娇无罪，邓贵大们不能无责》。文章认为：邓玉娇无罪，说明了罪在对方，而且罪不可恕。但是现在黄德智、邓中佳却以党纪、职务和公职的身份“顶罪”了，仅仅受到纪律处分，这显然是难以服众的，更难以起到教训的作用。事实情况是他们完全是在违法犯罪，是应该受到法律的严厉制裁，总不能因为黄德智挨了一刀，邓中佳跑掉了，一切就可以宽大了？法律存在的意义就是保护善良，惩罚犯罪，现在善良虽然得到保护了，犯罪却没有受到法律的惩处，至少这样的执法是不完整的。而这样更会让邓玉娇们感到心有余悸，而一些恶徒们却会感到还是有机可乘。

一些学者，评论员和专栏作家多是从邓玉娇案的反思进行评论。如知名评论员笑蜀在凤凰网发表评论《邓玉娇的幸运未必是我们的幸运》。作者指出邓玉娇并没有恢复清白之身，但至少，有望恢复她的自由之身。无论如何，这值得加额称庆。文章认为：这是公众关注的结果。只有在互联网时代，只有在公民社会渐次成长的时代，才可能有这样的结果。否则，邓玉娇就永远是孤岛，她将面临怎样的厄运，就怎么想象都不过分。作者尤为强调，公众对邓玉娇的声援，并不等于舆论干预司法，而只是在特定司法环境下，对可能干预司法的巴东当局的成功狙击。就仿佛是一次拔河，公众不只要把邓玉娇从巴东当局手中拔过来，更是要把司法从强权手中拔过来，让司法回到独立的原点，中立的原点。

文章同时也承认：要把司法从强权手中拔过来，仅有邓玉娇这样的个案远远不够。因为公众的关注其实是有片面性的，在这个生活比戏剧更精彩的时代，公众容易产生审美疲劳。只有那些更极端，因而更戏剧、更传奇的个案，才可能撞入公众的视野。那些同样悲惨甚至更悲惨的个案，却往往因为其情节的重复性而归于寻常，无缘从悲情故事的激烈竞争中出头，它们的苦主也就无缘得救，只能在司法不公的黑洞里无望地沉沦。

文章认为是制度缺失导致了悲情故事几乎是无限量的供给。解决之道就是：唯有从制度上真正落实司法独立，人人免于司法不公才会成为可能，公众免于对司法不公的恐惧也才会成为可能，舆论与司法的彼此信任和彼此尊重也才会成为可能。

现任教于美国瓦萨（Vassar）学院的张永璟在新浪网发表了一篇题为《邓玉娇案背后的社会契约性》的评论文章。作者指出：中国正在构建一个依法治国的社会，其核心成分就是一个公正的法律裁决体系。如果我们构建的方向是英美普通法体系(common law)，那么就是判例法为主要表现形式，遵循先例为基准。当我们有了邓玉娇案件作为一个著名的先例，相信未来很多的弱势群体自我防卫的案件都会受到相似的处理。我们更加希望，每个人，每个群体在自己碰巧成为某个方面的强势群体的时候，要多考虑"无知之幕"背后的社会契约性，因为大家都有成为弱势群体的潜在可能性。

学者王琳在新浪网发表《勿因邓玉娇案而否认民意的价值》一文。作者指出，中国的司法机关已深深嵌入在这个"千百年前所未有之大变局"中，唯法律理性论和唯民意喧嚣论都应该是警惕的对象。作者批评只讲司法独立于民意的论者，没有看到在这个特定的时代里司法也需要民意监督的现实。作者也反对只讲民意对事实的认同，因为"法律判断其实有它自身的逻辑体系"。评论认为，邓玉娇能有今天"有罪免罚"的一审结果，至少部分原因要归功于舆论关注、网民声援、公益团体介入等等法外因素。而邓玉娇案的启迪就在于，民意监督与司法理性并不是一个非此即彼的对立概念。于转型期的司法而言，只能在具体的适法中求得两者的平衡，而不是高举某一面旗帜去否定另一方。

在舆情监控中，我们也发现：网络舆情既具有迅速、及时、传播快、影响巨大等特点，又因"快"而决定了在观点表达上的良莠不齐，甚至不乏常识性的法律错误。如邹凯就在其的评论《邓玉娇被判无罪彰显中国司法进步》中，将邓案一审判决中的"有罪"说成是"无罪"。天涯社区和凯迪猫网上还有不少网民质问"防卫过当"与"故意伤害"之间的矛盾。事实上，防卫过当只是"可以减轻或免除处罚"的情节，而非罪名。财经网记者在率先报道这一消息时，特别评论称，邓玉娇在法律上由此彻底恢复自由身。从诉讼程序看，这个

“免罚”的判决还只是一审裁判。只有在法定期限内被告人不上诉，检察机关也不抗诉的情况下，一审裁判方可称为生效裁判。宣判当天就判定邓玉娇“彻底恢复自由身”，与法不合。中国本是个制定法国家，法律渊源更多接近于大陆法系，而在美国任教的张永璟却在其评论中却设想英美普通法体系是“我们构建的方向”，“判例法为主要表现形式”。这种假设至少对于目前的中国司法现实来讲，实无意义。将法制宣传的舞台搭到网络上，搭到具体的影响性诉讼中，通过法制宣讲来引导网络舆情，已愈显重要。

【相关链接】

http://news.qq.com/a/20090616/000738.htm

http://www.ycwb.com/sp/2009-06/16/content_2160861.htm

http://news.ifeng.com/opinion/society/200906/0616_6439_1205201.shtml

湖北高院副院长谈“邓玉娇案”舆情观察

【新闻综述】

据人民网9月22日报道，当日下午，湖北省高级人民法院党组成员、副院长王晨做客人民网，以“严格执行宽严相济的刑事政策，严厉打击黑社会性质组织首要分子”为题与网民进行了在线交流。

在谈到“邓玉娇案”的处理和量刑情况时，王晨说，“法院认为邓玉娇的行为已经构成了故意伤害罪，鉴于邓玉娇精神上有问题，是限制行为能力的人，同时，邓玉娇在案发以后马上打110报警，投案自首了。再一个我们考虑到，人家邓玉娇要走，你不让人家走，邓玉娇具有防卫过当的情节。所以，这三个法定的情节，加上邓玉娇认罪态度好等等一些情节，后来我们以故意伤害罪免予刑事处分。这是这个案子的基本情况。”

在谈到“邓玉娇案”的启示时，王晨说，“法院办案不能够埋头办案，一定要关注社会的所思所想，老百姓的所思所想，尤其是关于网络对我们正在发生的、正在审理的案子的关注，应该及时地与他们沟通。如果我们早一点能够准确地给网民一个信息，把信息透露给网民，反映更快一点，更积极主动一点，这样的话，不会像后来那样网上铺天盖地的很多议论。"王晨表示，这是本案最值得汲取的经验和教训。

王晨接着谈到，"第二方面，我们感觉到这类案子，越是社会关注的，我们越要依法办事。这也就对我们的审判工作提出了更高的要求。无论是程序方面还是实体方面，都不能有任何问题。这个案子等于让老百姓用放大镜来看，所以严格依法，与这个案子顺利处理也是至关重要的。"

访谈中，王晨还介绍了"邓玉娇案"的基本情况。他说，案情发生在湖北省巴东县野三关镇，几名招商办的领导和主任以及工作人员喝完酒吃完饭以后到一个娱乐场所去游玩。其中有一个叫黄德智的人提出来要找异性服务，当时邓玉娇在那个房间里面，但她拒绝了，因为她不是异性服务的服务员，而只是包房的服务员。黄德智这个人喝了酒，就不依不饶的，他认为，你不是提供异性需求服务的，你在这个洗浴包房里面干什么？于是就扯皮，两个人从包房里扯到服务员休息室里面去了。这个时候，邓贵大，也就是案子的死者，听到黄德智和邓玉娇两个人在吵，就跑过来，非常生气，说了一些不该说的话。领班要求邓玉娇离开服务员休息室，但两次都被邓贵大拉了回来。第二次拉回来的时候，他就把邓玉娇推倒在沙发上面，仍然指责邓玉娇，情绪非常激动。邓玉娇就把随身携带的包包里面的一把水果刀拿出来，不分青红皂白，对邓贵大捅了四刀。

【舆情传播】

人民网以《湖北省高院副院长王晨谈"邓玉娇案"量刑依据和启示》为题的报道，成为网易、新浪网、中新网及中华网等众多网络媒体转载的主要来源。网易和中华网还开辟了评论区，供网民们发表意见。其中网易的"湖北高院副院长谈'邓玉娇案'启示"话题后面，9 月 23 日有 1096 条跟帖，居网易热门跟帖第二位。截至 25 日，以"湖北高院副院长谈'邓玉娇案'启示"为关键词在百度搜索，找到相关网页约 5,940 篇；在谷歌搜索，获得约 2,150 条查询结果。

【舆情分析】

综观此事的网络舆情，可以发现赞扬与批评声并存，但以批评声为主。例如在中华网论坛的讨论区，9 票支持，172 票反对。

网易宁夏银川网友（ip:222.75.*.*）和江苏苏州网友（ip:114.216.*.

*)在跟帖中对“邓玉娇案”的裁定给予了赞扬，他们的留言分别是“不用内疚，这个案子判得不错”和“判的好，判的妙，判的呱呱叫”。但除此以外网民的留言几乎是清一色的批评和指责，而且主要是针对王晨发言中的遣词造句等细节问题。其中被网民“揪住不放”的主要集中在以下几处：“我们感觉到这类案子，越是社会关注的，我们越要依法办事。”，“异性需求服务”，“邓玉娇就把随身携带的包包里面的一把水果刀拿出来，不分青红皂白，对邓贵大捅了四刀。”

1、“我们感觉到这类案子，越是社会关注的，我们越要依法办事。”

网易天津网友（ip：117.10.*.*）：这话是个“病”句，反之不关注就不依法办事了吗？难道依法办事不是案件的执行标准吗？

网易山东日照网友（ip：124.132.*.*）：搞了半天，你们办案是为了作秀啊！为什么非要社会关注了才依法办事呢？任何案子，如果不依法处理，那还要法律何用？

网易广东网友（ip：119.135.*.*）：假如，我是说假如社会不关注了，“我们”就越要不依法办事了。是这样理解的吗？

本刊点评：其实联系这句话的上下文可以判断，王晨副院长的意思可能是“越是受社会关注的案子，舆论压力就越大，法院在判案时受到的外界干扰因素就越多，但越是如此，法院就越要排除干扰，秉公执法，依法办案，避免沦为媒体审判、舆论审判，而影响司法公正。”但单拿出这句话来看，确实容易让人产生“反之又如何”的联想。更何况这次发言面对的是成千上万个“火眼金睛”的网民，每一个字句当然也就更容易“被审判”。

2、“异性需求服务”

中华网论坛网友“wya6954”：“异性需求服务”，法院水平真高，卖淫嫖娼硬被绕得文绉绉的。

中华网论坛网友“fancx”：刑法中关于卖淫嫖娼的部分要修正了。异性陪浴和异性需求服务，都不能算卖淫嫖娼。

中华网论坛网友“为国车喝彩”：现在卖淫嫖娼合法了吗？

网易四川乐山网友（ip：218.89.*.*）：“她不是异性服务的服务员，她是包房的服务员”，那请问下谁是异性服务人员？好像我们国家建国以来就消灭了娼妓的，现在卖淫嫖娼都是非法的。那么和死者一起的那几个人是不是应该判个嫖娼未遂呐（窗户外面榕树上都判了个强奸未遂）？继续期待第

2季！

网易浙江宁波网友（ip:125.116.*.*）：这是什么逻辑啊？那要求性服务的有没有另案追究呢？结果如何啊？

本刊点评：作为政法工作者，应该深知卖淫嫖娼行为在我国是违法的，虽然出于对那个群体的尊重，可以称其为“异性服务者”。但在本案中，邓贵大等人要求性服务的行为确实被忽略了，最终是否被另案追究也未给公众一个交代，无怪乎网民要问责。

3、“不分青红皂白”

网易浙江宁波网友（ip:125.116.*.*）：亏他还是高院副院长，会说话吗？什么叫做不分青红皂白啊？一个弱女子在那种情况下进行防卫，用不分青红皂白恰当吗？郁闷。

网易河南郑州网友“太阳在天上”：就这素质、就这认识水平、就这表达能力，还高院院长呢，花钱买的吧？你家的闺女遇到这种情况，你还会说不分青红皂白吗？青红皂白早已清楚，你居然还说人家不分青红皂白！你想黑死那片土地吗？

网易海南海口网友“大路超地”：湖北高院副院长在这里不分青红皂地运用了“不分青红皂”这个词。

中华网论坛网友“宽厚的大刀”：……不分青红皂白……

本刊点评：在论坛中对这句话的指责是最多、最集中的，客观地讲，这个用词确实失当。作为高院副院长在介绍案情时使用这个词语，很容易让人觉得你是在指责邓玉娇、同情甚至袒护邓贵大，更何况案情已经清楚，怎么还能说是“不分青红皂白”呢。所以，希望领导们在以后的发言中，一定要推敲用词，避免为舆论留下可攻击的“把柄”。

另外，网民还分析了王晨发言中所使用的“推倒”、“指责”、“邓贵大说了一些不该说的话”、“法院办案不能够埋头办案，一定要关注社会的所思所想……”等语句。

总之，王晨副院长在人民网的这次在线访谈还有诸多需要改进的地方，受到网民如此激励的攻击可能也是始料未及的。但有一点是需要明确的，那就是在一些网民中“官民对峙”、“官官相护”、“仇官”、“同情弱势群体”等心理已经根深蒂固，他们对官员的讲话已经习惯用逆向思维去评判。因此，政法机关的领导们在面对媒体尤其是网络媒体时，一定要把握好受众的心理，

谨言慎行；讲话时一定要在涉案各方中保持平衡的姿态，避免有为任何一方当事人辩护的嫌疑。否则，不仅不会为自己加分，甚至还有可能引爆新一轮的网络舆情。

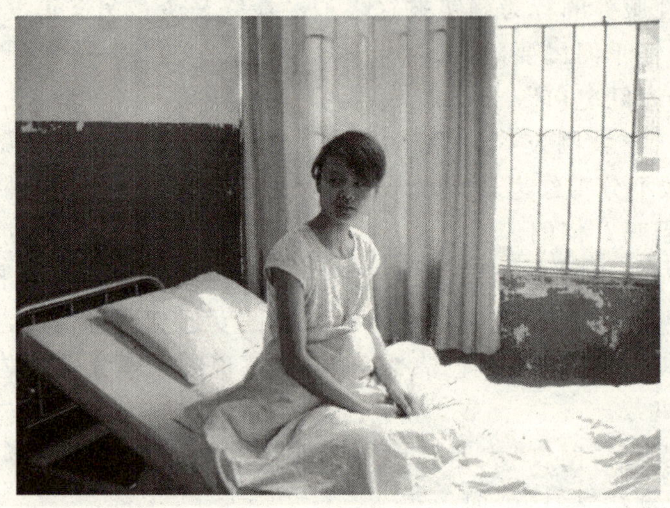

邓玉娇

【相关链接】

http://politics.people.com.cn/GB/14562/10098335.html

http://comment.news.163.com/news_guonei4_bbs/5JR9JULJ0001124J.html

http://club.china.com/data/thread/1011/2705/41/63/6_1.html

浙江湖州"临时性强奸"案

继"躲猫猫"、"俯卧撑"、"期实马"之后，"临时性强奸"在短短三天时间里迅速成长为又一网络流行语。在这些源于个案的网言网语背后，潜伏着网民对公正的焦虑。与"临时性强奸"相关联的，是浙江两名协警因强奸各获刑三年。而按刑法的规定，"轮奸"的刑期至少在十年以上。正因为"临时性的即意犯罪"这一过于轻薄的解释无法承载司法公正之重，才有了网络舆情如潮。在舆情应对上，查明真相、实现公正也成为必须。好在浙江两级法院反应及时，调卷审查工作开展迅速，赶上了舆情应对的第一时间。这一个案的结果是：湖州中院经对该案调卷审查，发现原判确有错误，量刑畸轻，决定对该案提起再审。而由湖州市政法委、市纪委等部门组成的联合调查组，也对此案原处理过程中是否存在违纪违法行为及相关涉案情况展开了调查。"临时性强奸"的舆情应对证明，接受网络监督并促进司法公正的达成，胜过为司法不公辩解的千言万语。

——海南大学法学院副教授，《政法网络舆情》周刊主笔 王琳

案例概要

●6 月 10 日晚，浙江省湖州市南浔区善琏派出所两名协警邱某与蔡某带领刚参加完高考的陈某与沈某一同出去吃饭。席间，四人都喝了很多酒，陈某不胜酒力，待晚饭结束后已醉得不省人事。为了给她醒酒，蔡某驾驶自己的车带大家到一宾馆开房间。到房间后，协警邱某与蔡某趁陈某醉酒无意识、无反抗能力，先后强行与她发生性关系。

●10 月 19 日，浙江湖州南浔法院就此案做出判决书称，“根据犯罪事实，考虑到两人属临时性的即意犯罪，事前并无商谋，且事后主动自首，并取得被害人谅解，给予酌情从轻处罚，判决两被告各入狱三年”。

●10 月 29 日，原被告均未提出上诉，判决生效。

●10 月 30 日上午，一位署名“辽河鱼”的网友在天涯社区、华声论坛、四川新闻网麻辣论坛等 BBS 上传了一篇题为《“临时性强奸”，祝贺又一新名词诞生了》的帖子，曝光了浙江湖州南浔法院对一起强奸案做出的判决书，并在网帖中写道：搜遍了网络，也没找到“临时性的即意犯罪”的来源和条款依据。这个“临时性的即意犯罪”应是个新名词，可以为我国的司法界又填补了一项创造性的空白，可喜可贺。若一切犯罪行为都用“临时性”为借口来减轻刑罚，那么可以想象，一个“临时性”的时代就要到来了。由于“临时性强奸”过于抢人眼球，一时间，网民争相转载，跟帖不断。

●10 月 30 日，就在“辽河鱼”等人的评论引起网民关注的时候，南浔区法院内一场如何应对网络质疑的会议也正在进行。

●10 月 31 日，南浔区法院即向来采访的媒体告知：湖州市中院将对此案展开调卷审查，审查程序已经启动。法院还将坚持实事求是、有错必纠的原则，依据事实、证据和法律对案件依法及时认真复查，并在第一时间向社会公布。

●事发后，浙江省委常委、政法委书记王辉中做出批示：请省高院高度关注，积极研究并指导市区法院采取应对措施。

●湖州市委也做出决定，由市委政法委、市纪委等部门组成联合调查组，对此案原处理过程中是否存在违纪违法行为及相关涉案情况进行调查，并明确要求，对调查中发现的问题，不管涉及谁，都要依法依规严肃处理。

●10 月 31 日和 11 月 5 日，浙江省高级人民法院院长齐奇作出批示：

"南浔协警强奸案"由中院调卷审查后,省高院要协同省检察院、省公安厅抓紧指导监督,务必忠于事实真相和法律,审查结论经得起历史检验。如确有错判的,要责成湖州中院依法纠正,并查明背后的原因和责任,实事求是地严肃处理。

●11 月 6 日,浙江省高级人民法院经过审查,已认定该案"原判确有错误,量刑畸轻,应予纠正",要求湖州中院对该案提起再审。

●11 月 12 日上午 9 时,浙江省高级人民法院审判监督庭庭长楼旭萌作客浙江在线回答"南浔协警强奸案"时表示,浙江省高院对本案一直予以关注,再审法院最后一定会严格依照法律规定,做出公正的判决。

●12 月 31 日,经过浙江省湖州市中级法院重新开庭审理后作出一审宣判,以强奸罪判处邱国华有期徒刑十一年;判处蔡骥荣有期徒刑十一年六个月。湖州市经调查认定,未发现原案相关办案人员在案件侦查、起诉和审判过程中有徇私枉法行为,但存在业务素质不高等问题,已免去南浔区公安分局善琏派出所副所长陈某的副所长职务;给予南浔区检察院主诉检察官郑某、南浔区法院主审法官郭某行政警告处分,并均调离原工作岗位。

浙江湖州"临时性强奸案"舆情报告

10 月 30 日上午,一位署名"辽河鱼"的网友在天涯社区、华声论坛、四川新闻网麻辣论坛等 BBS 上传了一篇题为《"临时性强奸",祝贺又一新名词诞生了》的帖子,曝光了浙江湖州南浔法院对一起强奸案做出的判决书。此判决书称,"根据犯罪事实,考虑到两人属临时性的即意犯罪,事前并无商谋,且事后主动自首,并取得被害人谅解,给予酌情从轻处罚,判决两被告各入狱三年"。对此,"辽河鱼"在网帖中写道:搜遍了网络,也没找到"临时性的即意犯罪"的来源和条款依据。"临时"即是非正式的和短时间的行为,难道强奸犯罪还有"非正式"和时间的长短之分?这个"临时性的即意犯罪"应是个新名词,可以为我国的司法界又填补了一项创造性的空白,可喜可贺。"辽河鱼"还在帖子中调侃说,按此"临时性",以后也可以出现"临时性打死人"、"临时性行贿受贿"、"临时性醉驾"、"临时性抢劫"以及"临时性

盗窃”等，若一切犯罪行为都用“临时性”为借口来减轻刑罚，那么可以想象，一个“临时性”的时代就要到来了。

由于“临时性强奸”过于抢人眼球，一时间，网民争相转载，跟帖不断。有媒体评论称，“临时性强奸”正在成长为继“躲猫猫”“俯卧撑”等之后的又一网络流行语。

【主题事件】

今年6月10日晚，浙江湖州南浔某派出所两名协警邱某与蔡某带领刚参加完高考的陈某与沈某一同出去吃饭。席间，四人都喝了很多酒，陈某不胜酒力，待晚饭结束后已醉得不省人事。为了给她醒酒，蔡某驾驶自己的车带大家到一宾馆开房间。到房间后，协警邱某与蔡某趁陈某醉酒无意识、无反抗能力，先后强行与她发生性关系。

事后，湖州南浔法院就此案做出上述判决书，而判决书中的“临时性的即意犯罪”催生出了“临时性强奸”这一新的网络热词。

【舆情传播】

截至11月2日17时30分，首发在“天涯杂谈”版块的原始网帖已有914,038次点击，7,004条回复。用百度搜索“临时性强奸”，可以找到相关网页约36,100篇；谷歌搜索到的相关网页更是高达约509,000篇。在平面媒体方面，《羊城晚报》、《扬子晚报》、《南方都市报》等有影响力的都市报均刊出了相关报道或评论。

从10月30日至11月2日，网民的声音从最初的质疑与批评为主，逐渐演变成调侃与戏谑为主。“临时性顶一下”“临时性包二奶”“临时性不发表意见”“临时性的灌下水”……多数跟帖都是网民在发挥自己的奇思妙想对“临时性强奸”进行新的诠释。更有网友将这一词的用法进一步扩展，创造出“临时性结婚，谢绝负责”“临时性恋爱，谢绝长相厮守”和“临时性离婚，谢绝分财产”等新用法。

【各方声音】

1、法院反馈

据浙江当地的《都市快报》11月1日报道，面对网友暴风雨般的质疑，南浔法院证实，上级法院将对此案展开调卷审查，审查程序已经启动。南浔法院有关人士解释，“临时性的即意犯罪”这一说法，“不是法律专用词语，是辩护人自己归纳出来的。”按他的理解，辩护人想要表达的本意是，被告人是无预谋的、临时起意的犯罪。在他看来，法院采纳的是被告人"临时性的即意犯罪"的辩护意见，而不是说把它作为一个严格的法律概念来运用或创设。

2、律师解读

湖南天地人律师事务所谭登律师在红网对此网络公案进行了解读。他认为："临时性的即意犯罪"并非一个法定术语，法律上叫做"临时起意"，用于分析犯罪动机的组成方式，可以用来解释犯罪动机。"临时起意"是法官量刑时需要考虑的情节之一，目前国内很多案件的判决，其实都有考虑这个情节，只不过在不同的案件中酌情考虑的程度不同。

湖南金州律师事务所周荣律师则认为，法院判案时具有"自由裁量权"，允许法官根据法定情节和酌定情节量刑。南浔的案子中，法官可能是考虑到犯罪嫌疑人主观上没有共同预谋犯罪，犯罪是受外部刺激临时起意，犯罪嫌疑人在主观上没有故意和恶性的危害性，又征得了受害人的谅解，所以存在从轻判罚的尺度。但仅仅根据目前的新闻报道来判断的话，还不足以断定此案判决是否合法。

对于网友为何如此义愤，周律师认为，这应该是网友基于情绪的表达。轮奸，是有恶劣影响的犯罪活动，而协警作为辅助执法者，在网友眼里象征的是权力部门，基于对权力腐败的反感、司法不公的痛恨，基于网络草根舆论对于一些特别事件中官方调查结果的不信任等情绪，网友普遍认为量刑过低，是可以理解的。

3、学者分析

中山大学法律系副教授、刑法学者聂立泽在接受《羊城晚报》记者采访时说，法律上确有"临时起意"之说，可以酌定减轻处罚。但法院要认定是"临时起意"须有充足的理由，不能全凭被告人一面之词，因为通常犯罪分子都不会说自己是蓄意的。两协警在高中女生醉酒后为何不送她们回家？送到宾馆后有没有通知其家人？这些都是判断协警是蓄意还是临时起意之前必须弄清楚的。

不过，聂立泽也认为，是否"临时起意"，对判罚其实影响不大，关键在于是否构成轮奸。如果两个人共同在场强奸，那可以肯定就是轮奸，须加重处罚，法律规定应判十年以上有期徒刑。聂还认为，本案受害者是没有社会经验的高中女生，犯罪者是准公务员身份的知法执法的协警，网上舆论出现质疑甚至情绪化的评论不难理解。

4、媒体观点

知名媒体评论员王石川11月2日在《扬子晚报》发表评论文章《“临时性强奸”是个啥玩意儿？》指出：中国文字意味无穷。多年来，不少部门娴熟地运用文字，换一种表述就能达到“神奇”的效果，或能遮蔽真相，或能掩盖丑闻，或能埋葬事实，在这种情况下，我们成了不明真相的群众。作者认为，搜寻法律文书，并无“临时性的即意犯罪”之说。南浔法院的这一发明创造，足以载入史册。有此创造，两名协警便可被给予酌情从轻处罚，可见南浔法院之良苦用心。南浔法院的意思也许是指，被告人的强奸是临时起意。事实上，从新闻报道足以看出，被告人更像是蓄谋已久，哪有临时起意的影子？可以预言，一旦有此恶劣先例在前，接下来也许会有“临时性腐败”、“临时性杀人”吧？说白了，这种语言表述的背后，让人窥视到了一些部门的微妙居心：把语言当作一门“艺术”，然后自由裁决。

【事件进展】

就在网民对“临时性强奸”这一“新词”意犹未尽之时，“湖州中院已调卷审查”的消息再度引爆网络。据新华网11月3日报道，浙江湖州市中级法院已正式对“临时性强奸案”调卷审查。

报道称，南浔区法院于今年10月19日对被告人邱某、蔡某强奸一案作出一审判决，依法分别判处两名被告人有期徒刑各三年。案件经媒体报道后，引起社会广泛关注。本着对事实负责、对法律负责的精神，10月31日，湖州市中院根据最高人民法院《关于规范人民法院再审立案的若干意见（试行）》（法发〔2002〕13号）第四条关于“上级人民法院对于下级人民法院作出的终审裁判，认为确有必要的，可以直接立案复查”的规定，决定对该案调卷审查，目前已正式启动审查程序。法院还将坚持实事求是、有错必纠的原则，依据事实、证据和法律对案件依法及时认真复查，并在第一时间向社会公布。

截至11月9日12时，以“临时性强奸案 调卷审查”为关键词在百度搜索，可找到相关网页约3,450篇；以“临时性强奸”为关键词搜索，相关网页已达约12,700篇。各大媒体也都就此做了追踪报道，网民跟帖不断。

【舆情分析】

一、因何引起网民集体性质疑

湖州协警强奸一案在网民的质疑声中备受关注，在网民的调侃声中迅速蹿红，综观网民的评论，几乎呈现出一边倒的质疑、批评与戏谑，可以说，此事引起了网民的集体性不满，究其原因，大致有以下几点：

1、基于监督公权力的本能

在本案中，犯罪主体是两名协警，在网友看来，他们作为辅助执法者，代表的是权力部门，是强势群体。而网民作为民间草根力量的代表，自然而然担负着监督公权力的职责。司法不公、权力腐败等行为，是网民最为痛恨的，也是他们监督的重点。所以一个事件中一旦出现权力部门的身影，网民会本能地带上"有色眼镜"加以审视，并自发站在"弱势群体"一方。就本案而言，对于这样的判决结果，搜狐社区网友"叶子~唯美"留言说，"这个'临时性'是那些有钱有权有后台的人专属的"。

2、基于对一些特别事件中官方调查结果的不信任

分析之前的几个网络流行语——"俯卧撑""躲猫猫""欺实马"可以发现，它们均出自官方最初发布的事件调查结果，但事后证明这些调查均是不准确、并且不严肃的。在网民的声讨和抗议下，这几起事件的相关部门都又进行了重新调查。也许是受这些事件的影响，在"临时性强奸"案中，网民也对法院的说法表现出极大地不信任。事实证明，与以上几起事件一样，"临时性强奸"案也在舆论的压力下调卷重审。从某种意义上讲，这又是一次网民的胜利。

3、基于对滥用权力、藐视法律的抗议

正如《长江日报》11月3日刊发的评论《"临时性强奸"是法制灾难》所言，"临时性的即意犯罪"到底是什么意思？它既非法律术语，词典上也查不到，而当事法院为何将其写在判决书上？再者说，判案不是写小说，判决书又不是搞创作，法院的十足想象力似乎用错了地方。当以不能解释清楚的词语来判决一个人有罪和无罪时，本身就是一种荒诞的幻想，也自然会受到质疑和谴责。

强奸罪，一向是最为公众所唾弃的犯罪行为，轮奸，就更是恶劣之极。按照法律规定，轮奸罪当被判处十年以上有期徒刑，而在此事件中，两名协警仅被判处三年有期徒刑，面对如此轻的处罚，面对如此牵强甚至荒诞的

理由，网民的愤怒和戏谑都不难理解。甚至有人认为，这是权力部门对法律的不敬，是在侮辱公众的智商，是对公众的挑衅。如搜狐社区网友“辣蟹”说到，“明摆着是轮奸吗！搞什么名堂？当我们是白痴啊！”而诸如“临时性被自杀”“临时性受贿”等“临时性+动词”的新语法结构，更是网友抗议权力滥用的娱乐性表达。

在对这份判决表达不满的同时，有网友甚至提出要“人肉”作出此判决的法官。如腾讯网网友“方徊”留言说，“这法官难道也是临时性当的？请网友‘人肉’他所在的临时性法院。”搜狐社区网友“八爪章鱼”也说，“法官能说出这样的话，这里面有事啊。重审是一定的，可这个法官就这样算了？他有权力创建法律名词吗？”

二、网友和媒体的几点忧虑

1、难道只能“经媒体报道，引起广泛关注”才能依法办案？

毋庸置疑，“临时性强奸”一案正是经历了“网友爆料——媒体报道——引起社会广泛关注”这样一个传播路径后才得到了相关方的重视并调卷审查的。很难想象，如果没有“辽河鱼”的那篇网帖，如果没有大批媒体的跟进报道，如果没有引起社会的广泛关注，这个案子是否还会被调卷审查。因此，也无怪乎网友们质疑，如搜狐社区网友“hui105515so”说：“如果什么事都要媒体、百姓关注才能办好，那依法治国也只是空谈罢了。”

2、法律的公平正面临被经济支付能力损伤的危险

在“临时性强奸”案中，判决书中提到的“并取得被害人谅解”一点引起了很多人的注意，如刘洪波在其搜狐博客发表的《强奸案“从轻”艺术》一文中写道，法律的公平正面临被经济支付能力损伤的危险（穷人犯罪就不容易“取得受害人的谅解”），也面临法官“考虑”或“不考虑”某些因素而出现“橡皮筋效应”的处境。再来些类似例证，法律就可能成为穷人的专用惩罚工具，而不必讲“法律面前人人平等”了。犯罪从轻处罚，向来有法定从轻和酌定从轻，现在看，还有“考虑从轻”，从轻不从轻，法官“考虑”一下似乎就可以了。

3、“临时性强奸”是法制的灾难

《长江日报》刊发的《“临时性强奸”是法制灾难》一文还提到，“临时性强奸”从荒诞的幻想走上了现实的道路，本身就是对公众智商的挑战。案件判决依据用谁都不懂的词汇来忽悠公众，不仅藐视了体制内的监督机制，而且与罪刑法定的原则完全背道而驰。诸如"临时性强奸"之类的词汇和由此衍生的潜规则已经成为破坏法律天平的秘密武器，权贵阶层以社会资源为依托，利用这种利器，可以减轻或免于法律的惩罚，结果是使"法律面前人人平等"变成一纸空文。可以肯定的是，当这些"创造性"词汇不再孤独时，法制的灾难就将降临。

【相关链接】

http://bbs.ifeng.com/viewthread.php?tid=4060386

http://www.tianya.cn/publicforum/content/free/1/1725507.shtml

浙江"临时性强奸"案重审改判

【主题事件】

据正义网 12 月 31 日报道，曾引发"临时性"这一网络名词的"南浔两协警强奸案"，经过浙江省湖州市中级法院重新开庭审理后，当天作出一审判决。被告人邱国华被以强奸罪判处有期徒刑十一年，剥夺政治权利一年；被告人蔡骥荣被以强奸罪判处有期徒刑十一年六个月，剥夺政治权利一年。

10 月 19 日，湖州市南浔区法院曾对该案作出一审判决，"考虑到两人属临时性的即意犯罪，事前并无商谋，且事后主动自首，并取得被害人谅解，给予酌情从轻处罚"，两被告人被判处有期徒刑各三年。该案经网民披露后引发社会广泛关注，当地政法机关迅速启动了调查和重审程序。11 月 6 日，湖州市中级法院对邱国华、蔡骥荣强奸案作出再审决定。经审理，裁定撤销南浔区法院原判决，发回重新审判，后经检察机关撤回起诉并退回公安机关补充侦查。侦查终结后，南浔区检察院认为案情重大、复杂，将案件报送湖州市检察院，湖州市检察院将该案向湖州市中级法院提起公诉，湖州市中级法院经不公开开庭审理，作出上述判决。

由湖州市纪委、市委政法委组成的联合调查组对办案当事人的问题进行了调查，认定未发现原案相关办案人员在案件侦查、起诉和审判过程中有

接受吃请、收受贿赂、徇私枉法的行为，但存在业务素质不高、作风不扎实以及办案程序不够规范等问题。当地有关部门对该案原办理过程中存在失职行为和管理不力的责任人员，依照相关规定进行了严肃处理，已免去南浔区公安分局善琏派出所副所长陈某某的职务，并给予行政警告处分；给予南浔区检察院主诉检察官郑某某、南浔区法院主审法官郭某某行政警告处分，并均调离原工作岗位；给予南浔区法院副院长宣某某行政记过处分，并建议依照法定程序调离原工作岗位。

在本刊推出的“2009 年地方政法机关舆情应对能力排行榜”上，该案例位列第十。

【舆情传播】

12 月 31 日，正义网率先刊发报道《“临时性强奸”续：浙江“南浔强奸案”今日重审并宣判》。新华网、中新网紧接着推出报道并被搜狐网、腾讯网、网易、新浪网等网络媒体转载。由于重审宣判紧接着元旦假期，网民关注度较之前原审略低。

【舆情综述】

综观此案各方报道及网友跟帖评论，可以发现舆情主要集中在以下几个方面：

一是支持重审判决。如《新京报》刊发刘昌松的评论文章《“临时性强奸”原来是“临时性判决”》写道：首先，从报道的情况来看，案件经过补充侦查，发现了一些过去没有认定的新情节，如两被告的行为成立“轮奸”，而“轮奸”属于刑法规定应在 10 年以上有期徒刑、无期徒刑或死刑之间判处的严重情节，中院在略超过 10 年期的有期徒刑进行判处，谈不上从重处罚。其二，从最新掌握的情况看，两被告并不存在自首情节，南浔区法院当初以自首情节从轻发落是不正确的。相反，湖州中院认定其不成立自首，符合实际情况与法律规定。因此，重审判决并不是法院在舆论压力下的不当重判。

二是质疑对原审法官的处罚。如人民网刊载网友“辽河鱼”的文章《这就是“临时性强奸”的结果？》分析道：是什么原因要为犯罪嫌疑人进行开脱？这种颠倒黑白的认定是一种什么行为呢？全中国人都认定为轮奸的案子，一审就凭主审法官的业务素质不高、作风不扎实给判个普通强奸罪，这个说服力谁能接受认可？如果素质低业务不扎实，这些年的法官工作是怎么做过来的？天天都在滥竽充数？要是都似“临时性强奸”这样审案，那将会有多少像

"临时性强奸"这样性质的案件存在呢？不可能他们只办了"临时性强奸"这一件案件吧？已经肯定了这几个法官的业务素质低，说明工作能力也不怎么样，那调到别的工作岗位就能提高吗？怎么提高？要求他们提高的标准又是什么？又怎么能保证他们在新的工作岗位上不再出现"临时性强奸"？

三是呼吁查清"临时性判决"的真相。华声在线刊载的《临时性强奸案重审并不圆满》一文认为：如果个别办案人员业务素质不高、作风不扎实，这倒可以理解。而造成这案子胡判的不是个人，却是整整三个单位（公安局、检察院、法院）！在这个链条中若没有接受吃请、收受贿赂、徇私枉法的行为支撑，怎么能连接起来？除非原案相关办案人员全是罪犯的亲朋好友！除非有掌权的贪官在遥控指挥！作者建议：待问题搞清楚后再开展专项教育整顿活动，才能真正起到举一反三、以此为戒的作用。如对真的有腐败行为的胡判不痛不痒的处理，会养虎为患，人民期待打贪除腐动真格！

四是认为司法环境堪忧，呼唤法治秩序的制度化保障。如《南方都市报》刊载张贵峰的《浙江临时性强奸案，是偶然差错还是必然结果？》一文认为：为什么于情于理于法均明显不合的初审判决，还是堂而皇之地出台了呢？显然，这里真正的难点结症并不在法律法理，而在这之外令人深堪忧虑的司法环境、法治秩序——仅仅因为两被告特殊的"协警"身份，该案从侦查、起诉到审理的各个环节，在公、检、法各个部门身上，便轻易集体性地出现"作风不扎实以及办案程序不够规范"的问题，并最终导致漏洞百出的枉法裁判的出笼……人们要问，这究竟是个别还是普遍现象，是偶然差错，还是必然结果？在舆论的强烈关注下，作为个案的"临时性强奸案"，确实很快得到了矫正，但更多其他舆论没有也不可能一一关注的案件呢，是否也有这样的幸运——它们将依靠什么去拥有这样的幸运？

对于这起"临时性强奸案"，人们真正的"永久期待"，其实在于个案的判决之外，那就是期待一个真正具有能内在预防和矫正"作风不扎实、办案程序不够规范"现象功能的制度和捍卫公平正义实现的司法环境、法治秩序。若非如此，司法环境、法治秩序本身无法"永久"，那么，个案的公正就永远只可能是"临时"的、不稳固的以及不可预测的。

【相关链接】

http://news.jcrb.com/jxsw/200912/t20091231_298149.html

http://news.sohu.com/20091231/n269329938.shtml

芜湖中院关门审理“白宫书记”案

“正义不仅要实现，并且要以看得见的方式实现。”面对已是舆情焦点的“白宫书记案”，芜湖中院本应让公众看到司法公义，但当天来自全国各地的20多名记者吃了法院的闭门羹。一边“欢迎监督”，一边“禁止入内”，芜湖市中院暗中“公开开庭审理”，不仅有违司法公开的基本要求，也将拥有议程设置的记者全都推向了自己的对立面。一些政法机关总爱抱怨网络放大了舆情，在本案例中，却是事发法院一手打造了其在舆论面前的负面形象。

在网络危机已经形成之后，芜湖中院的新闻发言人仍在为“暗中公开审判”辩护。有失坦诚的舆情应对，注定得不到媒体和公众的谅解。像“白宫书记”案这类热点案件的审理，本是彰显公平正义的最佳教材，也是宣传普及法律、树立司法权威的良好机会，但当事法院主动拒绝以司法公开引领正面舆情，而非要将网民的目光从“白宫书记”案引向自己的负面作为。这应成为所有政法机关引以为戒的标本。

——海南大学法学院副教授，《政法网络舆情》周刊主笔　王琳

案例概要

●"白宫书记案"即指安徽阜阳颍泉区原区委书记张治安涉嫌买官卖官、报复举报陷害案。日前在芜湖市中级人民法院"神秘"开庭。来自《新京报》等多家平面媒体的报道称,法院既不让公众旁听,又拒绝媒体采访,甚至连受害人家属都只有两张旁听证,这些做法受到公众普遍质疑。

●2007年8月26日,阜阳市泉北贸易区管理委员会经济贸易发展局原局长兼安曙房地产公司董事长李国福,进京告状被颍泉区检察院原检察长汪成等人抓走。2008年3月13日,李国福在监狱中意外死亡。2008年4月底,中共安徽省委、省检察院派员调查此事。2008年6月5日,张治安被联合调查组带走。2008年7月14日,安徽省人民检察院指定芜湖市人民检察院受理此案。2008年7月15日,芜湖市人民检察院决定立案侦查。2008年7月31日,因涉嫌报复陷害罪被逮捕,颍泉区检察院原检察长汪成也被调查。

●2009年3月13日,张治安被取保候审。

●2009年5月29日,被再次关进了看守所。

●2009年11月19日,"白宫书记"张治安涉嫌报复陷害、受贿和阜阳市颍泉区检察院原检察长汪成涉嫌报复陷害案,在芜湖中院开庭审判。

●2009年11月20日,署名"新京报黄玉浩"的网民先后上传了两篇帖文《"白宫书记"的家族史》、《写在白宫书记受审之时:我采访"白宫"的22天》。

●2009年11月20日,《华西都市报》报道披露,对这起广泛关注的案件审判,芜湖市中院特意选择了仅能容纳六七十人的中等法庭,而把能容纳一两百人的大法庭闲置不用。庭审中,被告人张治安造成审判数次中断,他全部翻供,拒不承认起诉书上对他的指控,两名被害人中途退庭,三位律师称庭审中受到不公正对待。

●2009年11月20日晚,就此疑问,中央电视台新闻频道记者连线芜湖中院宣教科一位冯姓科长时,冯科长称,"21日,安徽省高院将有一个答记者问,到时候,一切疑问将有答案。"

●2009年11月22日,网友多方打听,并没有任何部门举办所谓的答记者问新闻发布会,芜湖法官面对央视记者采访再次当众撒谎。网友强烈要求

安徽省有关部门给全国人民一个交代!《南方都市报》等多家媒体及"三级宪政"等多个博客都将这场庭审描述为一场"闹剧"。

●2009年11月24日中新网消息，针对公众关心的问题，安徽省芜湖市中级人民法院新闻发言人日前接受《人民法院报》采访时称，该案庭审当天，因旁听证已经发放完毕，导致一些要求旁听的人员未能进入法庭旁听庭审。他还表示，欢迎新闻媒体对法院审判工作进行监督。

舆论热议"白宫书记案"庭审变相不公开

【主题事件】

备受关注的安徽阜阳"白宫书记案"日前在芜湖市中级人民法院"神秘"开庭。来自《新京报》等多家平面媒体的报道称，法院既不让公众旁听，又拒绝媒体采访，甚至连受害人家属都只有两张旁听证，这些做法受到公众普遍质疑。《华西都市报》11月20日的报道披露，对这起广泛关注的案件审判，芜湖市中院特意选择了仅能容纳六七十人的中等法庭，而把能容纳一两百人的大法庭闲置不用。庭审中，被告人张治安造成审判数次中断，他全部翻供，拒不承认起诉书上对他的指控，两名被害人中途退庭，三位律师称庭审中受到不公正对待。《南方都市报》等多家媒体及"三级宪政"等多个博客都将这场庭审描述为一场"闹剧"。

【案件回顾】

这里的"白宫书记案"即指安徽阜阳颍泉区原区委书记张治安涉嫌报复陷害案。其简要案情为：阜阳市泉北贸易区管理委员会经济贸易发展局原局长兼安曙房地产公司董事长李国福，因进京告状于2007年8月26日被颍泉区检察院原检察长汪成等人抓走。2008年3月13日，李国福在监狱中意外死亡。此事被相关媒体公开报道后，不仅引起有关部门高度重视，广大网民还专门在网络中制造了一个新词汇，即"被死亡"。2008年6月5日，张治安被联合调查组带走；同年7月31日因涉嫌报复陷害罪被逮捕，同时被逮捕的还有汪成。

据芜湖市检察院公诉称，被告人张治安滥用职权、假公济私，对举报人李国福及其家属实施报复陷害。被告人汪成明知张治安要报复陷害举报人李国福，还与其共谋，滥用检察权、假公济私，违背事实和法律、违法办案，二人的共同犯罪行为致使被害人及其亲属合法权利受到了严重损害，导致举报人李国福自杀身亡，犯罪情节严重，其行为已触犯法律，应当以报复陷害罪追究其刑事责任。另外，被告人张治安利用职务之便或利用职权及地位形成之便利条件，非法收受、索取贿赂共计 351.7 万元人民币和 1 万美元，情节特别严重，其行为已触犯法律，应当以受贿罪追究其刑事责任。

【传播情况】

“白宫书记案”曾于去年 3 月因李国福的“被死亡”而成为网络舆情焦点。本轮舆情峰值的再度形成，同样与网络传播联系紧密。以天涯社区“天涯杂谈”版块为例，署名“新京报黄玉浩”的网民于 11 月 20 日先后上传了两篇帖文。截至 11 月 24 日 9 时，《“白宫书记”的家族史》共有 137,126 次访问量，833 条回复；《写在白宫书记受审之时：我采访“白宫”的 22 天》则有 31,369 次访问量，201 条回复。一些知名网络写手与网站对平面媒体报道的转载，构成了此网络舆情事件的第一文本。

作为舆情重要载体的媒体评论，在“白宫书记案”的舆情传播中扮演着重要角色。《北京青年报》、《广州日报》和《半岛晨报》等平面媒体还将“白宫书记案”的相关评论处理成当天的“社评”，凸显了媒体对此事的关注度。

与往年的观点评点以都市报唱主角不同，今年以来，新华社、人民日报、中央电视台等官方媒体也频频发声。由于官方背景的关系，网民倾向于认为这些媒体的评论代表着中央的声音。在最近的上海“钓鱼执法事件”和深圳禁止“非正常上访”事件中，新华社均发布了署名评论。此次的“白宫书记案”，新华社同样在第一时间迅速反应，在新华网配发了该社记者杨维汉的评论文章《“白宫书记”案神秘处理当给百姓一个说法》，批评当地法院搞司法神秘主义。

从本刊监测的媒体评论来看，刊发媒体的覆盖面既包括作为官方新闻网站的人民网、新华网、中新网等，也包括作为商业门户网站的新浪网、搜狐网、腾讯网等，还包括天涯社区、凯迪社区这样的知名网络社区。提供舆情观点的作者也覆盖了学者、律师、检察官、记者、评论员及普通公民等不同的群体。“白宫书记”同样是推特（Twitter）上的热点标签和百度等搜索引擎上的热点关键词。

日期	媒体	标题	作者(身份)
11月20日	人民网	审腐败官员时也要勇于正面媒体	田斌峰(网民)
11月20日	新民网	独立审理不应成“白宫书记案”拒绝媒体的理由	沈彬(律师)
11月21日	新华社	“白宫书记”案神秘处理当给百姓一个说法	杨维汉(记者)
11月21日	新京报	“白宫书记”案为何怕见阳光	黑格二(律师)
11月21日	广州日报	“白宫书记案”闭门岂能审出铁案	徐峰(评论员)
11月21日	半岛晨报	“神秘”审贪官,是虚荣心在作怪	翟丙军(评论员)
11月21日	北京青年报	“白宫书记”神秘审判所透露的司法不自信	蔡方华(评论员)
11月21日	搜狐博客	闲人闪开,“白宫书记”案在开庭	龙楚象(网民)
11月21日	珠江晚报	审判贪官“怕公开”担心的到底是什么?	八公山人(网民)
11月21日	齐鲁晚报	白宫书记案审理何必如此神秘	程士华(公民)
11月22日	经济观察网	“白宫书记”案莫非要再演司法罗生门	杨涛(检察官)
11月22日	中国青年报	该给“白宫书记全部翻供”打上一个问号	亦菲(公民)
11月22日	楚天都市报	“白宫书记案”为啥拒绝旁听	佚名(公民)
11月23日	网易博客	“白宫书记”上法庭的闹剧	五岳散人(专栏作家)
11月24日	东方早报	主犯穿夹克,从犯穿囚衣	张耀杰(学者)

媒体相关报道情况一览表

网络为舆情传播推波助澜的还有各大网站的重点推荐和专题制作。如新浪网在其首页挂出了“白宫书记案”的标题链接，搜狐网则制作了名为《“白宫书记”张治安和他背后的“颍上张家”》的专题,该专题集中了有关此案的视频、图片和文字,而文字部分又囊括了平面媒体报道,平面媒体的评论和网络评论,以及网友的相关博客文章、回复等。专题的传播影响力远甚于平面媒体的单纯图文展示。

阜阳白宫书记庭审变成闹剧 只发2张旁听证

·安徽“白宫书记”受审 法院门口发生冲突

直击庭审现场：张治安西装革履 被害人黯然神伤

·张治安未穿囚服红光满面，当庭翻供

·白宫书记涉嫌报复陷害案庭外参观记

·受害人三位代理律师无奈退庭

·被害人张俊豪被法警架出法庭

案件回放：白宫式政府办公楼与一个小村官的非正常死亡

搜狐网专题报道截图

【舆情综述】

从网络舆情中可以看出，网民对此事的讨论主要集中在以下两点质疑上：

一是质疑庭审不公开。如新华社记者杨维汉在“新华时评”中质疑：此案既是法律明文规定应该公开的一审案件，又是公众高度关注的重要事件，芜湖中院如此遮遮掩掩、神神秘秘，是不够自信、害怕无法控制庭审局面，是担心被告人当庭翻供、让检察机关难堪，还是想“暗箱操作”、变相维护被告？不管出于何种原因，总该给老百姓一个说法。

作者批评一些地方在处理官员腐败案件上总是显得十分低调，甚至当作保密材料处理；一些本应公开审理的案件也总是藏藏躲躲，避免百姓的参与。这不仅违背了“阳光司法”精神，也不利于舆论对干部队伍的监督。文章认为，像“白宫书记”这样的热点案件审理，是彰显公平正义的最佳教材，也是宣传普及法律、树立司法权威的良好机会。人们从来不拒绝真相，反而会在真相面前体会到公平正义的内涵和价值。

文章还提到：或许有人担忧被告在法庭上当众揭发出其他官员的腐败，

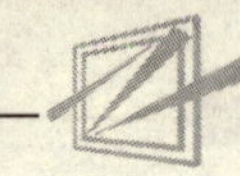

那正好可以为纪检机关提供侦查线索，老百姓更会拍手称快。如果就是因为这个原因，引起了某些人的恐慌，动用权力干扰正常应当公开审判的司法活动，那么有关部门更是应该一查到底，予以严惩。

二是质疑被告人中主犯着便衣，从犯穿囚衣。如学者张耀杰在《东方早报》发表的评论中写道：据原告李国福的女婿描述，庭审开始，没有穿囚服、身着黑色夹克衫的张治安满面红光、精神焕发地出现在法庭，身着印有看守所字样黄马甲的汪成随后也上庭受审。网络中流传的庭审照片，充分印证了这一细节的真实性。

作者认为：在针对李国福的报复陷害过程中，阜阳市颍泉区原区委书记张治安是下达指令的主犯，颍泉区检察院原检察长汪成是奉命行事的从犯。尽管张治安曾经于 2009 年 3 月 13 日被取保候审；5 月 29 日，他还是被再次关进了看守所。在这种情况下，无论是按照中国传统的“王子犯法与庶民同罪”的旧式身份法理，还是按照法律面前人人平等的现代契约法理，作为主犯的张治安都应该与从犯汪成一样。

文章最后讲道：“主犯穿夹克，从犯穿囚衣”，如果像这样违法执法的司法现象得不到依法纠正的话，原本应该伸张正义、保障人权的刚性法律，将会变成无足轻重的一纸空文。

【舆情回应】

24 日，芜湖中院新闻发言人通过《人民法院报》对公众的各项质疑逐一进行了解释回应。

针对张治安在庭审前曾多次更换辩护律师，并在庭审中拒绝律师为其辩护的问题，新闻发言人介绍说：该案进入审判阶段后，被告人张治安四次更换辩护律师。经了解，张治安频繁更换辩护人的原因是要求律师为其作无罪辩护，而律师不愿这样做。为维护被告人的合法权利，庭审中芜湖中院先后两次指定了熟悉案情的律师为其辩护，但当庭分别被张治安以律师不了解案情和不为其作无罪辩护为由拒绝。

针对该案两被害人的诉讼代理人退出法庭的问题，该新闻发言人解释说：根据有关法律规定，法庭禁止携带任何具有录音、录像功能的电子设备进入庭审现场。法庭宣布开庭后，曾告知其具有录音功能的笔记本电脑不得带入法庭，但三名代理人以所有材料均储存在电脑中，以及电脑中存有个人隐私为由予以拒绝。最终，法庭通知法警将诉讼代理人的笔记本电脑移出法庭，三名诉讼代理人遂自行携带电脑退出法庭。

针对庭审当日两名被害人也退出法庭，新闻发言人称：因两名被害人的诉讼代理人提出不符合法庭纪律的要求未获准许而自行退出法庭，被害人袁爱平和张俊豪情绪失控，从席位上站起来大声喧哗，袁爱平一度手捧被害人李国福遗像闯入审判席，高声叫喊，对其诉讼代理人的退庭表示不满。袁爱平、张俊豪两人不听劝阻喧闹，致使庭审活动不能正常进行，法庭经劝说无效后，为保障庭审能够顺利进行，宣布被害人违反法庭纪律，请法警将其带出法庭。

另外，庭审当日张治安未穿囚服出庭受审引起公众质疑，该新闻发言人回应说，被告人是否应穿囚服出庭受审，法律并没有明确规定。

最后，对于本次审判"禁止媒体旁听"的做法，新闻发言人回应称，该案庭审当天，因旁听证已经发放完毕，导致一些要求旁听的人员未能进入法庭旁听庭审。他还表示，欢迎新闻媒体对法院审判工作进行监督。然而，《中国青年报》的报道却称，当天，"关注此案的来自全国各地的 20 多名记者吃了法院的闭门羹"，并且"据受害人家属介绍，庭审现场至少空着 20 个座位"。从新浪网上的网民回复来看，在截至 11 月 24 日 14 时的 1,328 条评论中，多数对法院的回应不予认同。负面舆情仍在延续、激化。

本案受害人李国富的家属中途退庭后手持遗像在庭外合影

【相关链接】

http://news.sohu.com/s2009/09baigongshuji/

http://www.wccdaily.com.cn/epaper/hxdsb/html/2009-11/20/content_119752.htm

反暴力拆迁类

辽宁本溪张剑杀强拆者案

法院判决张剑防卫过当但只予缓刑，契合了舆论对张剑的普遍同情。但这一判决绝不是单纯为舆情倾向而做出的枉法裁判，本溪中院在审理过程中，较好的诠释了“依法独立行使审判权”在传播革命时代的特殊意义，最大限度地接近了法律效果与社会效果的统一。对非法强制拆迁所引发的舆情激愤，非司法所能承载之重，但司法理应为公权失职时的自力救济解套。应对舆情的最佳方案就是不偏不倚，公正判决。公民有保护自己合法财产不受暴力侵犯的权利，正当防卫同时又不能过当，否则就会承担责任。张剑案的裁判结果在一定程度上消解了人们对公权力救济缺位时私力救济尴尬挺身的无奈和怨愤。张剑的重获自由满足了公众的部分期待，也赢得了舆论的普遍赞誉。

——海南大学法学院副教授，《政法网络舆情》周刊主笔 王琳

案例概述

●2008 年 5 月 14 日上午 8 时许，辽宁省本溪市华厦房产综合开发有限公司拆迁工作人员王维臣、周孟财、赵君、矫鸿伟、王伟等进入列入拆迁范围的当地钉子户张剑家实施强行拆迁时，遭到张剑反抗，反抗中赵君被张剑刺伤。

●2008 年 5 月 16 日，赵君经抢救无效死亡。经法医鉴定：赵君系被他人用单刃刺器刺破肝脏致大失血造成多器官功能衰竭而死亡。

●2008 年 6 月 16 日，张剑来到北京，在律师王令的陪同下向北京市宣武区警方自首，后被移交本溪市公安局明山分局。

●2008 年 7 月初，接手该案的北京才良律师事务所多人多次前往本溪会见张剑，但明山分局将该案定性为涉及国家机密案件拒绝律师会见。张剑

的父母也多次向本溪市、明山区两级警方控告王维臣等人故意毁坏财物，警方不予立案，也没有依法做出《不予立案通知书》。后来，在本溪市承办该案的检察官的帮助下，他们才与张剑见了面。

●2009 年 3 月 9 日，辽宁省本溪市人民检察院向本溪市中级人民法院提起公诉。公诉书称，张剑和前来解决拆迁事宜的华厦工作人员发生争执，继而厮打。张剑无视国法，持械故意伤害他人，致人死亡，应以故意伤害罪追究刑事责任。

面对律师的辩护，检察官当庭发表“山水人家”项目是重点工程，是惠民工程，要求被拆迁人不要“漫天要价”的检察意见时，引起旁听席上一片嘘声。律师则指责称，他们面对的“似乎不是代表公诉机关的公诉人，而是开发商的代理人”。

●2009 年 3 月 30 日，本溪市中级人民法院第一次开庭审理后，并未当庭宣判。本溪市检察院向法院提出了延期审理的申请，并得到对方允许。

●2009 年 4 月 15 日，本溪市检察院和市公安局对案件进行补充侦查时，将拆迁命案当事人张剑 55 岁的母亲白艳娇刑事拘留，理由为涉嫌在张剑案中作“伪证”。辩护律师王令称，在白艳娇案件中，警方以“已与检察院沟通，可不追究刑事责任”为由，劝说张剑妻子信艳说出“实情”，以及通过播放张剑录像，让白艳娇承认曾作“伪证”的行为，皆涉嫌“诱供”，是“明显的违法行为”。他表示将就警方“诱导”白艳娇承认与律师一起指导张剑向警方作出“假口供”一事，向有关部门投诉。

●2009 年 9 月 4 日，本溪市中级人民法院对此案做出一审判决，法院认定：张剑之父张志国家房产坐落于由华厦公司承建的明山区新立屯“山水人家”棚户区改造项目拆迁范围内，隶属于“山水人家”两地块；华厦公司取得上述两地块的拆迁许可证，没有取得政府批准的强制拆迁手续。张剑的防卫行为“已构成故意伤害罪”，“系防卫过当”，兼之“自首”情节，判处张剑有期徒刑三年，缓刑五年。

●2009 年 9 月 15 日，本溪检察院未予抗诉，法院对张剑的判决正式生效。当日，张剑办理了缓刑手续，还获得房产商 50 万元房屋拆迁赔偿。有法律界人士认为，张剑杀人犯罪但未抵命，是我国新时期拆迁纠纷中出现的首例判决，可成为我国法律保护公民私权的典型案例。

●2009 年 10 月 30 日，辽宁省本溪市拆迁办副主任郭伟在接受《三联生活周刊》采访时称，张剑案发后，本溪市准备出台一份针对暴力拆迁的新文件，拟规定对一系列行为的处罚措施，这些行为包括：采取停水、停电、停气、停止供暖等违法行为的；采取恐吓、胁迫、打砸、设置障碍阻碍被拆迁人通行、生活等野蛮拆迁行为的；没有与被拆迁人签订拆迁安置补偿协议，或未依法履行裁决程序，非法将被拆迁人房屋拆除的；以及国家工作人员玩忽职守默认或支持违法、违规拆迁行为的。但因为新的《拆迁条例》迟迟没有出台，上位法没颁布，下位法难以制订。

“张剑案”为暴力拆迁者敲响警钟

【主题事件】

张志国（被告人张剑之父）在本溪市明山区长青街11组有一处平房，位于本溪华厦房地产综合开发有限公司（以下简称华厦公司）开发的“山水人家”项目拆迁范围内。2008年4月30日，华厦公司工作人员王维臣等人在未与张志国达成拆迁安置补偿协议、未取得强制拆迁手续的情况下，将张志国家西侧房屋拆掉一半。2008年5月12日，王维臣、周孟财等人到张志国家与张剑母亲白艳娇就动迁补偿问题进行协商，但未达成协议，双方商议过两天再谈。5月14日上午8时许，王维臣、周孟财、赵君、矫鸿伟、王伟等华厦公司工作人员进入张志国家居室内，躺在炕上的张剑以为他们来强行拆房，起身让妻子信艳抱孩子离开，信艳欲出屋时遭王维臣阻拦，张剑见状下地穿鞋时被赵君等人拽住并殴打，张剑遂拿起炕席下的尖刀朝赵君臂部、胸部、腹部等部位连刺数刀后逃离现场。王维臣随后调用挖沟机将张志国家房屋全部拆除。赵君于5月16日经抢救无效死亡。经法医鉴定：赵君系被他人用单刃刺器刺破肝脏致大失血造成多器官功能衰竭而死。案发后，被告人张剑于2008年6月16日向北京市公安机关投案自首。

2009年9月4日，本溪中院一审判决张剑犯故意伤害罪，并认定张剑是面临不法侵害，不得不采取自卫方式来维护自身合法权益，杀人后又有自首行为，判处张有期徒刑3年，缓刑5年。

【舆情传播】

张剑案曾于事发时的2008年5月成为舆论关注的热点。一年来，该案在刑事诉讼流程中的每一个进展，都会有相应的网络信息被媒体或张剑的两位辩护律师披露，也都会被广为传播。9月4日张剑案一审宣判后，舆论开始对该案进行总结和反思。在平面媒体的报道中，一个突出的特点是多为深度报道和研判性报道。如《南方周末》于10月8日刊发了两篇报道，一为综述类的《被拆迁者捅死拆迁者 被判缓刑重获自由》，一为访谈类的《让张剑案成为指导性案例》；《中国青年报》10月19日刊发的长篇报道《本溪暴力拆迁命案加害人获缓刑 专家建议最高人民法院将此案作为指导性案例》；《法律与生活》今年第21期的《辽宁本溪钉子户杀死暴力拆迁者事件始末》，以及《凤凰周刊》今年第19期的特别报道《本溪刺杀拆迁者事件》等。

在上述深度报道中，《中国青年报》10月19日的报道被网媒转载最多，也成为激化网络舆情的关键文本。新浪网、搜狐网、腾讯网和网易四大门户网站均在首页重要位置推荐此文，网民跟帖积极。搜狐网的相关评论有1067条，网易上有5430条。不少网民高度评价张剑的行为，并将其捧到"抗暴勇士""中国偶像""感动中国年度人物"等高度，认为"张剑无罪，暴力拆迁者应受追究"的观点在舆情中占了多数。报道中引用的公诉人在法庭审理中发表的有关"'山水人家'项目是重点工程，是'惠民'工程"的言论，也广受网民质疑。

本刊收集了与张剑案一审宣判有关的媒体评论(见附表)，其中绝大多数均于10月20日和21日刊出。至10月24日，围绕张剑案的舆情逐渐转淡。

时间	媒体	作者	标题	如何看待判决
10.20	南方日报	社评	本溪拆迁命案的欣慰与遗憾	张剑应无罪
10.20	新京报	社评	"拆迁命案轻判"并非鼓励以暴制暴	基本认同
10.20	新闻晨报	王琳	张剑案为反抗暴力拆迁者解了个套	基本认同
10.20	扬子晚报	银玉芝	张剑案还缺一个被告	基本认同
10.20	钱江晚报	付瑞生	张剑轻判 物权保护亮剑	基本认同
10.20	法制日报	唐卫毅	法治社会公民私权至高地位咋体现	基本认同

10.20	千龙网	严万达	望“张剑案”能给地方政府以警示	基本认同
10.20	长江商报	银玉芝	土地纠纷亟需建立司法救济制度	基本认同
10.20	西部商报	社评	暴力拆迁者当以张剑案为戒	基本认同
10.20	东南商报	瞿方业	刺死强拆者获缓刑彰显司法正义	基本认同
10.20	河南商报	殷国安	“杀人不偿命”的标本意义	基本认同
10.21	楚天都市报	练洪洋	“张剑案”为暴力拆迁者敲响警钟	基本认同
10.21	黑龙江晨报	汤劲松	把张剑案看成里程碑过于乐观	基本认同
10.23	南方都市报	黎明	张剑案有罪判决释放了什么信号？	张剑无罪
10.23	时代信报	徐经胜	张剑案应成为中国的“亨利·史威特案”	基本认同

有关“张剑案”一审判决的媒体评论一览表

【舆情综述】

从此案舆情的内容来看，主要有以下四种：

一、**肯定张剑案一审判决对于维护被拆迁人合法权益的意义**。如评论作者殷国安、瞿方业等人均撰文肯定了张剑案“杀人不偿命”的标本意义。张剑犯故意伤害罪致人死亡，为何最后却只判缓刑？殷国安认为：一是，包括张剑家在内的15户长青社区居民成了“钉子户”，他们认为在自己世代生活的土地上盖起的是天价别墅，并非公共事业，要求得到一笔合理补偿是正确的；二是，在补偿不能达成一致的情况下，华厦公司非法强制拆迁是违法的；三是，张剑的刺杀发生在暴力侵害、并有可能继续面临暴力侵害的情况下，他是为保护私人财产免受破坏和自己及家人免受人身侵害而采取的自力救济行动，属于正当防卫的范畴；四是，鉴于他有自首行为，法院决定对他从轻或减轻处罚，而且鉴于他本人的自身情况和表现，法院认为判其缓刑不会对社会构成危害。

殷国安同时认为：这起新时期拆迁纠纷中杀人没有抵命的首例案件，至少在司法实践层面有效破解了被拆迁户自力救济的方式和程度的司法难题，敲响了暴力拆迁者的警钟。为此，建议把本溪暴力拆迁命案判决书批转全国各地，让暴力拆迁的嚣张气焰得到抑制，让依法维权的弱势群体受到鼓舞，以维护社会的公平正义。

但也有舆论认为，把张剑案看成里程碑过于乐观。如汤劲松在《黑龙江晨报》撰文提醒：即便在《物权法》已经实施的情况下，在各地为保护被拆迁者利益纷纷出台“禁止非法拆迁”的相关地方性条款的情况下，暴力拆迁的消息还是层出不穷。因此，公众对张剑案“成为我国保护公民私权法治进程中的里程碑”的看法，其实更多的是一种期许。

作者认为，在法治社会，任何暴力剥夺他人合法权益的行为，都是不被许可的。张剑们保护的是自己的合法财产，强势集团对他合法财产的暴力剥夺，理应由公力救济给予帮助。但可惜的是，在这个时候，公力救济者，却往往保持沉默。我们所看到的，大多数时候是张剑们很微弱无力的自力救济，而且这种自力救济，又很容易陷入违法的危险境地。在这个过程中，公力救济者的缺位，有很多原因。以张剑案为例，地方政绩和GDP的结合，房地产对GDP数值的贡献，都是很现实的考量。当然，也可能包括权钱合谋，巧取豪夺如张剑这般普通民众利益的情况。而这样的情形，在短期内，大概是不会有大的改观的。所以，说张剑案能成为法律保护公民私权的典型案例，甚至可成为我国保护公民私权法治进程中的里程碑，就有些过于乐观了。

二、认为张剑案一审判决过重，张剑应无罪。如凯迪猫网首席评论员黎明在《南方都市报》刊发专栏文章认为，对张剑的有罪判决，实际上向社会释放出了一个消极信号：即使强势群体对个人采取极端暴力手段以推进商业利益，被暴力侵权夺产的居民如果反抗仍然有罪。这个判决并未歪曲基本事实，但它蓄意将明显的正当防卫行为定作了故意伤害罪，混淆了有罪和无罪之间的界限。作者认为：对自救自保者的轻判，实为一次严重的枉法曲断。

《南方日报》在其社评中虽然认同“本溪当地司法机关最终对张剑的定罪准确，量刑适中”，但文章又指出，肯定本溪法院的前述判决，仅仅是从现行法律制度的规范出发所作的评判。如果从应然状态出发，也许国家需要修改刑法和相关法律，对今后无数个可能出现的张剑免予处罚。文章认为：人之所以为人，不仅因为他有生命，更因为他有尊严和自由。因此，对事关人的尊严、财产和自由的住宅权的保护，完全可以放到和生命权同等的位置。一个可能的设想是，立法机关修改刑法有关正当防卫的条款，将严重危及住宅安全的暴力不法侵害纳入到无限防卫之列。

张剑

三、造成命案的张剑被轻判并非鼓励以暴制暴。如《新京报》社论认为:作为宽严相济刑事政策的现实体现,“辽宁拆迁命案”的判决当然有作为“指导性案例”的价值。但是,这一“指导性”,不能被片面解读为暴力应对非法拆迁应当轻判,更不能因此对防卫过当进行过于宽泛的解释。从刑法意义上看,“不法侵害”是指具有进攻性、破坏性、紧迫性的侵害,拆迁方华厦公司的“打人、砸东西、扒房”,都构得上“不法侵害”,张剑有权予以抵抗,但是,只要拆迁方的“侵害”没有达到严重危及人身安全,构成严重暴力犯罪的程度,张剑的抵抗行为仍应以不损及侵害方的生命为限,不能适用“无限防卫权”。如果动辄鼓励公民使用“无限防卫权”,将使正当防卫行为失去程度限制,导致不必要的伤亡。即便张剑的房屋最终未被拆除,也并不能成为张剑杀人的正当化理由。

四、认为暴力拆迁者也应成为被告。如银玉芝在《扬子晚报》撰文指出:该案中,作为弱势一方的被拆迁者张剑,尽管最终被法院判定“防卫过当”,只判处有期徒刑三年、缓刑五年,重获自由,并获得拆迁补偿,但拆迁者、特别是拆迁主导部门,并未受到相应的司法审判。也就是说,此案还缺一个被告,而这个被告的缺席让这一案件显得不很完美——显然,暴力拆迁本身是违法的,类似该案的暴力拆迁,不仅仅涉嫌违法,而且多涉嫌暴力犯罪。要遏制暴力拆迁,司法如果不作为,显然是没有办法保障私权的。作者认为,如果暴力拆迁能够被审判,并且依法判决,对全国各地的暴力拆迁才会有威慑意义。

《南方日报》的社评也有同样的判断:综合本案的全部情况来看,一个令人遗憾的地方还在于,虽然司法机关对张剑的防卫过当行为进行了刑事判罚,但对开发商方面反复、多次的非法入宅行为,却未见有侦查和审判。要知道，这些非法入宅行为，恰恰是引发血案的直接原因，其本身也涉嫌犯罪。如果只对张剑进行审判而忽略了开发商方面的不法侵权行为，那就失之偏颇。

王琳也在《新闻晨报》撰文指出：时至今日，引发张剑案的暴力拆迁行为仍然为当地侦查机关所漠视。张剑拼力要捍卫的财产权也已成为别人的别墅。公民的财产权在现实中是如此脆弱，公权力机关在保护公民财产权上的无所作为又是如此的令人愤懑！作者认为，财产权的保障并不因物权法的出台而将得以终极解决。物权法确认权利，意义固然重大。对于权利人而言，要能够充分保障权利，还需要刑法和行政法对侵权行为的严厉惩处。换言之，对财产权保护更具决定意义的，是当权利遭到侵害时，公权力能够及时介入排除这种侵害；当权利已经遭到侵害后，公权力能够为受害人提供一条畅通的救济管道。而当权利保护的这两大后盾在现实中都隐身于潜规则之中，权利人只能选择私力救济。张剑案的启示不仅在于司法理应为公权失职时的自力救济解套，更提醒了各级政府部门，一味放纵暴力拆迁而毫无及时制止、依法查处的行动，只会导致比暴力拆迁更为恶劣的公共事件。

【相关链接】

http://blog.sina.com.cn/wangling123

http://blog.sina.com.cn/s/blog_4bff66840100f1d7.html

http://zhaokai.fyfz.cn/blog/zhaokai/index.aspx?blogid=526041

http://zqb.cyol.com/content/2009-10/19/content_2892161.htm

成都唐福珍自焚阻拆事件

终于在当今无远弗届的传媒时代,借助公民记者的手机录像,借助于网络,借助于中央电视台的强大传播能力,我们目睹了唐福珍人生谢幕前令人撕心裂肺的片段。我们这些观众终于不忍只当看客了。面对频频肆虐的矿难, 山西省长王君先生说,我们不要带血的煤。而我们需要在“拆呐”声中出现的带血的新城市吗?

请注意,曾经的“女性创业模范”唐福珍之死惨于矿难死者。第一,矿工是男人,而唐福珍和我家乡的“暴力抗法”者都是女人;第二,死难矿工是因事故被动死亡的,而唐福珍是因走投无路自焚的;第三,多数遇难矿工是瞬间丧生的, 而唐福珍则是在严重烧伤后经历了 16 天的极度痛苦后才告别人世。她的死即使不能重于泰山,但也绝不会轻于鸿毛吧?

我们看到了北京大学 5 位法学家的上书和国务院法制办、全国人大常委会的积极回应,也看到了一些视掠夺性的房地产开发为 GDP 大头的地方官员的抵触。从改变国家经济增长模式、建设真正的和谐社会的意义上说,或许与 2003 年的孙志刚事件一样,这个 2009 年最令人撕心裂肺的事件,也是以极其惨痛的代价来推动中国法治和良性经济发展的一个机会。

——北京外国语大学国际新闻与传播系教授 展江

案例概要

●1996 年 8 月，胡昌明与金牛区天回镇金华村签订了《建房用地协议》后，在未办理《规划建设许可证》及用地审批手续的情况下，修建了面积达 1600 平方米的砖混结构及简易结构房屋，用于企业经营。

●2004 年胡昌明与妻子唐福珍离婚，该房屋规胡所有。

●2007 年 8 月，成都为推进全市四大污水处理厂之一的城北大天污水处理厂配套工程建设，决定实施连接北新干道和川陕路的市政道路金新路建设，胡昌明的违法建设处在规划红线内。为保证金新路施工顺利进行，金牛区有关方面多次与胡昌明沟通，要求其自行拆除。

●2007 年 10 月，金牛区城管执法局依法向胡昌明下达了《限期拆除违法建设决定书》，并告知如对执法决定不服，可通过行政复议等法律途径解决。

●2007 年 12 月，胡昌明对限期拆除决定不服，提起行政复议。

●2008 年 2 月，成都市城管执法局经审查，依法维持了金牛区城管执法局作出的限期拆除违法建设的决定。对此决定，胡昌明未在法定期限内向人民法院提起诉讼。

●2009 年 4 月 10 日，金牛区城管执法局依法对胡昌明违法建设实施拆除，唐福珍组织其亲属多人暴力阻挠执法，唐福珍采取往自己身上倾倒汽油的极端方式相威胁，为避免意外情况发生，此次行动终止。

●11 月 13 日，金牛区城管执法局再次对胡昌明违法建设实施依法拆除。唐福珍组织唐、胡两家亲属 10 余人，采取逐层关闭楼层通道，向执法人员投掷砖头、石块、自制汽油燃烧瓶，在楼道、平台泼洒汽油并点燃等暴力方式阻挠执法。

●11 月 13 日，金牛区公安分局立案侦查。经初步调查，胡昌明及部分唐、胡两家亲属在此次暴力抗法阻挠依法拆违事件中涉嫌妨害公务犯罪，依法对 8 名涉嫌犯罪人员实施刑事拘留。

●11 月 29 日晚，成都市金牛区居民唐福珍因伤势过重，经抢救无效死亡。

●12 月 2 日，金牛区城管执法局局长钟昌林首次向媒体介绍事件过程。其间的诸多解释与死者亲属以及随后亲历者的说法相隔甚远，被舆论认为是“自脱干系的说词”，不仅没有平息汹涌的舆情，相反又激起了新一轮的质疑。

●12 月 2 日，据死者亲属称，当时他们要求官方把尸体交给亲属，金牛区刘副区长说他要请示领导，到第二天凌晨 1 时许，才同意亲戚把唐福珍的尸体运往新都区东林殡仪馆安放。当时，有包括警车在内的六七辆车和警察、治保人员、城管人员共 40 人左右护送，尸体安放后政府留下 10 多名治保人员监守。

●12 月 3 日晚上 10 点，成都市金牛区召开新闻发布会，公布了 11 月 13 日“唐福珍自焚死亡事件”的初步调查结果。金牛区区委副书记、区长马旭称，初步查明，在唐福珍往自己身上倾倒汽油直至引燃过程中，现场指挥的有关人员判断不当、处置不力。金牛区政府已于 12 月 2 日对相关责任人作出处理建议：区城管执法局局长钟昌林停职接受调查。调查还将继续进行，若发现在执法过程中存在其他问题，必将严肃处理，绝不姑息。

●12 月 6 日四川在线一连发出三篇快评《唐福珍自焚非拆迁违法建筑的错》（何定一）、《为了个人利益可以不顾公共利益？》（孙恕）、《是为私利还是真的“正义凛然”？》（贾宏奎），本意是为当地政府辩解，然而由于方式的笨拙适得其反。

●12 月 7 日，北京大学法学院的五位教授沈岿、姜明安、王锡锌、钱明星和陈端洪以公民名义致信全国人大常委会，建议废止或修改《拆迁条例》相关条款。

●12 月 7 日，全国人大常委会法工委法规备案审查室官员对媒体透露，国务院正在准备修改《城市房屋拆迁管理条例》，目前已经组织了国务院法制办、住房和城乡建设部、国土资源部、农业部、林业局等相关部委局，再次进行前期的立法调研工作。

成都拆迁户自焚事件舆情透视

【核心提示】

岁末年尾，有关暴力抗拆的画面接二连三地进入我们的视野。从上海到贵州再到成都，似乎与年初发生的内蒙古赤峰自焚事件遥相呼应，为即将结束的2009年做出了另一番注解。本刊本期以成都自焚事件为标本，透视其间的舆情脉络，希望能为读者呈现几分有价值的启示。

事件真相：官方与亲属

11月29日晚，成都市金牛区居民唐福珍因伤势过重，经抢救无效死亡。16天前，她因阻止政府有关部门拆迁而站在楼顶抗争，最后泼上汽油用打火机自焚。如今，唐的数名亲人或受伤入院或被刑拘，地方政府将该事件定性为暴力抗法。

12月2日，四川省成都市金牛区城管执法局局长钟昌林向媒体介绍了事件过程，称早在今年4月10日，金牛区城管执法局依法对胡昌明违法建设实施过一次拆除，遭到胡昌明、唐福珍及其亲属采取投掷汽油瓶和向执法人员泼洒汽油等方式阻挠，致使依法拆除行动被迫取消。11月13日依法拆除时，仍遭到“投掷砖头、石块、汽油瓶及点燃汽油等方式”阻挠，在相持了近三小时后，唐福珍自焚，楼下的消防队员立即用泡沫水枪喷洒灭火，执法人员及工作人员迅速搭梯攀登救人，随后金牛区有关方面迅即派出专人，24小时协助医院做好抢救工作。

而家属和亲历者的说法则与此大相径庭。据唐福珍的三哥唐福明介绍，13日凌晨5时左右，大批拆迁人员赶到楼下，将整个楼围住并开始砸门冲进楼里，“都是穿迷彩服的，有的拿着盾牌，有的拿着钢管，不分男女老少，见人就打”，“我的一个侄女，抱着一个小孩子，也被打倒在地”。唐福明说，在双方对峙的过程中，“我妹妹还对着楼下喊话，说只要他们撤人就可以坐下来谈”，当时唐福珍往身上倒了两次汽油，下面的人没有试图阻止，还回话要求其“不要与政府作对，你现在下来还来得及”。唐福明认为妹妹自焚时执法人员不作为，“是在（妹妹）倒下后，才上去抢救的”。在接受电视台采访时，围观的村民质疑拆迁雇社会人员，是“临时穿上迷彩”。另据唐福珍妹妹唐福英介绍，自从11月13日发生自焚事件后，唐福珍病房（重症监护室）日夜由4名治保人员监守，亲人都见不到唐福珍。亲属强烈要求政府把羁押在看守所的唐福珍的其他亲属带来，以期见唐最后一面，但未得到允许。

12月3日晚10时，成都市金牛区通报了金牛区“11·13”拆迁户自焚事件初步调查情况，称金牛区城管执法局局长钟昌林已被停职调查。4日上午，胡昌明（唐福珍前夫）的代理律师分别到成都市金牛区的多个政府部门转交了一封质疑信，要求金牛区政府回应此案中备受关注的11个问题，包括实施强拆的人员、单位、是否有合法手续等，还包括要求金牛区政府公布现场执法录像等，同时还质疑金牛区政府对于此案的定性，认为唐福珍等人并不构成“暴力抗法”。

舆情骤变：是什么让她“以命相搏”

12月2日，中国新闻网、人民网等网站披露了这一事件，当晚央视《新闻1+1》播出《拆迁之死》，播放了自焚现场的手机视频短片，随之各大媒体和各大网站都做出了快速反应，并一路跟踪报道。一时间，纸质媒体和网络论坛、博客空间等，数以万计的评论呈井喷之势，使这一悲剧成为年底最热的舆情焦点。

搜狐网评：《女子为阻拆迁自焚身亡 悲剧凸显物权法无力》（来源：12月3日央视网）排行第10，点击数达2,718,517，网民留言评论450；《成都将自焚事件定性为暴力抗法 死者丈夫被刑拘》（来源：12月3日《武汉晚报》）排行第1，点击数达1,233,529，网民留言评论达44,806。

新浪网热点网评：《成都将拆迁户自焚事件定性为暴力抗法》（来源：12月3日《武汉晚报》）排行第1，网民评论8,887条；《成都金牛城管执法局长因拆迁户自焚事件被停职》（12月3日四川新闻网）排行第2，网民评论3,371条；《央视谈女子为阻拆迁自焚事件 专家质疑执法者》（12月2日央视《新闻1+1》）排行第8，网民评论4,327条；《成都自焚拆迁户数名亲戚涉嫌妨害公务罪被刑拘》（12月4日《重庆晚报》）排行第10，网民评论1,084条。相关评论达26,421条。《成都公布城管搭梯救自焚拆迁户录像》（12月3日央视新闻频道）视频排行榜首位，网民评论930条。

网易新闻排行榜：《成都金牛区城管局长因拆迁户自焚事件被停职》（12月3日中国新闻网）点击量176,246，日排行第1，网民跟帖数6,623；《成都拆迁户与城管对峙3小时后自焚身亡》（12月2日中国新闻网）月排行第4，网民跟帖12,159；《成都拆迁户自焚事件被定性为暴力抗法》（12月3日《武汉晚报》)月排行第8,网民跟帖9,305。

腾讯网新闻排行:《成都通报拆迁户自焚事件经过 城管局长停职》(4日中国新闻网)排行第1,评论646条,但随后评论功能关闭;《成都将拆迁户自焚事件定性为暴力抗法》(3日《武汉晚报》)排行第3,评论386条。在腾讯论坛,一则《成都拆迁户唐福珍死亡,进来悼念一下》的帖子吸引网民阅读137,506次、回复12,639条,网民跟帖达400多页。

从上述网络传播和影响分析,《武汉晚报》的报道影响较大,左右着网民对事件的认知和评判;相比而言,成都媒体存在失语,一些日报在报道上较为滞后。而从纸质媒体刊登的评论分析,官方"暴力抗法"的定性激起12月4日出现评论集中井喷;评论的作者一部分为媒体评论员,一部分为具有专家身份的意见领袖,还有一部分是自由撰稿人。其中意见领袖扮演了重要角色,撰写评论的多为具有深厚评论功底、活跃于当今舆论前沿的知识界达人,如十年砍柴、熊培云、何兵、笑蜀、邵建、张天蔚、展江、王石川等。尤其是《南方都市报》连续刊登了6篇评论,其中1篇社论,3篇为意见领袖撰写的专栏,1篇为法律学者撰写的长篇评论,并作为评论周刊头版整版刊登,舆论的影响力极大。

从网络留言评论看,网民表达了对死者的同情和严重关切,情绪十分激动,几乎将矛头全部指向了当地政府。有网民留言说,"究竟孰是孰非并不重要,重要的是生命在这里被漠视,法律在这里被践踏,本应预见的流血事件却在政府官员的现场指挥下发生了"。天涯社区网友"蓝莲花"悲愤地写道:唐福珍生前多方求助于媒体,有的媒体勒索她,更多的媒体是袖手旁观,因为案子不够大,不够极端。是啊,在到处都是拆迁惨祸的中国,有几起能够进入媒体视野的呢?她的极端,确实引来媒体的关注,甚至她的死亡,比自焚后救活更能带来新闻效应。人民网上一则阅读量达3,232的帖子质疑:唐福珍以死相抗,不知道当事的政府官员内心是否有过哪怕是一丝的触动?凯迪网络"猫眼看人"社区的热帖直言,唐福珍女士的死不能唤醒拆迁官员的良知,因为拆迁行动的背后隐藏着巨大的猫腻。还有网民将其与2003年的孙志刚事件联系在一起,希望唐福珍的死也能让已经引起民愤的城管部门消失。更有网友发文《祭唐福珍女士文》相祭:天府之国,天灾方息;人文之都,人祸复起。有女福珍者,居大宅十有三载,竟不知其为非法……

网民激辩:暴力抗法还是暴力执法

舆情的激愤很大程度上源于官方“暴力抗法”的定性。从后面报纸刊登的评论看,在标题中直接质疑地方政府定性的评论就多达7篇,观点判断几乎一样。而网络调查显示,91.39%的网民认为拆迁执法者不对,91.28%的网民认为是“暴力执法”。

唐福珍的死值不值?

选项	百分比	票数
值:	46.75%	1383票
不值:	44.86%	1327票
不好说:	8.39%	248票

拆迁执法者对不对?

选项	百分比	票数
对:	4.53%	139票
不对:	91.42%	2808票
不好说:	4.04%	124票

慧聪网调查截图

网民纷纷在博客、论坛中表达愤慨言词,认为强势的政府非但没有立案调查唐福珍的死因,还在最短的时间给她定性为暴力执法,没有比这更荒唐的事情了。有网民质问:天不亮就武装到“119”、“120”的级别来拆迁,是何居心?成群结队的“迷彩服”成为暴徒,打砸之后脱掉迷彩服逃之夭夭,是谁组织的?为谁替罪的?唐福珍自焚是暴力抗法,那她和家人如果把汽油泼向“迷彩服”,为什么就不是正当防卫呢?

网友“雕心流云”发表博文认为:在事件的整个来龙去脉已经众所周知并在各种媒体上热议的情况下,“暴力抗法”的定性根本经不起推敲!首先,地方政府的执法能力经不起推敲!半年前,“合理合法”的拆除行动就受到很“恶劣”的阻挠手段,当地的执法者为什么不处理?第二,“暴力抗法”里的“法”饱受质疑而经不起推敲!央视的“新闻1+1”里,作为嘉宾的专家很明确地提出了两点质疑:一是,这个建筑1996年就建了,为什么要等到2007年当地政府的新规划出来后才“变”成违法的呢?二是,如果是违法建筑,就不存在“拆迁”,而应该是“拆除”,而如果是“拆除”怎么又会出现和户主谈补偿价格的说法呢？用“暴力抗法”来定性这个事件，显然有逃避所谓的“执法者”对生命无视的责任！

博文《暴力抗恶，不是抗法》称：这哪里是依法拆迁，简直是鬼子进村。明明是地方政府野蛮拆迁酿成惨祸，还要将罪责和罪名压到受害者身上。这是什么样的社会，这是什么样的政府啊。凤凰论坛《“暴力抗法”抗的是“非法”》的帖子称：从逻辑上，对违法者的暴力相抗恰恰是守法和维护法的精神。成都市政府给因为拆迁矛盾自焚的该市金牛区居民唐福珍定性为“暴力抗法”不但有点操之过急，还有派发帽子、以强势压人之嫌。杨耕身在荆楚网发表《跪着的暴动与自焚的暴力》认为：从“跪着的暴动”到“自焚的暴力”，有一个逻辑是如此清晰，那便是当人们不再逆来顺受于一种暴力，不再自愿配合于一种掠夺之时，就成为一种非法，一种犯罪。

《中国青年报》的评论分析认为：一些政府部门之所以动辄给被拆迁人贴“暴力抗法”的标签，主要有三大原因，一是规避自身责任，回避暴力执法的本质；二是法律意识薄弱，没有法治观念；三是习惯性地居高临下，权力傲慢加上偏见，动不动就俯视民众，自以为道义和正义在握。而《镇江日报》则认为这一方面是越权给事件定性，另一方面则是典型的“有罪推定”和“未审先判”。

还有文章认为，当地政府指责唐家“暴力抗法”，其实是想占据舆论的有利地位。但是，由当事一方来宣布另一方罪名的做法，完全有失程序公正。自以为是法律的代表，法律的化身，动不动就给人扣上“暴力抗法”的帽子，恰恰说明我们的一些官员法制意识何其淡薄，法制观念何等模糊！法不存在于白纸黑字之上，而吞吐于官员的唇齿之间，是社会的悲哀！

应对评点：“不当处置”让悲剧升级

首先，新闻披露滞后引质疑。这一事件发生在11月13日，但是引起舆论关注却是在11月29日晚唐福珍死亡之后，正式的媒体报道则出现在12月2日、3日。对此有评论提出质疑：新闻发生的第一时间，是在21天之前。而有关部门成功地将这个特大新闻隐藏了十几天。但这条新闻最终还是因唐福珍的死而广受关注。

其次，首度公布主体身份不适。官方的首次公布，是12月2日金牛区城管执法局局长钟昌林向媒体介绍事件过程，其间的诸多解释与死者亲属以及随后亲历者的说法相隔甚远，被舆论认为是“自脱干系的说词”，不仅没有平息汹涌的舆情，相反又激起了新一轮的质疑。针对城管局长说“政府按1996年建筑成本补偿”的说法，网民们甚至发挥其恶搞的天性，发帖庆贺“成都市金牛区房价重回1600”的重大利好消息。不难判断，当地政府在舆情应对上一开始就准备不足，让一个执法者本身去面对媒体，无疑是“自找麻烦”。

再次，情况通报难解网民之忧。12月3日晚上10点，成都市金牛区召开新闻通气会，公布了11月13日“唐福珍自焚死亡事件”的初步调查结果。通报中有四点结论：1、胡昌明的建筑为违法建筑；2、城管的拆迁行为符合有关法规规定，主体合法，程序合法；3、胡昌明及其亲属的行为属暴力抗法；4、唐福珍的死亡系其自身极端行为所致，在场官员仅仅只是判断不当、处置不力。对此，网民几乎一条都不认同。一方面定性“暴力抗法”，一方面却将城管局长停职调查，仿佛做得很“公平”，其实却有自己打自己耳光的嫌疑。《长江日报》的评论分析称：从当地政府将此事件定性为“暴力抗法”始，社会情绪就呈现出对立的特征。一边是基于政府立场发布信息，一边则是针对信息表达质疑、不满甚至愤怒。反向的意见使得事件被关注的热度持续升温。在一个范围不那么广、影响不那么大的个案上，对立与冲突的特征也表现得很明显，政府部门试图说服民众，但民众选择不被说服，共识虚无缥缈，心理上的疏离感明显。

最后，为官方辩白陷入绝境。12月6日四川在线一连发出三篇快评《唐福珍自焚非拆迁违法建筑的错》（何定一）、《为了个人利益可以不顾公共利益?》（孙恕）、《是为私利还是真的“正义凛然”?》（贾宏奎），本意是为当地政府辩解，然而由于方式的笨拙适得其反。这三篇文章发出后，有文章回应称：只看标题，这三个人的嘴脸连同这家政府网站的观点就令人心寒，且不说当地媒体集体失语、集体失职已经让老百姓失去信任，单是这是非不分、黑白不辨跳出来的“胡喷”就必遭人神共怒。

总之，这是一个从开始就犯错的悲剧性事件。恰如《新京报》评论所言，如果说世界上的所有事情，都有上、中、下三种结局的话，成都市金牛区相关部门在本次事件中的每个关键节点，都本能地选择了“下”——强拆之前，在说服与强攻之间，选择了强攻；唐福珍情绪失控时，在安抚与激化之间，选择了激化；事情发生之后，在公开信息平息纷争与不愿面对推脱责任之间，选择了后者。如果仍一意地坚持认定这次事件是“暴力抗法”，是极不利于平息公众不平情绪的，毕竟，相对于强势的政府职能部门，被拆迁方终究是弱势的一方。唐福珍自焚事件本身已是悲剧，事件中的一系列“不当处置”更让悲剧升级。

传媒聚焦：暴力拆迁何以终结

《国际先驱导报》的报道称，中国式拆迁冲突集中爆发，所引发的对抗正逐步升级，方式则更为残酷惨烈。拆迁背后有着巨大的利益诱惑，现在根本问题是，《物权法》无力抗拆迁，我们没有制度去阻挡地方政府的利益诉求。如何终结暴力拆迁？各路媒体纷纷建言。

有论者将冲突的根源归结于《城市房屋拆迁管理条例》与《物权法》之间的冲突所致，是《拆迁条例》对拆迁方的单方面授权与被拆迁方以一己之力维护自身财产的抗争所致。不少评论认为，《物权法》通过以后，立法机关似乎并无制定土地征收法或拆迁法的迹象。对被拆迁人而言至关重要的拆迁补偿仍然是依照“行政法规”来进行。行政机关由此获得了“自我立法权”，行政利益法制化的结果，必然是架空《物权法》。对《条例》展开审查，使《物权法》不致落入“无权法”的泥沼，已刻不容缓。

回归法律途径是舆论的某种共识，有文章认为，此次事件中，从把被拆迁房屋定性为违章建筑，到房屋补偿额度的确定，再到强制拆迁的实施，乃至事后对自焚者行为属“暴力抗法”的定性，都是金牛区政府在自说自话，却始终未见法律的踪影。面对动辄数十万乃至数百万的利益之争，理当通过司法程序依法审理，并给出当事双方都必须尊重和接受的仲裁。

法学者何兵提出：人民与政府产生纷争投诉无门，上访受制，正义从何处得以伸张？不从根本上解决这一制度难题，正义在烈火中伸张的悲剧，就永远无法避免！应当按照渐进式改革的思路，先行改革我国的行政审判制度，将行政审判从普通法院划出来，单独设立国家的行政法院系统。基本思路是：行政法院属于国家法院，与地方无关。

笑蜀则在《南方都市报》提出：某些地方政府对这种总体性权力的依赖，已到了瘾君子离不开鸦片的程度。受制于这种总体性权力，社会不公的每个受害者都沦为孤岛，几乎一切自由表达的空间、一切有效的博弈渠道都被切断，公民就唯有自己的身体可以运用，也就有了所谓“跳楼秀”的此起彼伏。作者认为应从根本上应谋求权力机制的转型，即从总体性权力转到一个有限的均衡的权力机制。

时间	评论标题	作者	媒体	核心观点
12.2	拆迁加暴力等于双输	曾颖	华商报	该到了痛下决心治理整顿拆迁事件的时候了。
12.3	唐福珍死于愤怒，愤怒源于无力感	社论	南方都市报	正是在这些和平状态中的无力感，将弱者逼进了极端状态—— 暴力抗法。
	吴萍、潘蓉、唐福珍的幸与不幸	十年砍柴	南方都市报	以死对抗，是弱者不得已的武器。
	屋顶上的悲剧	熊培云	东方早报	光天化日下，我看到物权的天空在那里坍塌。
12.4	究竟谁有权力定性“暴力抗法”	肖华	扬子晚报	政府无权定性，只能由司法机关认定。
	以死相挟是弱者最后的武器	郭文广	半岛晨报	以死相挟是弱者最后的武器。
	“唐福珍事件”何以如此糟糕	纸刀	新京报	成都市金牛区相关部门在本次事件中的每个关键节点，都本能地选择了“下”。
	地方政府无权定性暴力抗法	王石川	中国青年报	即便真是暴力抗法，也得由法院裁决，也得履行必要程序。
	不能对公权约束“失软”	傅达林	检察日报	先有公权“暴力”，才有救济渠道闭塞下的“公民暴力”。
	谁有权定性暴力抗法	董碧辉	钱江晚报	用自焚的方式来暴力抗法，这种暴力实在是孱弱至极、绝望至极。
	“暴力抗法”岂能由政府自我裁判？	郭文婧	镇江日报	指责唐福珍以自焚的形式保护自己的合法房屋属于“暴力抗法”，是没有依据的。
	对所谓“暴力抗法”的三重追问	杨涛	齐鲁晚报	这分明是“莫须有”的现代版。
	暴力拆迁合法与非法自焚意外	晓宇	潇湘晨报	上位法是权利悲剧，下位法却是现实的铲车。

12.5	个案冲突应视为一种社会预警	肖擎	长江日报	一个成熟社会应致力于修补公权力与民众隔膜对立的每一个漏洞。
	别把更多的人推上自戕的悬崖	张天蔚	北京青年报	为了不把更多的人推上自戕的悬崖，请权力向法律让步。
12.6	唯有制度改革能救“唐福珍”们	何兵	南方都市报	从根本上改革我国的行政审判制度。
	唐福珍的火把能否助我们逃出“迪拜陷阱”？	狂飞	南方都市报	她的死亡，比自焚后救活更能带来新闻效应。
	成都拆迁事件必须有人负责	笑蜀	南方都市报	更需要反思的是总体性权力。
	北京的哥之讽与成都唐女之殇	展江	南方都市报	我们需要在“拆呐”声中出现的带血的新城市吗?
12.7	拆除冲突，迁出和谐	姜泓冰	人民日报	如何避免基层社会因为各个利益群体的博弈得不到程序化、法制化的协调和仲裁，考验着基层政府的执政智慧。
	反对“拆迁不能‘以暴抗暴’”这个断语	王乾荣	检察日报	“暴力拆迁酿成极大恶果”，而不该首先和单纯把矛头指向被拆迁者的“以暴抗暴”。
	唐福珍暴力抗法抗的是哪条法	邵建	长江商报	如果不把集体所有的地权做实，这类纠缠和悲剧还会上演。

媒体相关评论一览

【相关链接】

http://news.sina.com.cn/c/2009-12-02/104219173137.shtml

http://info.fire.hc360.com/2009/12/03191396847.shtml

http://www.zhqycm.com/baidumap_article_1.xml

http://opinion.nfdaily.cn/content/2009-12/07/content_6872260.htm

学者上书建议修改《拆迁条例》引发舆论潮

成都女子唐福珍为抵制拆迁“自焚”不治身亡，在舆论界引起轩然大波。国务院《城市房屋拆迁管理条例》（下简称《拆迁条例》）也再次被置于舆论的“风口浪尖”，要求修改或废除该条例之声不绝于耳。

学者上书：唐福珍能否成为又一个孙志刚

12月7日，北京大学法学院五名学者通过特快专递的形式向全国人大常委会递交了《关于对＜城市房屋拆迁管理条例＞进行审查的建议》，建议立法机关对《拆迁条例》进行审查，撤销这一条例或由全国人大专门委员会向国务院提出书面审查意见，建议国务院对此《条例》进行修改。五名学者分别是：姜明安、沈岿、王锡锌、钱明星和陈端洪。他们认为，《拆迁条例》与《宪法》、《物权法》、《房地产管理法》保护公民房屋及其他不动产的原则和具体规定存在抵触，导致城市发展与私有财产权保护两者间关系的扭曲。

建议书列举了《拆迁条例》与现行法律存在三方面冲突：1、依据宪法和法律，补偿应在房屋拆迁之前完成，而《拆迁条例》却将本应在征收阶段完成的补偿问题延至拆迁阶段解决。2、征收、补偿主体应是国家，征收补偿法律关系应是行政法律关系，但《拆迁条例》却将补偿主体定位为拆迁人，将拆迁补偿关系界定成民事法律关系。3、对单位、个人房屋进行拆迁，必须先依法对房屋进行征收，而《条例》却授权房屋拆迁管理部门在没有依法征收的前提下就可给予拆迁人拆迁许可。

沈岿在接受《南方周末》记者采访时表示，这次行动直接的触动来自抵制拆迁的唐福珍和潘蓉事件，“这两件事对我的触动很大，特别是唐福珍自焚事件。除了在心底向潘蓉致敬、向唐福珍致哀，我觉得作为学者还应该做点什么”。

同一天，全国人大常委会法工委法规备案审查室官员在接受记者采访时透露，国务院正在准备修改《拆迁条例》，目前已经组织了国务院法制办、住房和城乡建设部、国土资源部等相关部委局，再次进行前期的立法调研工作。12月14日，北京亿嘉律师事务所律师吕国华也向全国人大常委会递交建议函，建议撤销《拆迁条例》并进行拆迁立法。

连日来，上述新闻被《新京报》、《南方都市报》等披露后，各大新闻网站都将其作为重点新闻推荐，引起舆论的普遍关注。中国新闻网刊登的《北大5学者建言人大审查拆迁条例 称与宪法抵触》(网民留言990)、《国务院拟修改拆迁条例 自焚悲剧或加速恶法废除》(网民留言571)，网易新闻刊登的《国务院拟修改〈城市拆迁条例〉已启动立法调研》(网民留言1173)，新浪新闻刊登的《北大5学者建言人大审查拆迁条例 称与宪法抵触》(网民留言2329)等报道，在网络上席卷了大量注意力，各种评论四起，期待这一次悲剧能够带来制度的变迁。

法界声讨:《拆迁条例》已到必须修改或废除之时

五位学者的上书在法律界引起轰动，也促使更多的法律学者加入到这场对《拆迁条例》的批评当中来。12月5日，中国政法大学法学副教授萧瀚就在自己的博客里，直斥拆迁条例是“恶法”:“法律法理千条万条，最终要回归到基本的理性与良知，要回归到我们的生活。如果一部法律会让我们原本正常的生活顷刻间化为乌有，它的理由无论看似多么庄严神圣都是邪恶的，这样的法律不可能不是恶法”。全国人大常委会委员、法律委员会委员王利明认为，《拆迁条例》违反物权法，建议大幅修改。全国人大代表、全国人大法律委员会委员梁慧星在接受《新京报》采访时也表示，《拆迁条例》理当失效，国务院应该废除《拆迁条例》，建议尽快出台《征收条例》。学者邵建也呼吁，逼死人的《拆迁条例》应当马上废止。

一些活跃在舆论前沿的法律人士更是撰文痛陈《拆迁条例》之恶。法律学者王琳就此撰写了《终结〈城市房屋拆迁条例〉不能仅靠民意表达》、《违宪审查制度不能老是一个传说》、《请人大对〈城市房屋拆迁条例〉进行违宪审查》等多篇评论。学者秋风在《南方都市报》上断言:在法律已经确定了政府征收私人土地产权的程序之后，拆迁制度已经被这些高层级法律宣告无效了，尽管它的立法机构并未直接宣告它本身无效。北大法学院张千帆教授在《东方早报》上指出，拆迁悲剧的根源在于整个城市规划和拆迁决策过程。要防止悲剧重演，必须首先从宪法和法律上确立并落实公正补偿原则，同时要以有效的市民参与作为制度保障，此外，还要实现中立估算和公正司法，“如果不能满足这些条件，无论如何修改《拆迁条例》，暴力拆迁还会屡禁不止”。

网络上对《拆迁条例》的指责声同样激烈。网友“一苇”指出，《拆迁条例》依凭强大的行政强制力，对诸多上位法所确立的公民私有财产权造成了事实上的侵害。有网民则直呼：《拆迁条例》这违法之法作孽到几时？据搜狐焦点调查显示，98%的被调查网民认为现有《拆迁条例》存在弊端，79%的网民认为“只有流血才能维护自己的权益”，54%的网民认为学者上书能够最终促使《拆迁条例》得以改变。尽管网上调查从一个侧面反映公众对于修改《拆迁条例》的乐观期待，但仍有观察者对此持谨慎态度。

修改焦点：为城市拆迁注入法治文明的基因

综观舆论对于修改《拆迁条例》的意见和建议，焦点集中在：

1、修改的理念是限制权力、保障权利。《法制日报》的评论认为，修改后的拆迁条例要切实保障被拆迁者的公民权利，要限制拆迁者的权力。《人民日报》刊登的“人民时评”提出，在立法理念上，应实现由“权力保障法”向“权利保障法”的转变。现行《拆迁条例》赋予地方政府强大的拆迁权力，过于强调公民“服从的义务”。拆迁法治化的首要路径就是确立权利保障理念，通过立法控制和规范政府拆迁的权力。《现代金报》的评论说，《拆迁条例》修改必须的首要前提是要尊重生命，这需要以最严密的笔触、最严厉的罚则来加以实现和保证。《晶报》的评论则指出，对《拆迁条例》进行修订，更为重要的是高举私产保护的旗帜，从法律上预防和杜绝任何机构以非法手段侵占私产。

2、收回政府强制拆迁权，交由司法机关裁决。学者周大伟提出，为了避免“铲车和汽油瓶”之间原始对抗的频频发生，如今是到了考虑将“行政强制权”从政府手里收回的时候了。将这个领域的最终强制权统一归于司法领域，是最终解决拆迁暴力冲突的必由之路。《为拆迁注入法治文明基因》一文分析，现实生活中，公民个体在与公权对抗中之所以选择“以命相搏”，很大程度上是因为我们制度框架内的利益疏导机制存在梗阻。他建议在政府主导的拆迁中，应当着力打通“民告官”的司法渠道，在商业拆迁中应改变现有的由政府裁决的做法，将争议交至法院做出最后裁断，而所有强制拆迁则必须经过司法审查方能实施。

3、界定公共利益，区分公益拆迁与商业拆迁。舆论普遍认为，《拆迁条例》没有对拆迁是出于“公共利益”还是“商业开发”进行区分，使得几乎所有的拆迁都是以“公共利益”的名义进行的。舆论呼吁，必须直面“公共利益”这个界定难题，以此打通修改《拆迁条例》的突破口。傅达林在法律博客中说，应在准确界定“公共利益”的基础上“分而治之”，由政府主导公益性拆迁，此时公民在“正当程序”和“合理补偿”的基础上有服从的义务；而商业性拆迁则应由行政法回归到民法领域，由开发商和被拆迁人通过谈判协商解决。

4、用《拆迁法》取代《拆迁条例》。时评人盛大林在其搜狐博客中提出，最佳的选择不是让国务院“修补”现行的《拆迁条例》，而是应该由全国人大重新制定一部《城市房屋拆迁法》来取而代之。王琳在《新京报》刊发的评论中也提出，有意义的是，拥有宪法监督权限的全国人大常委会，能否基于违宪审查机制宣布有违上位法的《拆迁条例》无效，进而，由全国人大或由全国人大常委会另行制订并通过一部“拆迁法”。

5、完善拆迁补偿机制。目前，网民激愤和引起拆迁纠纷的核心之一，就是补偿安置标准问题。对于今后房屋拆迁补偿估价工作的改革方向，网易博主“暮色”给出建议：一、加快房地产估价机构的脱钩改制，确保房屋拆迁补偿估价独立、客观、公开、公正；二、进行房屋拆迁补偿估价，应当侧重于保护被拆迁人的合法权益；三、正确把握房屋拆迁补偿估价的特性；四、做好拆迁估价前期基础工作，提高估价效率；五、做好拆迁估价纠纷调解等善后工作。学者叶檀也提出两种解决办法：一是按照市场化的评估价格对被拆迁者进行货币补偿，二是按照市场化的价格对被拆迁者进行实物补偿。

6、彻底改革整个拆迁制度。从舆论反应看，人们虽然预感到修改《拆迁条例》压力极大，但仍然对于更深层的制度改革抱有期待。律师王才亮在其搜狐博客中撰文认为，当前已经不是对《拆迁条例》按照学者们的意见修改，而是对整个拆迁制度进行修改。一是废除现有的《拆迁条例》，进而制订符合宪法规定的不动产征收法律法规。二是对《土地管理法》、《城市房地产管理法》、《城乡规划法》进行修改，彻底消除地方政府通过拆房卖地牟利的渠道。《华商报》的评论也认为，长远之计是理清地方政府在拆迁中扮演的角色，这比修改几个法律条文要难上百倍千倍。

7、寄语“违宪审查”。还有学者就此对违宪审查提出看法，如王琳在《新闻晨报》呼吁，当务之急是要继续建立违宪审查的程序机制，包括反馈机制、审查机制和处理机制。而邵建则认为，违宪审查的主体该是法院而非人大。类似《拆迁条例》这样的违宪法律，不是人大所能过问的，它必当交与国家司法来处置，只有最高法院才拥有对宪法的最终解释权以及行政或立法是否违宪的裁断权。

官方回应:邀请上书学者参加研讨《拆迁条例》

学者上书让舆论强势介入《拆迁条例》的审读当中,也将立法机关和国务院推至如何回应的舆论风口。尤其是本月12日,《楚天都市报》再度爆出"武汉市一钉子户刺死强拆人员"的消息,经凯迪"猫眼看人"、网易社区等论坛传播后,再度激起强烈的民怨。不可否认,在汹涌的舆情背景下,此次由一系列暴力拆迁引发的民众对《拆迁条例》的修改愿望,也可能进一步激化社会矛盾,因而我们才看到一些相关网页被屏蔽,例如凤凰网首页重点推荐的有关"国务院拟修改拆迁条例"的消息被删除,多家网站的转载源——中国广播网的滚动新闻页面上也已经找不到相关消息。

在这种背景下,如何回应修改《拆迁条例》的民意诉求,不仅关系到对拆迁中官民冲突的解决之道,其本身也或可成为网络舆情的导火索。例如在12月9日,国务院法制办公室网站在"在线互动"栏目的"留言板"中,回复网民所提的"物权法生效后《拆迁条例》是否废止"的问题时,统称"2001年6月13日发布的《城市房屋拆迁管理条例》有效"。这一细微的动态在被一些媒体敏锐捕捉到后,在网民中引起较大反响。

值得称道的是,14日国务院法制办副主任郜风涛邀请北大法学院提交建议信的五位学者参加研讨《拆迁条例》的会议,并请其主持这次座谈会。对国务院法制办的这种做法,王锡锌表示"这是比较积极的回应",他也了解到这一条例的修改和废除会面临很大的阻力,但现在全社会都比较关注这一条例和拆迁问题,这是一个契机。

与政府积极回应所不同的是,接受学者上书的全国人大常委会则继续保持"沉默"。早在2008年的重庆"史上最牛钉子户"事件中,上海律师张黔林即"上书"建议全国人大常委会审查《拆迁条例》。2003年杭州退休教师刘进成、律师金奎喜等116人也提出类似"上书"。不过,上述建议基本上没有收到回应。对此,此次建言书倡议者与定稿者沈岿教授也表示"不抱多少希望"。从学者上书的初衷看,还是想引起社会的关注,让拆迁悲剧不再重演。那么,今后如何避免这种公民上书后的"尴尬",或许真值得好好探讨。

【相关链接】

http://news.163.com/09/1209/10/5Q38LBF40001124J.html

http://news.sohu.com/20091209/n268792412.shtml

群体性事件类

湖北石首群体性事件

非正常死亡事件常有，与意识形态领域关系不大。但如何面对事件的舆论反应，却是一门很深的学问。当地政府失策之一，就是轻视了事件后的坊间传说，不能在第一时间做出客观显露真相的信息反馈；失误之二就是被迫做出的回应倾向性太强，显出明显的缺乏诚意的敷衍姿态，反而徒增了公众的猜疑；失误之三，更是匪夷所思，居然以消防演习来应对群体事件，这种借演习之名行镇压之实的对抗性行动加剧了官民冲突。星星之火，绝不可以助燃方式对待，否则必成燎原之势。本质上是缺乏"执政为民"意识，忽略了信息透明对平息事态的关键作用。而高高在上、脱离群众是导致执政能力低下的主因。

——凯迪网络总编辑 肖增建

案例概要

●6 月 17 日，湖北石首市公安局笔架山派出所接报警称，笔架山街道办事处东岳山路"永隆大酒店"门前发现一男尸，经调查死者是该酒店青年厨师涂远高。

●6 月 19 日，有消息传出，称在尚未对青年厨师涂远高的非正常死亡做出合理解释的情况下，警方却强势要求家属立即火化尸体。许多群众在该市东岳路和东方大道设置路障，阻碍交通，围观群众少时有数千人，最多时有数万现场秩序出现混乱。面对突发情况，地方政府负责人并没有第一时间亲临现场。湖北省公安厅、省武警总队、荆州市公安局从各地抽调了上千名武警、公安干警到石首处置事件。

●6 月 20 日上午至夜间，部分围观群众多次与警察发生冲突，导致多名警察受伤，多部消防车辆和警车被砸坏。

与现实情况相反，6月19日至20日，官方网站报导，称石首官兵在进行“消防演习”，民众在围观演习。在官方语焉不详的情况下，越来越多的现场网友的爆料和图片、视频引爆网络。据不完全统计，截至20日，体现政府立场的新闻稿只有3篇；而一网站的贴吧中就出现了近500个相关主帖，在一些播客网站，出现了不止一段网友用手机拍摄的视频。越来越多的人相信石首发生了群众骚乱事件，而此时当地领导非但没有亲临现场疏导群众甚至没有举行任何形式的新闻发布会来让公众了解事情的真相。在当地的政府网站上，包括石首市政府网和荆州市政府网（石首市是荆州市下属的县级市），都看不到处置该事件所必须的新闻发布会、全面的信息公布、滚动的新闻发布。

●6月20-21日，湖北省省委书记罗清泉、省长李鸿忠亲赴石首市处置该事件，事态逐渐平息。

●6月22日，有传言酒店再挖出2具尸体，附近再次聚集数百群众，数百名武警和特警在现场维持秩序。

●6月23日，在石首做现场指导的荆州市委书记表示，案件将由省公安厅指导督办，彻查死者死因，公布于众。

●6月24日，在网上传播“永隆大酒店又挖出尸体”的谣言制造者在荆州市某网吧被查获，造谣者为一在外读书的学生，该学生已承认了造假事实并表示悔过。

●6月24日，石首市政府新闻发言人介绍，征得死者家属同意后，6月21日、23日，当地聘请公安部法医专家和同济医院的法医专家先后对涂远高尸体进行了检验。两次尸检过程死者家属均全程参与。目前，专家正在对检验情况进行综合研判，结果不久将公布。

●7月25日上午，湖北石首市召开领导干部大会，鉴于石首“6.17”事件因一起非正常死亡案件演变成重大的群体性事件，造成了很坏的影响，中共石首市委书记钟鸣被免职，石首市委政法委书记、石首市公安局党委书记唐敦武同时被免。

●8月4日，石首市政府新闻发言人介绍“6•17”群体性事件最新进展，公安机关依法刑事拘留31人，检察机关以涉嫌聚众扰乱社会秩序罪批准逮捕14人（其中“6·17”事件死者亲属2人）。而这一举动被媒体认为“秋后算账”，凤凰网，新浪网等网站对此发表了评论文章，认为政府这一行为实为“一错再错”。

●10 月 17 日上午，湖北省石首市人民法院对今年 6 月 17 日发生的涂晓玉等聚众扰乱社会秩序案依法公开进行了一审宣判。法院以聚众扰乱社会秩序罪，分别判处涂晓玉等 5 名被告人五年至两年六个月有期徒刑，判处涂远华等 5 名被告人有期徒刑、缓刑或者判决免予刑事处罚。

湖北石首发生大规模群体性事件

【新闻描述】

2009 年 6 月 19 日，湖北石首市政府网发布新闻，《我市发生一起非正常死亡事件》，报道 6 月 17 日 20 时 36 分，市笔架山街道办事处东岳山路“永隆大酒店”门前发现一具男尸，技侦人员迅速赶往现场进行勘查，法医对尸体进行了初检，没有发现身体致命伤。经初查，死者涂远高，男，24 岁，该市高基庙镇长河村人，生前为该酒店厨师。警方初步认定为自杀。民警多次与死者亲属进行了沟通，讲明了为查清死因，必须进行尸体解剖，但遭到家属拒绝。众多不明真相的群众于 19 日在该市东岳山路和东方大道设置路障，阻碍交通，围观起哄。

这是官方最早的一篇报道，各大新闻网站对该报道进行了转载，但随后又多被删除，再之后又恢复。

官方的再次报道出现于湖北门户网站荆楚网，时间是 6 月 21 日 7 时 57 分，这篇题为《湖北石首群体性事件得到处置缘起一酒店厨师非正常死亡》的报道称“6 月 21 日凌晨，停放在湖北石首永隆大酒店内的一具男尸被抬上殡仪车，送往殡仪馆，围观的群众全部散去，一起因该酒店厨师非正常死亡而引发的群体性事件得到处置。”

【网络舆情】

在事发的 17 日晚到群体事件平息的 6 月 21 日凌晨，三天的时间里都发生了什么？国内平面媒体和电视新闻均只字未提，而网络上则出现了对相关事件的各种报道和传说，以“石首、尸首、失守”为主题词的这些网络文字和图片无不在迅速地删除的同时又被更迅速地传播，给整个事件添上了诡异的色彩。

网络版本的石首群体事件颇为“详细”，版本较多，但有如下几个不同于官方报道的特殊新闻描述点：

1、目击者报案后，警察经侦查初步认定为自杀，但家属认为涂远高死因可疑，因为涂远高耳鼻内有干血块，尸体落下的地方却无一点血迹。还有人称，该酒店 1999 年也发生过一起类似事件，一女性怀疑被强奸后扔下楼。本案传说是由于电力局长、公安局长和法院院长的夫人连同永隆大酒店的老板走私贩卖毒品被死者（酒店厨师）知晓，厨师找老板要工资未果、威胁说如果不给就把这事说出去，于是被杀。

2、事发后，死者涂远高的尸体被放置在酒店内，酒店老板对家属避而不见，6 月 18 日，家属得到酒店答复，若承认自杀，可得到 3 万 5 千元赔偿，如不承认自杀，当晚八点尸体将被强制性送殡仪馆火化。家属坚持疑点被解开前拒绝尸体火化，其父在酒店一楼放置了液化气罐，要与抢尸者同归于尽，同情者也开始聚集在酒店门口。

3、6 月 19 日凌晨 1 点左右，警车和殡仪馆车辆到达酒店现场，想把尸体运走，被现场两千名民众堵住酒店门口阻止。酒店门口被同情者悬挂上大字条幅和民众的签名信，上午，警察再次要强行运走尸体，与现场民众发生冲突，十几名同情者和围观者被打伤后直接关进看守所，导致了民众与警方情绪对立的升级，越来越多的民众赶往现场，一次次将警察打退，涂远高尸体始终未被抢走。

下午 1 点半左右，现场几千名民众用砖头、啤酒瓶阻止警察抢尸，殡葬车被砸，几十名着装警察和便衣被民众从事发现场（永隆大酒店）追赶约 500 米逃至车站躲藏，车站附近主要交通道口被群众堵塞，公交车被迫改道，但据说绝大多数乘客毫无怨言。

19 日下午 3 时，警方组织的最大一次抢尸行动再次失败，大约 4 万名（一说 7 万）市民聚集在街头，人数达到最高值。

6 月 19 日夜，上万名石首市民连夜上街，不仅将永隆大酒店门口围住，还堵死了该市主要路口。石首市政府被迫向武警求助，6 月 20 日凌晨两点左右，500 名左右的警察及武警排队前往酒店抢尸，被几千名市民用砖头和石块攻击，警车被掀翻。

20 日，湖北省公安县武警向石首增援，另外广州军区从湖南增调 1500

武警支援石首。20 日傍晚，从荆州等地调来的武警（网上广传为武警 128 师）赶到，现场聚集群众又用石块、酒瓶与武警对抗，许多公安、武警车辆被民众砸毁。由于民众大量聚集，武警被迫撤退。

晚 9 点左右，政府在市区用高音喇叭巡回广播，要求市民今天晚上待在家中不要出门，警方封锁了通往事件相关几条街道的路口，形同戒严。但到晚上十点左右，许多市民陆续冲破了警察的封锁，进入焦点区域。事发酒店两次起火后彻底烧毁。

4、网传：为控制事件信息的传播，6 月 20 日夜间，石首市区网吧断网，永隆大酒店一带一度断电，路灯也被熄灭。据了解，事发后死者家属及当地民众曾给北京及武汉的新闻单位打电话，但赶到石首的记者被当地官员劝回。据称 19 日石首市市委召开紧急会议，不准各机关事业单位人员到现场观看……

可以看到，在网络版新闻描述中，突出地呈现了围绕移走尸体而发生的多个回合的警民冲突，较详细地状述了冲突的激烈程度，发布者同时在网络论坛或博客上辅以图片和视频，使其可信度大增，虽其多数也迅速被删除，但网帖的此伏彼起之势与网民的知情参与心态下的网络搜索相结合，增益了信息的传播，引发了更大的追捧和热议。

21 日凌晨，事件解决，前述的官方简报出台，对这一持续三天余的群体事件所描述的主题词仍是三个：不明真相的群众　设置路障阻碍交通　围观起哄。

21 日下午，死者做了法医鉴定，尸检报告将在 20 天后公布。21 日晚上 11 时许，《潇湘晨报》记者在出事酒店背面的沙堆上发现一些使用过的注射器以及其包装纸。这些注射器的外形与通常医院做皮试的注射器无异。22 日，记者再次探访酒店时，这些注射器依然未做清理。一名家住附近的中年女子认为，“这些都是酒店内部吸毒品所用的工具。”

【舆情综述】

一、真相不出、谣言何止？

石首事件初发，各大新闻网站第一时间均有报道，但是由于“某种众所周知的原因”还是政法部门的严令，这些报道迅即被统一撤下，相关新闻进入真空期。正规的报道被封杀，为小道消息的网络传播、特别是境外媒体报道的境内转载及扩大传播提供了充足的机会和空间。许多网民利用网络技

术手段“翻墙”浏览海外反华论坛，并将信息内传，使得负面报道泛滥。类似“石首市政府要员涉嫌该命案背后的隐情，出于销毁证据的需要而大动干戈”和“上万武警和部队镇压群众抗议”的谣言四起，无疑误导了现场民众的情绪，也助长了网民的歪曲理解及恶意传播。

金羊网《石首事件处置失当，小事拖大》一文在分析这起被当地政府称为“围观起哄”的事件时指出：在新媒体时代很容易产生多个信息传播源，……由于当地官方权威信息的缺失、官民互动渠道的匮乏，流言蜚语、小道消息，泥沙俱下、推陈出新，良莠难辨、真假难分，这至少在网络空间和相当的民众中形成了一种充满焦虑、显现暴力，乃至质疑当地政府的舆论倾向。

实际上，综合本案至今处理的情况，网络上始终未见到民众死伤的消息或传闻，足见政府在处理当中始终保持着克制忍耐，但相关的正面报道仍只是片言只语。报道真相的渠道被封锁，谣言自然四起，这是石首事件中政府的一大败笔。

二、似曾相识、教训何在?

石首群体事件的起因不过是一起简单的非正常死亡案件，一起简单案件经过一两天的“发酵”，何以引发一连串的多米诺骨牌效应，最终引发了一场群体性事件？在17日案发到19日群体事件发生的数十小时内，当地警方、政府的处警方式、应对措施何以一再失灵，听凭小案件拖成大事件？这是当地政府在事件处理的又一大败笔。

2008年瓮安、孟连等一系列群体事件发生后，官方媒体曾总结了六点处理经验：1、地方政府负责人第一时间亲临现场；2、就事论事，不对群体事件作“过度政治化”解读；3、信息公开，尤其要在黄金24小时内不断公布准确、真实的信息，不给谣言传播的机会；4、政府要勇敢地反思与自责；5、迅速启动问责程序；6、慎用警力。相关部门也对县级领导干部、公安局长、派出所长进行了大范围的培训。石首事件与瓮案事件惊人地相似，而对比瓮安事件等所得来的这些宝贵的教训，石首政府在处理当中几乎一条也未曾继取。恰值瓮安事件一周年，一年过去，地方政府在处置群体性事件时究竟进步了多少？我们的社会又前进了多少？到底何时才能走出这种“新闻似旧闻”的无奈？

6月21日凯迪网《隐瞒封锁消息是徒劳的》一文，对事发后政府隐瞒消息与网络传播进行批评，指出“对这起突发群体事件引起的社会负面效应已经很明显了。相关地方政府和相关部门应尽快理智化解矛盾，调查事件因果，作出客观报道，公布事实真相，平息事态扩大。千万不要再重蹈历史惨痛教训的覆辙了，因为那对谁都没有好处。”网民在回复中的激烈言辞不断被屏蔽或删除，此帖后被封锁，但仍留有近四千条跟帖，三十余万点击量。网民于中普遍对于因政府封杀消息而造成的“不明真相的群众”之称谓表达不满，并纷纷对案情作出分析与解读。

在掩盖事实方面，当地政府在此间以“假新闻”手段企图掩盖真相，反而取得了截然相反的效果，并招致网民更为激烈的批评：荆楚网 6 月 20 日报道《湖北石首多部门联合举办公交车火灾事故处置演习》称“6 月 19 日上午 9 时，湖北石首市汽运公司联合消防、交警、医疗等部门举办了一次公交车火灾事故处置演习，市政府相关领导现场观摩了此次演习”。网民对此纷纷讽喻，在一个正处群体事件的风口浪尖上且几近瘫痪的一个县级市，把政府处理现实矛盾的正当举措描绘为消防演习，诚为一个划时代的“创举”，贻笑天下。

该新闻虽后被当地政府撤下，但仍可在新华网和凯迪网的转载中查到。

三、官民对立、何时可消？

事件已经平息，其代表是 6 月 22 日各大网站所转载的人民网一则《湖北省委书记省长亲赴石首 平息群体事件》的报道，但这未必就可以平复民心和更广大的网民的心：这些转载网媒无一允许网民跟帖评论，而渐传渐广的网络论坛上自 21 日起对相关网帖的封杀却开始减轻，网民对政府的批评声浪一致而多维，基本见不到与政府保持一致的论点。

一个厨师非正常死亡，在一个县级市造成了这么大的影响和事件，大到了影响了国际形象，引起中央领导严重关注，大到公安部和武警总队从外省调兵。群众设路障围观，处理事件的大批武警被描绘成“抢尸”者……石首无疑成为新一轮官民情绪对立的焦点。引发事件的当事方在本案中已不重要，网民分析及网传的更多未及时化解与处理的民冤民怨，是产生事件发生的真实社会土壤，也无疑是造成这一群体事件的深层原因。

一是百姓对政府的极度不信任以及反感甚至敌对，小的火星就可能变成发泄不满的导火索和炸药桶；二是本案所透射出来的背景令人心寒：如类似案件且极可能是类似冤案的再发、三五万元就可以“摆平”类似案件的事实、宾馆作为贩毒吸毒的大本营的说法等等，说明当地的经济发展和社会治安已经到了人人自危的程度，这些都还只是背景；三是当地政府应对事件的政治智慧令人耻笑，这种治理、管理与处理手段与现代法治文明格格不入。

网民评论，本来透明地处理此事不但会让民众满意，执政党也能因此加分，官员也能得到赞许，但当地政府却坚持让民众无条件地服从，放弃了媒体全放开的方式下透明的处理模式，而是把“维稳”用简单思维理解为用强硬手段封锁一切不利消息、消灭一切不和谐的声音等极端模式，结合本案处理过程中出现的手段，有网民概括当地政府对意外死亡事件处置程序为：“断固话、断手机信号、断互联网、断电、封路、封码头、抢尸体”，该论得到相当多网民的支持。而类似事件在各地多次的上演，且都呈现出网络时代对于官民对立情势与情绪的现实传播及影响。

【舆情应对】

21日，人民网发布人民时评：《重温总书记人民网讲话，让轰动世界的声音传得更远！》，报道6月20日，在《人民日报》创刊60周年之际，胡锦涛和中共中央政治局常委李长春来到人民日报社考察工作的情况。文章回顾去年的6月20日胡锦涛总书记做客人民网并与网友在线交流的“幸福网事”，指其掀开了中国互联网发展新的一页。也回顾了网络舆情对于公共事件的影响，于反腐败的重要意义。

读罢此文，回首石首事件，似乎更无多余的舆情应对建议：在一个公开、透明、开放的社会，作为追求法治与正义的人民政府，在应对群体事件中应如何作为，似乎已成老生常谈，怀着复杂的心情，我们惟愿历史不再重复。

【相关链接】

http://dongtingdiaoweng.blog.sohu.com/119007095.html

http://news.cnhubei.com/news/gdxw/200906/t716510.shtml

http://www.shishou.gov.cn/html/NEWS_2009619193953.shtml

石首群体事件舆情追踪

【新闻概述】

石首群体事件一周进展

6月22日，一度平息的石首群体性事件再起波澜。此日凌晨突然浮出两种传言：一是称出事的永隆大酒店在清理现场时，在下水道内发现了两具尸体；另一传闻是称发现了多块尸骸。传言再次引来两千余群众聚集，数百名武警、公安、特警进驻现场，疏散围观群众。随后当地电视台及新闻、网络媒体对该传言进行了辟谣。23日，《南方都市报》对此作了报道，谣言制造者后在荆州市某网吧被查获。《南方都市报》在报道中公布了警方提供的死者遗书，并辗转找到了其生前一份笔迹文本，遗书照片在网络上广泛传播。

6月23日，联合早报网发布《湖北石首群众事件 疑与官员贪腐有关》，报道出事酒店此前发生过类似命案，“传言该酒店有石首某个领导干部参股，生意一直很差，主要靠贩毒维持，石首市有吸毒人员愿意出面作证该酒店专事贩毒”。

6月23日，指导事件后续处置工作的荆州市委书记应代明表态要坚决将事件查个水落石出，一要查明涂远高死因，二要查明事件起因，三要查明永隆大酒店的背景。

6月24日，《人民日报》发表文章《政府如何应对“麦克风时代”》，批评“石首事件中政府新闻发布语焉不详”，再次为网络舆论监督正名。此后，多家新闻媒体均把石首事件与瓮安事件作对比评论，如金羊网的《“瓮安”教训犹在，石首重蹈覆辙》、四川新闻网的《瓮安有经验 石首无用场》、《新京报》的《谁该负石首事件的不当处置之责》等。

6月24日，湖北石首市委书记、市长与酒店死者家属谈判，谈判内容涉及赔偿问题和尸体火化等问题。荆州市外宣办称，事发酒店应负责赔偿，但因为酒店面临破产，赔不起则剩下的部分政府可能出于人道主义的考虑给补上。石首市政府新闻发言人介绍死者尸检情况时称，21日和23日，聘请公安部法医专家和同济医院的法医专家先后对涂远高尸体进行了两次尸检，过程死者家属均全程参与，尸检结果将在20日后公布。

6月24日晚，中央电视台《新闻1+1》栏目《石首，为何再度失守》，多角度探讨该事件处置过程的教训，特别指向当地政府在全国县长、公安局长大培训之后，石首仍未能吸引瓮安教训，用旧式思维处理新时代的问题，“不明真相的群众、不法之徒、别有用心”等表达表明，比及一年之前的瓮安事件，石首市政府在处理群体性事件上的能力出现退步。

6 月 25 日，石首市政府新闻发言人通过荆楚网公布尸检结论：公安部和华中科技大学同济医学院权威法医专家，对涂远高尸体通过解剖、检验、毒物化验、X 光拍片等技术方法进行检验，认定涂远高系高坠自杀死亡。经省公安厅和荆州市公安局刑事技术部门文字检验鉴定，在涂远高宿舍所提取的遗书为其本人所书写。涂远高尸体已于当日火化。

6 月 25 日，新华社发文《网络民意推动重大事件真相调查》称，尽管对“网络暴力”存在担忧和争议，但是数以亿计的中国网民依然可以通过直率的评论，推动越来越多重大事件真相的调查。

6 月 25 日，经政府协调，死者家属获得赔偿 8 万元。与此前两日由《中国日报》报道的初步谈判赔偿额度 30 万元相差甚远，网民对此展开热议。

6 月 26 日，南方网发表《南都周刊》记者的调查纪实文章《石首“抢尸”拉锯战》，大洋网发布《广州日报》记者的文章《石首事件始末》等，多家媒体对于事件的详细报道相继出炉。但这些报道均已远远“落后”于事件当时，真相为何，似乎已经通过一周的网络传播在网民中形成了共识。与迟到的平面媒体的真相相比，网络舆情所依据的显然仍是前者，即网络上似是而非的一些版本。《南都周刊》的报道写道：湖北石首厨师涂远高的非正常死亡，引发了戏剧性的“护尸”和“抢尸”拉锯战，并由此导致一起 4 万多群众围观骚乱事件。拉锯战在 80 个小时之后偃旗息鼓，但由此引发的猜测和疑问，仍然在缺乏权威信息佐证的民间不断涌动。

【网络舆情】

一、对真相 依然质疑

尽管权威的官方媒体已经多角度公开报道了石首事件，对其教训层面的价值探讨也很丰富，但网络上的舆情仍有不同寻常之处。

网民首先对事件被定性为“自杀”不信服，尽管有权威的尸检报道，但死者教育背景与其遗书文笔、遗书中所述的导致其死亡的“缠着不放的阴影”、从三楼跳下的自杀方式、赔偿方案从 30 万到最终 8 万的递减、酒店（老板）涉嫌犯罪等等，透露出本案存在的疑团，本案可能存在的更多内幕仍有待破解，也最为网民所关注。

网络是一把双刃剑，它对真相的追寻和对谣言的传播具有同样的能力。在石首事件中，真相在事发后的缺位导致谣言扩张，这无疑激化了事件的发展。政府如何看待和运用好网络监督，而非只作一味的简单封杀，值得深思。对此，《人民日报》文章《政府如何应对“麦克风时代”》一文提出的观点颇具代表性：“在网络时代，每个人都可能成为信息渠道，都可能成为意见表达的主体。有个形象的比喻，就是每个人面前都有一个麦克风。这对舆论引导提出了更高要求。面对突发事件，政府和主流新闻媒体仅仅发布信息还不够，还必须迅速了解和把握网上各种新型信息载体的脉搏，迅速回应公众疑问，这需要政府尤其是宣传部门具有快捷准确的舆情搜集和研判能力。如果在突发事件和敏感问题上缺席、失语、妄语，甚至想要遏制网上的‘众声喧哗’，则既不能缓和事态、化解矛盾，也不符合十七大提出的保障人民知情权、参与权、表达权、监督权的精神。”

二、对政府 不绝批评

到目前为止，《人民日报》、新华社和中央电视台三大官方媒体均对本案作了点评，其中批评和建设性意见兼具，特别是对地方政府的网络监督局面之嘉许已经相当高调。如新华社在评论中称赞“网络公共事件凸现网民力量，互联网官民沟通已蔚成风气，网络是疏导社会矛盾的排气阀”的观点，得到相当多网民的肯定。

但仍有不少网民以自身的逻辑来看待问题，他们的批评专业性虽然较低，但其中显示出的对政府的不信任仍是根本。数万人聚集与地方政府对抗的社会基础是什么？人们这么容易聚集起来，背后是否有着深重的怨气？网民的批评更侧重于以下几点：1、社会缺乏公平公正的大环境，缺乏能够第一时间反应民情民意的媒体或渠道；2、“不明真相的群众、别有用心”等不合法治精神的传统定性话语的滥用，以及因此而引发的群体逆反心理；3、因制度建设失误或不足所导致的公民人权及其他相关权利被侵夺现象的广泛存在等。

三、对权利 不懈追求

一是知情权。石首事件透露出的不仅是当地政府对媒体和网络的管束，更是在事件的网络传播及网络舆情中所出现的对整个互联网信息的管束现象。依当前的定性，这种管束显然是不合适的，而应以何种形式使之规范

化，如何将知情权真正落实到位，才是网民的心声。

二是参与权、表达权。石首事件中现场民众的参与应如何定性，网络民众的声援、应和的表达应如何定性，区别对待的网络言论如何规范化处理，是一个复杂的问题。若只因围观起哄者众就不再追究当事人责任，那么如果个别极端行为突破了参与和表达的权利范围，有无责任、如何认定？这些问题涉及当事人及网络公民的权利问题，值得政法部门深入研讨，而其结论必将有利于化解更多的群体性事件。

三是监督权。这一权利虽有宪法可依，有法可度，但在现实运作中、特别是在网络监督的若干个案中体现出了新的特点，如何看待网络监督所依据的片面信息，以及因此可能出现的偏差，宽松处理或严肃处理的尺度为何，都是政法部门需要研究和落实的课题。

【舆情反思】

对石首事件具体处理层面反思较多的是政府的不当处置，诸如掩盖信息、谢绝记者、封锁网络等作法。有学者评论，在该事件中，无论事实如何，只需将案件交付司法机关即可，刑事案件也罢、民事赔偿也罢，都是死者与酒店双方的事，自有法院和政法部门去解决。作为拥有公权力的第三方，当地政府本无任何责任与错误，本不应插手这一个案，而自矛盾爆发一开始政府就主动进入这一与其毫不相干的“是非圈”，进入后不寻找证据而是丧失中立过早定性为“自杀”，还站在与死者家属相对立的“谈判方”，为控制事态过早主动承诺赔偿，这样简单化的办案手法与处理方式，当然增添了企图寻求真相却“不明真相”群众的疑虑，最终转变为轰动全国的群体性事件。盲目插手及处置的各个环节岂非“政府法盲”所直接导致？

对制度层面的反思已经很深入。从对各群体性事件的类比可以看出，在不少地方，由单一事件而引发群体事件的土壤仍在，其根源也远未消除，“在民众和政府之间沟通不畅的现象背后，有更复杂的体制性背景值得思考。”地方政府要虚心接受批评，更应籍此加大制度建设力度。但这一切的前提，是政府官员要认识和接受“政府理应接受批评监督”、或曰“政府永远要面对不绝的批评与监督”这一现实，这是法治社会的常识，但可以说，相当一部分地方政府的官员、甚至政法干部对此的认识水准仍不及网民。

当然，对于网络中非理性甚至违法行为的管理，政府责无旁贷。新华网在对网络监督高调定性的同时，也借助专家之口提出了管理互联网的“三个有利于”标准:是否有利于促进网络舆论的监督,是否有利于拓宽公民的表达渠道,是否有利于营造健康向上的网络环境。

这一标准应当成为各级政府对待和处理网络公共事件的标尺，而在处置当中,倚助司法公正赢得民心,才是化民众个案激情为推动体制理性的关键。

石首事件已经告一段落，但各级政府及政法部门对此的反思却有必要继续深入。

【相关链接】

http://www.zaobao.com/wencui/2009/06/taiwan090623h.shtml

http://v.ku6.com/special/show_3616479/jDSujxOVTpOOHTO_.html

http://gzdaily.dayoo.com/html/2009-06/26/content_614548.htm

湖北石首警方“秋后算账”刑拘多人

8月6日,《法制日报》刊登记者朱雨晨的文章《湖北石首警方不顾免责协议书刑拘多人》称,截至8月4日,石首“6·17”事件已有31人被刑拘,14人被批准逮捕。死者家属称,6月24日曾签订协议书,要求免责,但如今警方却对此置若罔闻。

警方刑拘多人 网民直指“秋后算账”

震惊全国的石首“6·17”事件,随着石首市委书记和政法委书记双双被免职,在艰难的善后中渐渐平息。然而,随着政府与家属签订的免责协议书遭曝光,公安机关刑事拘留多名家属,事件再起波澜。于是,舆论纷纷指责政府在“秋后算账”,政府诚信再度受到拷问。

8月6日，石首市政府新闻发言人表示，涂远华和涂晓玉两名死者家属，因涉嫌聚众扰乱社会秩序罪已被检察院批准逮捕。石首市委宣传部通报,截至8月4日,公安机关已依法刑事拘留了31人,检察机关以同一罪名批准逮捕了14人,对投案自首、情节轻微的涉案人员治安处罚51人,教育释放23人。

"免责"协议书曝光 是政府缓兵之计?

6月18日，家属感觉到事态的不可控制性，主动要求免责并签订了协议。

7月27日，有记者见到了死者涂远高的家属和那份在网上曝光、备受质疑的协议书。这份手写的《关于6·17事件与死者家属有关事项的协议书》，拟定日期为"2009年6月24日"，分别由"市善后协调领导小组负责人郭子信、张芸安"，"家属代表涂德强、涂茂海、涂远华"签字。协议内容如下：

第一款：约定由酒店补偿5万元的问题。郭子信表示，家属一开始坚持要30万元。经过反复磋商，达成8万元的最终补偿结果。

第二款：鉴于死者家属在高基庙镇政府的协调下，于6月18日晚11时同意将死者尸体运往殡仪馆尸检，死者家属在"6·17"整个事件过程中所发生的非组织、参与打砸烧的其他行为（如拉横幅、买东西的行为），市政法机关免予处理。

第三款：若死者家属未参与永隆大酒店纵火，则不负担责任。家属理解为，在整个事件过程中，他们难免会有些过激行为，但也仅限于买买东西，拉拉横幅等，他们希望自己的行为得到充分的理解，可以免予处罚，故而提出了要签订上述内容。

郭子信表示，善后协调小组始终没放弃的一个立场、始终和家属阐明的一点就是——如果家属的行为触犯了法律，肯定要受到法律的追究。

家属认为，在整个谈判过程中，他们的诉求已经表达得非常清楚，就是"死者不可复生，活着的人但求平平安安，不要因此受累"。

五名家属被刑拘 "免责"协议能否免责?

7月8日，石首市镇领导在高基庙派出所开会，列出一个8人的家属名单，要求当日投案自首。6月27日，涂志军第一个被警方带走调查，4天后回家。7月9日，石首市公安局手持传唤书和手铐，分别将名单上的人带走。7月13日，舅妈周晓春、堂侄涂行军、表兄周志伟被警方带走，后两人随后被刑事拘留。石首市公安局开具的刑事拘留通知书均以"涉嫌聚众扰乱公共场所秩序、交通秩序罪"。

7月21日，家属正式聘请北京市京都律师事务所宣东等三名律师为被刑拘者讨说法。

郭子信表示认同律师孙广智的看法，"免责"协议是否具有法律效力，现在还不好说。如果家属存在犯罪行为，法律一样会追究，而不会看是否有协议。而从协议的“免责”内容看，实际表述意思是如果没有犯罪，就不追究刑事责任，这跟没说一样。只是在签协议时，家属将对方的意思理解为事后将免予追究他们的刑事责任。

律师宣东认为，对待这份协议，应该从农民目前的文化和法律认识去考虑。在本案中，有关部门应充分考虑家属的心情，在没有充分证据的情况下不要冒然抓人；即使有充分证据，也应向家属做耐心、细致的说明工作之后再抓人。他还向石首市公安局提了两点建议：要有充分证据证明家属的行为触犯了法律；要考虑这些行为与整个事件的关系。

《法制日报》这篇文章刊发后，绝大多数网站都进行了转载，首发的法制网关闭了评论，当地媒体荆楚网也关闭了评论。很显然，媒体都在控制舆论，防止不利消息产生，避免造成再次轰动。

【相关链接】

http://news.ifeng.com/mainland/200908/0806_17_12

石首“6·17”案一审宣判 体现宽严相济刑事政策

10 月 18 日，新华网报道称，10 月 17 日上午，湖北省石首市人民法院对今年 6 月 17 日发生的涂晓玉等聚众扰乱社会秩序案依法公开进行了一审宣判。法院以聚众扰乱社会秩序罪，分别判处涂晓玉等 5 名被告人五年至两年六个月有期徒刑，判处涂远华等 5 名被告人有期徒刑缓刑或者判决免予刑事处罚。该案于 10 月 16 日开庭审理，辩护律师出庭为被告人做了辩护，有近 200 人旁听。

报道称，石首市人民法院认为，被告人涂晓玉、陈补生、王传淑、涂远华等人无视国家法律，在明知涂远高系自杀身亡的情况下，为实现无理要求，组织、煽动群众聚集闹事；王俊、童震等人积极参加，损毁财物，打砸车辆，殴打维持秩序的公安民警和武警，造成严重后果，情节严重。涂晓玉等人的

行为均已构成聚众扰乱社会秩序罪。法院根据各被告人在犯罪中的地位和作用，对情节严重的首要分子，依法予以从严惩处；对罪行较轻，犯罪后认罪、悔罪的被告人依法从宽处罚，分别适用了缓刑或者判决免予刑事处罚。

新华网的报道发出后，人民网、网易、新浪网、搜狐网、腾讯网、凤凰网等多加网站均予以转载。在谷歌以“石首事件一审宣判”为关键词进行搜索，可得符合相关内容的网页约 16，800 项。除人民网有 5 条网民跟帖外，其余网站均无网民跟帖或是关闭了评论功能。

10 月 18 日，《法制日报》发表文章《石首“6·17”案一审判决体现宽严相济刑事政策》称，近日，来自武汉大学、华中科技大学、中南民族大学、湖北省律师协会的多名法学专家对此案进行了研讨。专家认为，此案判决实现了法律效果与社会效果的统一，坚持了宽严相济的刑事政策，体现了司法人文关怀和司法为民的精神。同时，法学专家指出，石首事件也带来几点启示：干部执政能力亟待提高；应该考虑对处置突发群体性事件进行立法；认真贯彻以人为本的法律思想；以法治思维解决社会问题。

【相关链接】

http://gd.news.sina.com.cn/news/2009/10/18/690385.

吉林通钢群体性事件

在此类经由劳资矛盾引发的群体性事件中，当地产业工人所表现出的"情感同一化、行动协同化"应当引起深刻的反思。经过三十年改革开放市场经济的分化与积压，底层社会潜隐的结构性压力和排斥力量正在增大，且在人与人更紧密联系的互联网时代更容易被激活和表面化，实际上留给社会自主调整的空间已变得逼仄。

——来源：人民网

案例概要

●7 月 24 日，由于企业重组导致的吉林通钢群体性事件，以 7 个高炉一度停产、1 名企业高管被殴致死的后果，引起国内外的高度关注。

●事件起因于吉林省国资委 7 月 22 日向通钢集团高层传达的增资扩股决定：建龙集团以 10 亿元现金和其持有的通钢矿业有限责任公司股权，向通钢集团增资控股，持股 66%，吉林省国资委直接持有通钢集团的股权降至 34%。通钢集团部分职工找集团领导及建龙管理层抗议。建龙集团此次是二次入股通钢。此前 2005 年到 2008 年，建龙集团曾入股通钢。在 2008 年冬天，通钢集团经营困难七座高炉全部停产，普通工人每月领取 300 元生活费。2009 年 3 月末，通钢集团与建龙集团股权分立。建龙退出后，通钢对 3 月份经营情况进行评估，只亏损了 5000 万左右，而 3 月份报亏是 2.7 亿。

●7 月 23 日，吉林省国资委工作组正式到通钢宣布建龙增资扩股的消息。整个厂区流言四起，主要针对中层干部调整和裁员，一些人认为重组后"必将洗牌"，建龙已经准备好替换通钢干部。一些人认为，建龙掌权后必将对通钢进行彻底整顿。一些附着在通钢上游和下游的产业，也感觉到了严重的危机。

●7 月 23 日 9 时许，工作组进入通钢冶金区，分别召开通钢股份中层以上干部和集团公司所属子公司班子成员、在岗职工代表和内部退养人员座谈会。当晚，厂家属区发现大量小字报：召集群众第二天早8点到广场聚集。

●7月24日8时35分，通钢在公司后五楼召开干部大会，宣布建龙与通钢重组及干部任命等事宜，并宣布新通钢董事长由张志祥担任，总经理由李明东担任，党委书记由崔杰担任，通化钢铁总经理由陈国君担任。此时，通化钢铁办公楼前及广场上聚集人员达400人，到上午9时现场大约有3000人，晚上7时则有1万人左右。他们冲进办公楼院内，开始呼喊“建龙滚出去”的口号。后院外有人打出“建龙侵害国有资产，从通钢滚出去”的横幅，聚集人员开始通过厂区1号门涌向生产区。

●7月24日9时30分，派到现场的工作组人员传回“铁路运输线被堵，铁水运不出去，将导致1号、2号、3号高炉休风，进而会导致二炼分厂停产”的消息。

●7月24日10时01分，被派往现场做工作的通化市政府领导的随行人员遭到驱打，工作无法开展。

●7月24日11时05分，现场劝解无法奏效，1至6号炉休风停炉，7号炉也有停产之虞。

●7月24日11时30分，现场传来部分人员又向7号高炉及焦化厂聚集的信息，建龙集团派驻人员陈国君遭到围攻。一些人对他进行了第一次殴打，陈国君躲进焦化厂旧办公楼二楼化验室。

●7月24日15时，吉林省国资委继续组织原通钢高层领导座谈，推进重组工作，遭到了参与座谈会者的一致反对。

●7月24日15时30分，经过与省级领导请示沟通，吉林省国资委决定暂缓执行与建龙集团的合作。

●7月24日17时15分，吉林省国资委主任李来华在遭到聚集群众石块攻击的情况下，直接面对聚集人员，宣布终止建龙集团重组并控股通钢集团的决定。然而，这个口头宣讲没能缓释聚众人员的情绪，也没能拯救处在危难之中的陈国君。

●7月24日19时56分，吉林省国资委关于建龙集团不再入股通钢集团的通知正式文件传到，印刷后向群众发放，但聚集群众依然不同意医务人员对陈国君进行抢救。一个半小时后，聚集的工人不断散去，聚集的人群只剩几百人。此时，武警排成方阵，进入焦化厂办公楼，将陈国君抬走。

●7 月 24 日 21 时，通化钢铁通过电视台发布公告：省政府决定建龙退出，永不再参与通钢重组。

●7 月 24 日 22 时，各厂和车间开始复工，大约只两个小时，八个高炉全部恢复生产。

●7 月 24 日 23 时，陈国君抢救无效死亡，次日其遗体已被运回河北老家。

●7 月 27 日下午，吉林省政府新闻办公室举行新闻发布会，吉林省国资委副主任王喜东首次通报了通钢事件的经过。

●7 月 31 日，吉林省通化市公安局向记者证实，在通钢集团"7·24"群体性事件中新任通化钢铁股份公司总经理陈国君被围殴致死后，吉林省公安厅和通化市公安局高度重视，成立了专案组进行立案侦查。目前，专案组正在进行全力侦查中。

●8 月 7 日，吉林省召开新闻发布会，吉林省委组织部副部长、新闻发言人庄严通报了通钢集团领导层的调整情况。通报称，8 月 5 日，吉林省委常委会决定，免去安凤成的通钢集团党委书记职务，任命崔杰为通钢集团党委书记。同时，建议免去安凤成的通钢集团董事长职务，提名巩爱平（通化市主管工业的副市长）为通钢集团董事长人选。吉林省政府副秘书长常明表示，仍会继续推进通钢改革。

●10 月 16 日，通钢"7·24"事件陈国君被殴致死案告破，主要犯罪嫌疑人纪宜刚被刑拘，另有 5 名涉案嫌疑人向通化市公安机关投案自首。

民企控股通钢遭职工暴力抵制

【事件发展】

据中国网 7 月 27 日报道，7 月 24 日，国内著名民企建龙集团重组通化钢铁集团时遭职工反对，委派的总经理陈国君被围殴致死。集团子公司通化钢铁停产 11 小时。当晚，吉林省政府宣布，建龙将永不参与通钢重组。

7 月 22 日，通钢炼轧厂一张姓负责人说，从长春通钢集团总部传来消息，建龙集团将持有通钢集团 65%股份（简称通钢）。集团将被建龙控股的消息传来，通钢部分职工找集团领导及建龙管理层抗议。

7月24日上午，数千名通钢职工及家属向厂区聚集，要求建龙撤出通钢，通化警方阻拦抗议队伍，遭到职工矿泉水瓶袭击。当日下午，各主体、辅助单位陆续停产，通化钢铁各车间职工停工后，也加入抗议队伍。

7月24日下午，建龙集团委派通钢集团总经理陈国军赶到焦化厂要求工人复工，引起激愤，现场多人数次对他拳打脚踢。24日18时许，陈国军死亡，医务人员和警方数次向里冲，均被人群堵在外面。24日21时许，通化钢铁通过电视台发布公告：省政府决定建龙退出，永不再参与通钢重组。22时许，示威及围观人群逐渐散去。

7月25日零时，通化钢铁复产。25日早上，通钢家属区及各厂门前贴出吉林省国资委及吉林省政府红头文件，吉林省政府决定终止建龙集团控股通钢集团的方案，不再实施。下午，通化市二道江公安分局刑侦负责人证实陈国军死亡，并表示目前通化市公安局负责调查此事。当晚，记者致电通化市公安局，相关负责人均拒绝回答。

7月26日，原通钢集团分离出去的七道沟铁矿职工仍在公司办公楼聚集，要求重归通钢集团，近200余名民警维持秩序。

【舆情综述】

7月25日晚，网友“赤血石”在其新浪博客发表文章《必须要用生命为代价才能换取关注吗？》对通钢事件始末进行了详细的描述，接着这篇文章便在网上传开，尽管帖子几乎被删尽，但还是有很多网民在各大论坛转发了通钢事件的帖子。7月26日，香港大公网对此事进行了报道，不过只有今题网、美国中文网等少数媒体予以了转载。7月27日，《新京报》、中国网等媒体发布了相关新闻，搜狐网、新浪网、腾讯网等各大网媒纷纷转载后，此事件才引起公众的广泛关注。

综观整个网络舆情，网民的观点主要是对通钢职工的支持，对领导层做出建龙入股通钢决策的质疑，还有对国企改革制度的完善以及对职工权利的保障。如腾讯网网友“花香维也纳”留言称，“我是普通群众的一员，我觉得通钢工人们的行为虽然过激，但我支持他们，现在有些地方政府确实叫群众很失望。由此事件如果当地政府还不觉醒，早晚会出更大的事情！”新浪网一吉林网友留言称，“东北的企业必须要改制，无论体制还是机制，没有改革就没有出路，就永远有被别人吞并的危险。同时也要注意保护职工的合法权益”。

7月25日，美国之音中文网文章《通化近万工人抗议国企改制重组》称，工人担心改制后权益受损，有炼钢工人表示，他妻子已经下岗，一家三口全靠自己每月一千多元的工资和夜班补助费来养活。他说，建龙公司准备在重组后将通钢原有员工遣散，改用建龙公司招聘的人员，工人们担心失去生活保障，从而使矛盾激化。

7月25日，网友“我不是Angel”新浪博客中的博文《关于国资委批准建龙集团控股通钢集团的一点想法》称，对于那些勤勤恳恳干了大半辈子的普通工人，因为你建龙，就要每月领那微薄的500元工资，建龙来就来，裁就裁，你来请别改变老百姓的生活。钢城人的行为是有些偏激，但也是被逼出来的，他们需要生活。对于所谓的凶手，愤怒的百姓一人一脚，难道要把在场的近万人都逮捕。元凶是那个不理智不成熟的决策，决策者早该想到后果。我在那块土地生活了二十年，听得多了，见得多了，钢城需要的整顿是自上而下的，矛头请别指向老百姓。

7月26日，江西李建军网易博客文章《通钢集团强行私有化引发的血案给人民的启示！》中建议加强群众对公有资产管理的监督权力，文中称通钢事件再次说明，必须完善群众的监督体系，才能阻止国有财产的流失；必须由群众监督各级政府的行为，才能从根本上治理经济和政治领域的各类腐败。

【相关链接】

http://www.takungpao.com:10000/gate/gb/www.takungpao.com/new

目击：通钢重组引发冲突事件始末

事情还要从7月22日说起。这天，从设立在吉林省长春市的通钢集团传来消息，建龙集团再次入主通钢，控有新通钢集团50%以上的股权，吉林省国资委仅占有34%的股权。也就是说，吉林省最大的钢铁企业将被民企建龙集团吃掉，成为民企资本的一部分。

就在消息传来的当天，通钢集团的主要生产基地，也就是通钢集团的前身通化钢铁全员沸腾。空气中弥散了咒骂、惊愕、不解与沮丧。因为，这距离建龙与通钢第一次重组后的股权分立仅仅只有三个月。2005 年 10 月，在吉林省委省政府的积极运作下，全国最大型的钢铁投资公司建龙集团与吉林省唯一一家大型国有企业通钢集团联姻。建龙以资本注入形式入主通钢，占有通钢近 40%的股份。虽占有股份不是最多，但通钢集团及通化钢铁的总经理、财务主管却在很短时间内都换成了建龙人，美其名曰“引入民营机制”。从那时起，通钢管理体制完全走样，国不国、民不民，高层拿着高薪、口里却声声喊着代表党和国家。员工则被裁员、减薪。

2008 年的金融风暴致使通钢连续亏损，员工工资减到每月人均 300 元。而此时，作为以抵押通钢老区贷款而兴建的吉林新区却正常生产，员工收入未有任何变化。同企不同待遇，只因出资者或是重组之前所有者不同，使通化钢铁员工意见很大。这其间，通钢员工一直在通过各种媒体和渠道反映新通钢存在的不正常问题，而这一切却总是石沉大海，就连全国知名的百度、新浪、天涯等网站论坛对反映通钢的帖子也是一封了之。经过 2008 年的连续亏损，建龙在 2009 年初决定与通钢股权分立。经协商，建龙集团对吉林钢铁占有所有权，并控股通钢原有的矿山，其目的不言而喻。2009 年 3 月，通钢与建龙正式股权分立。公告下达的当天，通化钢铁居民区的鞭炮声响彻了整个夜空。

在建龙与通钢股权未分立之前，仅 2009 年一季度，通化钢铁就亏损了近 10 亿元，吉林新区却仅亏损 2 亿左右。而在股权分立后，4 月份，通化钢铁仅亏损 1 亿左右；5 月份，微亏；6 月份，已经盈利了 6000 余万元，全体通钢人欢欣鼓舞。7 月份，全通钢都在憋着劲要再打个漂亮仗。而恰恰在此时，建龙再次入股通钢，且这次是对通钢绝对控股。面对国有企业如此被民企收并，面对通钢人如此被建龙人玩弄，通化钢铁所有员工及家属群情激奋、怒不可遏。

作为股份制国企，在企业大的问题上应该有一定的办事原则。首先，有共产党及工会组织，企业有大的变更，应及时召开职代会通报消息，并征求员工意见，因为通钢毕竟还是国企，应该按照国企工作程序推进革新；其次，员工也是通钢的股东，虽然人均持股量较少，但近 2 万人的员工队伍，其股金总量也是不低的，企业有变更应该召开股东大会予以提前公布。而直到两个企业决定再次重组，连通钢的很多高层都不知晓。关于企业重组的宣传材料，在公布重组的第二天才发到员工手中。吉林省国资委关于通钢重组的决定下发后，通钢有几位总经理当即集体辞职，而通化钢铁的工人群体事件也全面展开。

7 月 23 日上午，吉林省国资委部分领导、建龙集团部分高管到通化钢铁召开重组大会。遭到近 50 名员工家属、100 名在职员工的包围冲击。当天下午，通化市公安部门开始向通化钢铁各单位质询具体情况。7 月 24 日上午，近 3000 名在职员工及家属在通化钢铁办公大楼前集会，高举“建龙滚出通钢”等标语，高喊口号进行示威集会。通化钢铁整体生产停滞，各主体、辅助单位陆续减产、停机。

7 月 24 日当天，刚刚上任的通化钢铁总经理、建龙人陈国军带队到焦化厂与中层干部及职工代表对话。据说当时陈某与示威人员发生了口角冲突，并激怒了示威人群，一群示威人员冲入会议室，把陈某拖进走廊进行群殴。此间，通化市调集了大量警力，由公安、交警、武警组成的大批治安人员进驻通钢冶金区，对通钢冶金区进行封锁管控，吉林省及通化市相关领导陆续赶到现场，但依然无法控制局势。至晚上 19 时，通钢冶金区已聚集近万人。据说，当时陈某已被群殴多次，并有说社会人员参与了对其殴斗，陈某已经死亡，死状凄惨。但大量员工依然聚集，不允许政府部门人员进入。晚 21 时左右，通化钢铁通过电视台向通钢员工及家属发布公告，宣称省政府决定建龙退出，永不再参与通钢重组。晚 22 时左右，示威及围观人群才逐渐散去。

（来源：工人研究网　作者：通钢职工）

【相关链接】

http://bbs.anhuinews.com/thread-433821-1-1.html

吉林通钢事件舆情追踪

【新闻概述】

7月24日，吉林通钢集团通化钢铁股份公司发生群体性事件，建龙集团派驻通化钢铁股份公司总经理陈国军被殴身亡。27日下午，在吉林省政府新闻办公室举行的新闻发布会上，吉林省国资委副主任王喜东首次通报了这一事件的经过。7月29日，通钢集团董事长安凤成和其他几位副总提出辞职。

7月30日，吉林通化市公安局成立处置"7·24"事件指挥部，严查通钢事件组织者。陈国君(注：以前皆写作"陈国军"，现根据公安局正式说法更正)被围殴致死案，成立了专案组进行全力侦查。

8月5日，吉林省委常委会研究决定，免去安凤成通钢集团党委书记职务，建议免去其通钢集团董事长职务；任命崔杰为通钢集团党委书记。

8月6日，通钢集团召开临时股东大会，对公司董事会成员作了增补调整，在随后召开的董事会会议上，选举巩爱平为通钢集团董事长。

【舆情综述】

通钢事件作为影响性群体事件引起了国内外的强烈反响，在媒体持续跟进报道的同时，舆论对此事件也给予了密切关注。从众多的评论文章、网民留言、网络民意调查当中可以清晰地看到，民众所关心的还是透过通钢事件折射出的保障权益和诉求表达的问题，但较之事件初期，网民的评论已更加理性，专家的分析也更加深刻。星岛环球网对于通钢群体事件的民意调查如下：(本文数据采自8月9日18点)

您认为通钢集团因重组引发群体事件原因是什么？(多选)	共8112票		
工人担心国有资产流失	2105票	26%	票源分布
工人害怕裁员，铁饭碗不保	3589票	44%	票源分布
集团重組前没有按规定做好相关工作	1914票	24%	票源分布
其他	361票	4%	票源分布
不知道	143票	2%	票源分布

星岛环球民意调查(一)

您如何评价事件中通化钢铁集团一方的处理手法？			共5335票
事发前未就重组一事充分知会工人，取得谅解	1219票	23%	票源分布
事发前未就重组相关补偿事宜与工人协商	905票	17%	票源分布
事发时简单粗暴阻止工人抗议	1192票	22%	票源分布
矛盾激化后未及时想办法化解矛盾，使事件失控	1681票	32%	票源分布
其他	122票	2%	票源分布
不知道	216票	4%	票源分布

星岛环球民意调查(二)

7 月 30 日，中国新闻网评论文章《吉林通钢事件，如何避免悲剧重演？》中提出，国企重组既关涉企业生死存亡的重大经营决策，也关涉每一位职工的切身利益。国企不是某个人的私有财产，更要考虑工人的感情、利益和诉求，做到公平、公正与公开操作，倾听民意，给企业的真正的主人——工人们话语权。唯如此，才能让企业重组收获多赢，让悲剧不再重演。

7 月 31 日，《华尔街日报》文章《通钢事件暴露钢铁业重组忽视工人利益》中引用中国冶金工业规划研究院副院长李新创的观点，认为这一事件敲响了必要的警钟。在通钢事件之前，企业重组工作只考虑到了地方政府和企业的利益，但企业员工的利益应该得到更大关注。同时中国媒体和专家也在探讨当企业的控制权易手时，企业的工人应被如何对待。

8 月 5 日，新华网文章《专家解析通钢事件所折射国企改制深层问题》中指出，从干活拿工资的“打工者”代替了原来的“主人翁”，很多职工不可避免地会产生心理落差。由此引发的“归属焦虑”，已成为推进改革过程中亟待突破的精神层面的障碍。而“破题”需要政府、企业、社会和个人的共同努力，更需要理性和耐心。在中国改革基金会国民经济研究所副所长、研究员王晓鲁看来，随着中国社会保障体系的逐步健全，应该通过多种途径减缓由于企业兼并、重组导致的下岗或收入变化带来的冲击，特别是减少对普通职工有最直接影响的基本生活条件的冲击。

就在通钢工人开始抗议的同一天，《广州市总工会关于推进我市工会改革和建设若干问题的决定》审议通过，其主要内容包括：改变工会主席由领

导直接任命的做法，从职工中民主选举产生；市总工会设立工会干部权益保障金，保护工会组织关系隶属市总工会的企事业单位工会干部；在建筑、环卫、餐饮、旅业等分散、规模小的行业分别建立行业工会联合会等。这些新政若能落地，势必会对工会的发展方向产生重大影响。

【相关链接】

http://news.163.com/09/0807/17/5G409TIG000120GU.html

云南陆良"8·26"群体性事件

网络热点事件引发"媒体新政",不论对于媒体形象,还是政府形象的维护都裨益良多。"以人为本"不只是一句美丽的口号,群众也不总是"不明真相"或"别有用心"的"一小撮"。云南规范新闻报道用词,尤其是对群众慎用类似"一小撮"这样的歧视性语言,打破了固有的官方话语体系,体现了对民的尊重,也为全国树立了新标本。"陆良事件"舆情爆发期,当地政府反应迅速,信息公开及时,关键时刻以紧急通知叫停媒体对群众乱扣帽子,赢尽媒体赞誉,也避免了事件升级。最终以群众7个方面的诉求,6个获得圆满解决、1个因不够合理而被劝阻得以妥善解决。当然,宣传部门的一纸通知并非化解事件的全部灵丹妙药,把人民利益放到重要位置,尊重民众的知情权、参与权、表达权、监督权,才是解决问题的关键所在。

——海南大学法学院副教授,《政法网络舆情》周刊主笔 王琳

案例概要

●8月26日中午,云南省曲靖市陆良县活水乡石槽河煤矿在施工过程中与当地村民群众发生冲突,八名村民、三名煤矿企业员工和七名现场维持秩序的民警在冲突中受伤住院,十一辆警车被砸。

●事发后,云南省委常委、政法委书记孟苏铁,曲靖市委书记赵立雄,市委副书记、市长岳跃生等做出批示,要求陆良县及时妥善处置此事,全力救治伤员。

●陆良县委、县政府立即启动突发事件应急预案,党政主要负责同志迅速赶赴现场,成立了医疗救护、事故调查等工作组,及时开展工作,医院开辟绿色通道全力救治伤员。工作组连夜走访群众,逐一梳理村民反映的问题。群众提出的七个问题中,六个得到妥善解决。针对群众要求每人每月补偿

600元生活补助和每株庄稼5元赔偿的诉求，工作组未回避矛盾，与群众面对面交流，并迅速形成书面答复意见，通过召开座谈会、情况说明会，向群众说明此条不符合相关政策。多数村民表示，此次党委政府对群众的要求解决得很公平、到位。

●纠纷发生后，当地个别媒体记者在采写新闻报道时，按照惯性思维在稿件中称"不明真相的群众在一小撮别有用心的农村恶势力煽动下，围攻煤矿施工人员和公安民警"，"村民阻挠施工影响工程进度"等。

●8月28日，云南省委宣传部及时发现了新闻报道中这些"刺眼"的用语，当即提请有关媒体予以纠正，并下发紧急通知要求新闻媒体在报道和评价突发公共事件时，不得随意给群众乱扣"刁民""恶势力"等帽子，禁用、慎用"不明真相的群众"和"别有用心""一小撮"等形容词。

●截至9月6日，已经有4个挑头闹事的人到当地公安机关"说明问题"，写下保证书后就可以回家，公安机关没有采取任何强制拘捕措施。

●云南省受圆满处理陆良"8·26"群体事件的启发，开始积极探索建立"以群众诉求为中心"的处理突发公共事件和群体性事件的新机制，其中包括：多渠道征询群众诉求、群众诉求协调解决机制、对群众不合理诉求勇于正面回应，以最大的坦诚争取多数群众的理解等等。

●自9月3日云南网发出"以陆良事件为起点，云南省正在探索建立以群众诉求为中心的处理突发公共事件和群体性事件的新机制"的消息后，各大媒体都给予了高度关注和热烈回应。纸媒如《新京报》的报道《云南转变思路处理陆良群体事件》，《春城晚报》的报道《我省探索处突新机制》等；网络媒体如新华网发表文章《云南探索以群众诉求为中心的处理突发公共事件新机制》，人民网发表文章《云南探索以群众诉求为中心的处突新机制》等；搜狐网、新浪网、腾讯网、凤凰网以及网易等门户网站也都进行了相关的转载报道。

此外，9月3日，各大媒体多以《云南陆良8·26群体性事件获妥善解决》为题对此事件做了报道。

云南陆良"8·26"群体性事件舆情观察

【新闻综述】

2008 年，云南省陆良县源丰矿业有限公司开始在石槽河建设一个年产 30 万吨煤矿的项目。经过协商，煤矿答应对占用村民土地做出每亩一年 760 元和 1 吨生活用煤的补偿，而对村民提出的每位村民每月 600 元生活费的要求，双方一直未能达成一致。工程建设也因此一直在断断续续中进行。

2009 年 8 月 26 日上午，在获悉煤矿当天又要恢复施工后，石槽河大村子村及附近几个自然村的村民陆续聚集到煤矿工地进行阻止。双方一直僵持到中午 12 点左右，部分村民回家吃午饭，留在现场的群众与煤矿企业员工随后发生冲突。在近一个小时的冲突中，有 8 名村民、7 名警察和 3 名煤矿企业员工受伤住院。停放在矿区停车场的 11 辆警车门窗玻璃被砸毁。

【舆情应对】

陆良煤矿施工纠纷发生后，当地个别媒体记者在采写新闻报道时，按照惯性思维在稿件中称"不明真相的群众在一小撮别有用心的农村恶势力煽动下，围攻煤矿施工人员和公安民警"，"村民阻挠施工影响工程进度"等等。云南省委宣传部及时发现了新闻报道中这些"刺眼"的用语，当即提请有关媒体予以纠正。8 月 28 日，中共云南省委宣传部又发出紧急通知，要求新闻媒体在报道类似突发公共事件时，禁用"刁民"、"恶势力"等称谓，不得随意给群众贴"不明真相"、"别有用心"、"一小撮"等标签。

通知指出，各种公共突发事件和群体性事件虽然诱因复杂，但矛盾的焦点绝大多数都集中在党委、政府和群众的关系上，往往与党委政府决策不当、工作不力、作风不实等问题有关。实践证明，人民内部矛盾中大多数群众的共同诉求都有合理的地方，绝大多数群众是讲道理的。各级党委政府一定要多从自己身上找原因，不能一味指责群众，甚至给上访群众乱扣帽子。对于没有充分事实依据就给群众乱扣帽子、乱贴标签的行为，即使是一些地方和部门提供的新闻稿或召开新闻发布会公布的说法，新闻媒体也应该拒绝报道。

通知还要求，发生公共突发事件时，新闻媒体要快报事实，慎报原因，不能在有关权威调查结论尚未作出的情况下就随意给事件和群众定性，要尽量避免使用定性式语言；新闻报道不仅要禁用、慎用"刁民"、"恶势力"、"不明真相"、"别有用心"、"一小撮"等容易激化矛盾、群众反感的用语，在事件尚未完全平息、群众诉求未得到圆满解决时，还应尽力克服"目前群众情绪平稳"等想当然的强加于群众、代群众表达的模式化官话、套话。

【本刊评点】

去年"瓮安事件"以来，已成官方消息发布中惯用词汇的"不明真相"等词，渐成网民戏谑的对象。今年7月28日（吉林通钢事件之后），新华社播发了署名"黄冠"的评论文章《群体性事件中少用"不明真相"》。新浪网等四大门户网站于当天迅速将此文在首页的重要位置予以推荐。7月29日，不少都市报也在头版或二版显要位置刊发了新华社评论。受此激励，对"不明真相"的抨击、批评、解构等，频频出现在各类网络公共事件中。"不明真相"在网民心中已是"众矢之的"。陆良煤矿施工纠纷发生后，云南省委宣传部迅速叫停，并下发专文对媒体的话语表达提出更多详尽要求，无疑是明智之举。如《南方都市报》在其社论中所指出的那样，"这份令人意外的宣传通知，完全跳脱旧有路数，几乎是一份政治文明的理念说明文。"社论认为，"这份意在指导舆论报道的通知成了新闻，也同时意味着对媒体舆论如何引导本身成为一个公开讨论的话题。这是颇为难得之处。现代政治的最大特点在于开放性，一份向心照不宣的政治积习发问的通知，首先便宣示了开放本身的价值。"，"（通知中的）这些内容处处切中时弊，虽不是新知，却是首度从体制内以一种可辨识的方式发出。今年7月下旬，在吉林通钢事件发生之后，新华社刊发了《群体性事件中少用'不明真相'》的述评文章，以其体制身份捅破了这层窗户纸，使'不明真相的群众'这样令人触目的专政语汇，走上了问题化处理的舆论程序。云南省委宣传部门接续的正是这一轮为'不明真相的群众'正名的努力。"

尽管网络舆论对云南省委宣传部这份通知表现出了惊人一致的认同和赞赏，但网民也担忧这种体制内的努力能否终结类似"不明真相"这样由来已久的体制内表达。因为"不明真相"必须用"真相"来化解，舍此别无他法。云南省委宣传部副部长伍皓在对媒体解释这份通知的由来时曾言，新闻媒体是社会公器，应重视改造新闻报道的话语方式。在突发公共事件特别是群体性事件的新闻报道中，居高临下、判官断案，"官字两张口，说啥就是啥"

的官话式表达，不仅无助于疏导公众情绪，无助于公共事件解决，反而时常起到激化社会矛盾、加剧事态发展的反作用；不仅不能密切党群干群关系，反而把群众与党委政府的距离越拉越远，甚至推到对立面。给群众乱扣帽子、乱贴标签的话语方式，不仅新闻媒体要坚决摒弃，也需要从文件、会议、报告、讲话等官方话语体系中努力清除。

各地政法机关在进行舆情应对时，也应尊重新闻规律，尊重民意表达。尤其在对外公开政法信息时，应慎用"刁民"、"恶势力"、"不明真相"、"别有用心"、"一小撮"等容易激化矛盾的传统用语。对涉及本单位的舆情，要向公众速报事实，但要慎报原因。如需在事实推断和法律分析上引导网络舆论，应尽可能邀请第三方（如专家、学者、媒体评论员等）向媒体提供。

时间	媒体	作者	文章标题
7.28	新华社	黄冠	群体性事件中少用"不明真相"
7.29	华商报	张若渔	"不明真相"的时代 无处安顿的眼睛
8.12	荆楚网	刘三石	群体性事件中，又见"不明真相"群众被煽动
8.19	中国选举与治理网	徐达内	警惕群众"不信真相"
8.29	南方都市报	南方都市报	谁为公众撕下"不明真相"的标签
8.29	潇湘晨报	周东	禁贴不明真相标签禁得有道理
8.30	南方都市报	成歌	愿云南一纸通知引发连锁反应
8.30	红网	李振忠	给群众贴标签才是"别有用心"
8.30	红网	罗立志	赞不给群众扣上"刁民"的帽子
8.30	华商报	田德政	产生"不明真相"标签的观念更应革除
8.31	东方网	周忠麟	禁用"刁民"字样
8.31	东方早报	燕农	"综合因素"是"不明真相"的2.0版
8.31	南海网	乐南	还有多少官话套话令人云里雾里？
8.31	央视网	童大焕	政府讲理，人民就有地方讲理
8.31	新京报	新京报	慎用"不明真相"，时代在"变话"中进步

8.31	钟海之	侨报	群体性事件，究竟是谁不明真相？
8.31	杨耕身	青年时报	不明真相的真相
8.31	默客	金羊网	给群众乱贴标签，“斗争哲学”阴魂不散
8.31	大河网	李千帆	请给他们一个“明真相”的理由
8.31	齐鲁晚报	齐鲁晚报	给群众乱扣帽子的不是媒体
8.31	长江商报	吴毅	关键是要让群众明白真相
8.31	海口晚报	周明华	当从法律层面撕下“不明真相”的标签
8.31	宁波日报	吴江	禁用“不明真相”并未切中要害
8.31	浙江在线	梁江涛	禁用“不明真相”给媒体改革出题
9.1	北京青年报	潘洪其	媒体慎用禁用“不明真相的群众”之后
9.1	东方网	江锡钰	一个《通知》值得三赞
9.1	新京报	宁鸣	我怎么知道“群众情绪稳定”？

相关评论文章一览

陆良事件案发现场

【相关链接】

http://news.qq.com/a/20090904/001330.htm

http://news.sohu.com/20090831/n266341798.shtml

网络反腐类

广州海事法院“公费出国考察门”

转型期的中国，陷入了一个断裂型社会。应然与实然，明规则与显规则，官方说法与非官方说法往往呈现出迥异的两种形态。公费出国考察，在不少机关单位里都被视为当然的员工福利（或领导福利）。然而这种“福利”上违法律，下违公平，原是见不得外界阳光的。

被爆出了领导亲自带队“公费出国考察”，广州海事法院并没有通过壮士断腕式的责任追究来换取民心，而是一味以“符合规定及经过了审批”作为抗拒的理由。更有甚者，还有当事方领导声称要对被曝光的文件是如何外传的展开调查。这一不良应对造成了舆情的第二次高潮。

从本例来看，舆情应对没有捷径，程序公正与结果公正都在网民的期待之中。避免舆情激化的正确办法只能是依法实现公正。

——海南大学法学院副教授，《政法网络舆情》周刊主笔　王琳

案例概要

●6月3日，网友“立刻就会”在天涯社区的“天涯杂谈”版块发帖称，最近收到一封未署名的邮件，内容是反映广东省某单位领导编造理由赴南非等四国考察，并在考察结束后在向上级递交的考察报告中弄虚作假等问题。该网友在邮件中还提到，这个考察团6人11天共花费人民币48万余元，人均花费8.2万元，这无疑大大超过了2008年江西新余和浙江温州两团的人均花费水平，江西新余团11人13天花费人民币35万元，浙江温州团23人21天花费人民币65万元，两团人均都在3万元上下。

●6月10日下午，广州海事法院邀请了《南方日报》等几家媒体，由该法院副院长陈斌就该事件作情况说明，回应称“该院此次出国考察经过严格审批程序，按照上级批准时间、行程和考察主题进行”，“48万元费用没有超出预算”。陈斌表示，近日在互联网出现的帖子《某单位领导出国考察总结报告是如何炮制的》，怀疑是有人在该院的“OA”系统窃取内部文件，然后发布到互联网上的。据陈斌介绍，只有该院内部人员且一定等级以上的人才有权限登录内部网站取得内部文件，目前正在对这些文件如何被外传展开调查。

●6月11日，南方网率先在网络上刊发独家最新消息称，广东省纪委、省外事工作办公室已组成调查组，对网上反映广州海事法院有关人员“花巨款出国考察”问题展开调查。

●10月15日，罗国华被免去广州海事法院院长职务。

●12月30日，广州海事法院原院长罗国华复出，被任命为广东省政协副秘书长。

广州海事法院深陷“公费出国考察门”

舆情起源：匿名邮件、天涯社区

6月3日，网友“立刻就会”在天涯社区的“天涯杂谈”版块发帖称，最近收到一封未署名的邮件，内容是反映广东省某单位领导编造理由赴南非等四国考察，并在考察结束后在向上级递交的考察报告中弄虚作假等问题。

与 2008 年 10 月网友“魑魅魍魉 2009”曝光浙江温州和江西新余两地官员打着考察的旗号出国旅游使用的手法一致，这个帖子也包括 10 余张扫描文件，这些文件包括向广东省人民政府外事办公室的请示文件、赴南非等国考察访问报告及该单位网上工作平台的交流记录等三个部分。但该网友对文件中涉及人名的地方大都做了遮蔽处理。

赴南非等国考察访问报告显示，2009 年 1 月 7 日至 18 日，由院长带队，由副院长、庭长、副局长等一行 6 人组成的访问团，赴南非、埃及、土耳其等国进行了为期 11 天的访问，并途经海湾国家阿联酋。

在向广东省人民政府外事办公室的请示文件中，这次出国考察的重要性和迫切性是这样描述的：“近些年来，我院受理海洋油污案件不断增多，这些案件受害人众多、索赔数额高，涉外因素多……海洋油污及陆源污染对海洋、沿海海滩、港口造成危害巨大，给沿海群众的生活造成严重损害，群众反映十分强烈。处理好海洋污染纠纷对保护海洋环境、促进绿色海洋经济发展、维护人民群众的合法权利意义重大。”为此，“我院针对海洋油污及陆源污染问题组织调研，拟接受南非约翰内斯堡市法院、埃及开罗律师协会、土耳其伊斯坦布尔地方法院的邀请……进行为期 12 天的考察”。

考察的主要内容是：“油污案件审理过程中对国际公约的理解和执行、各国国内法律制度、海洋污染案件的管辖权、法律适用、对请求主体和责任主体的法律规定、损害的评估和确定、保险赔偿、油污案件的仲裁及埃及开罗律师协会海事仲裁职能的有关情况等内容。”

然而，对比这次出国的考察访问报告，这个考察请示却显得非常苍白。在赴南非等国考察访问报告中，可以看到，里面大篇幅充塞着地理常识。更有甚者，发帖人声称，这篇考察报告的内容是东拼西凑出来的，并且对文中涉嫌拼凑的抄袭内容画线作了标注，同时提供了来源网址。这些来源包括已见报的新闻稿件和某些出国留学机构对上述国家的概况介绍等。有媒体经核对后在报道中也宣布，该报告中划横线的部分确实与网站内容的吻合程度非常高。据估算，报告中大约有一半的内容属于这种情况。

而对于考察行程，在报告中上所见到的实质性安排是：“在约翰内斯堡，我们拜访了地方法院……首席法官接待我们后，热情邀请我们旁听其主持的庭审。”在埃及，“我们在开罗近郊看到的河流堆满了垃圾”。在伊斯坦布尔,“我们专门参观了当地的一家法院,旁听了庭审”。

值得注意的是,尽管向广东省外事办公室请示时,该院声称要“针对海洋油污及陆源污染问题组织调研”,然而在考察报告中,却语焉不详。

但在发帖人提供的该单位“网上工作平台”的交流记录却显示,一个考察团成员向另一个考察团成员发报告时留言表示:“查了很久,也没有查到南非3国关于船舶油污诉讼等方面的详尽资料,只好这样发给您了……”

该网友在邮件中还提到,这个考察团6人11天共花费人民币48万余元,人均花费8.2万元,这无疑大大超过了2008年江西新余和浙江温州两团的人均花费水平,江西新余团11人13天花费人民币35万元,浙江温州团23人21天花费人民币65万元,两团人均都在3万元上下。

这份材料遭到社会舆论的口诛笔伐。一位网友质问:“一份添油加醋的请示,一篇弄虚作假的考察报告,就是我们少数领导干部公款旅游所需要做的全部,再加上旅行社的大力配合和领导的大笔一挥,出国旅游对某些人来说实在太简单了!我们不禁要问,对于这种打着考察的幌子公款旅游的行为,到底应该定性为变相福利?还是一种彻头彻尾的腐败!这是一个值得全社会和我们的政府重新思考的命题。”

有网友根据发文单位及没有完全遮蔽的人名认定,这个被曝光的单位为广州海事法院。还有网友发现,广州海事法院一位副院长2005年3月28日至4月11日之间曾带团赴南非等国考察,而考察报告与这次的考察报告有异曲同工之妙,即大部分都是地理知识的堆积。在那次报告中,备受诟病的是第二部分第三点,“当一名中国人是自豪的”,声称“考察团3国之行不仅顺利,而且得到外国人民的尊重……所到之处,我们不时可以听到异国口音‘你好!’这一热情友好的问候”。由此,“走出国门,当一名中国人是自豪的”。

舆情激化:平媒报道、法院回应

6月10日下午,广州海事法院邀请了《南方日报》等几家媒体,由该法院副院长陈斌就该事件作情况说明。陈斌表示,近日在互联网出现的这个帖子《某单位领导出国考察总结报告是如何炮制的》,怀疑是有人在该院的“OA”系统窃取内部文件,然后发布到互联网上的。据陈斌介绍,只有该院内部人员且一定等级以上的人才有权限登录内部网站取得内部文件,目前正在对这些文件如何被外传展开调查。

广州海事法院出具的一份说明资料上称：2008 年 9 月 26 日至 10 月 20 日，我院先后收到南非约翰内斯堡市法院、土耳其伊斯坦布尔地方法院、埃及开罗律师协会向我院发来的正式邀请函，我院完全按程序报批获准后，由院长罗国华带队，一位副院长和 4 位法官陪同，一行 6 人，于 2009 年 1 月 7 日至 1 月 18 日赴南非、埃及、土耳其等国对海洋污染和陆源污染等相关法律问题进行考察，按报批计划完成了公务考察。因航程中转在阿联酋停留。回国后向有关部门拟写了出访报告。该情况说明强调“整个公务考察安排符合国家和我省有关公务人员出访规范要求”。

根据网友曝光的费用，该团 6 人 11 天共花费人民币 487105 元，人均花费 8.2 万元。如此高额的考察费用是如何审批的？是否符合相关规定？法院负责人承认，本次考察活动总费用基本如网上披露的金额，不过也强调“这笔开支严格按该院 2008 年度出访专项经费预算执行，没有超过预算”。至于此开支明细项目，海事法院表示目前正在进行自查，会主动接受上级和相关部门的核查。

当事方的以上回应见诸于 6 月 11 日的多家媒体报道，并在 6 月 12 日引发了更多的舆论热议。仅粗略统计较有影响力的网站与报纸评论，即多达十余篇，且评论对象均为广州海事法院的上述回应。评论质疑的焦点主要集中在出国考察的审批制度，出国考察费用的预算制度，以及当事方宣称要就院内文件的外传展开调查。

如《北京青年报》的社评就在批评当事法院的基础，跳出个案质疑官员出国考察审批制度。评论指出：从有关负责人理直气壮义正词严的态度看，他们的上述回应不大像是虚张声势的危机公关说辞，而更像是在表述一种不容置疑的实情，即海事法院官员出国考察完全符合从中央到广东省、从广州市到海事法院内部的有关规定，没有任何可以指摘和追究的地方。然而，这样一个在普通人看来明显不正常的“豪华出国游”，为什么竟然完全符合中央和广东省关于公务人员出访的规定呢？如果说海事法院官员的出国考察完全符合规定，自始至终都没有任何问题，那么唯一的结论只可能是——中央和广东省关于公务人员出访的一些规定是很有问题的。

新华社记者孔博则在《西安晚报》上撰文质问：“稻草人”式审批岂能杜绝公款出国游。该文指出，种种问题说明，当前有些单位对公务出国考察的审批和监督犹如“稻草人”，难以起到实际作用。因此，杜绝公款出国旅游，首先要解决“稻草人”审批，既要对出国考察必要性、预算费用等“初级”阶段严格把关，也要对考察过程等“高级”阶段进行有效监督，还应当对考察效果进行严格评估，进行公示，让公款出国旅游无机可乘。

知名学者丁东则在《南方都市报》发表专栏文章，指出“官员公款出国无权对纳税人保密”。评论称：依照 2008 年 5 月 1 日开始实施的《中华人民共和国政府信息公开条例》第二条和第九条规定，各地区各部门“三公”消费支出属于相关财政部门履行职责过程中获取的政府信息，这些信息涉及公民、企业法人和其他组织的切身利益，需要社会公众广泛知晓。因此，公民有权向政府的财政部门提出政府信息公开申请，要求其告知近年来当地政府各机关公款出国、公款购车用车和公款接待费用的具体数据。各级政府机关的公款都是人民的血汗钱。这些钱怎么花，不应当向公众保密，不应当向纳税人保密。如果制度明确规定，除了特殊情况，常规的官员出访，都要将出访目的、行程安排和费用支出通过政府网站向社会公示。制度约束官员必须在阳光下活动，假公济私的行为就无处藏身了。

《新京报》则针对广州海事法院在回应中声称要对内部文件外传进行调查，刊发了署名文章，呼吁《保护广州海事法院的“深喉”》。文章指出，网民质疑和批评的对象是该法院部分人员假公济私、以“公务考察”为名行“私人旅游”之实。若要对此事件展开调查，就应该围绕公款出国“考察”进行。“广州海事法院考察门”之所以能够曝光，让公众若隐若现地看到了在该院的“深喉”的影子。“曝光”满足的是公众的知情权，当事官员的利益也将因此而受到影响。以致广州海事法院的某些领导们，似乎已经忘掉了应该在媒体面前有所矜持，而直接宣称要对内部文件的外传展开调查。一场“反举报”行动俨然已经展开，“深喉”危矣！评论指出：违法的腐败者趾高气扬，合法的举报人隐姓埋名；腐败者高调向举报者喊话，举报者无言以对。出现这种现象绝不会是法治社会的正常一幕。要捍卫法治尊严，遏制腐败的蔓延与日益嚣张，也只能提请最高法院介入对此案的调查了。《羊城晚报》也刊发了著名专栏作家余以为的文章《广州海事法院查“深喉”，意欲何为》，同样质问当事方这种错位的调查。

标题	作者	媒体	评论对象
海事法院对得起“南非奶牛”对不起谁	王旭东	新华网	当事方回应
官员公款出国无权对纳税人保密	丁东	南方都市报	当事方回应
谁能替官员“公款豪华出国游”背黑锅？	潘洪其	北京青年报	当事方回应
公款出国游谁见过这么牛的？	郭兵	扬子晚报	当事方回应
保护广州海事法院的“深喉”	王刚桥	新京报	当事方回应
“未超预算”何以雷倒很多人？	周云	东方早报	当事方回应
人均8万未超预算焉能说明花钱有理	张兮兮	大连晚报	当事方回应
“稻草人”式审批岂能杜绝公款出国游	孔博	西安晚报	当事方回应
广州海事法院查“深喉”，意欲何为	余以为	羊城晚报	当事方回应
花48万元公款究竟考察了什么	乔志峰	珠江晚报	当事方回应

6月12日媒体评论一览表

舆情冷却：省纪委介入调查、公众期待

6月11日，南方网率先在网络上刊发独家最新消息称，广东省纪委、省外事工作办公室已组成调查组，对网上反映广州海事法院有关人员“花巨款出国考察”问题展开调查。12日，众多媒体也报道了这一消息。据本刊监控显示，13日之后，网络与平面媒体上有关广州海事法院“出国考察门”的讨论和评论已经冷却。

【延伸阅读】

卷入“公费考察门”的部分案例

●2008年11月，江西省新余市、浙江省温州市有关部门出国考察账单被曝光。江西新余团11人13天花费人民币35万元，浙江温州团23人21天花费人民币65万元，两团人均花费在3万元上下。

●2009年2月，多家网站陆续上传和转载广东肇庆端州区委副书记、区长谭日贵领队的13人前往南非、土耳其、埃及等国旅游的视频。经核实，该考察团为肇庆市端州区领导干部考察团。肇庆市纪委2月22日向媒体通报称，初步认定此行为公款出国旅游，决定免去涉案的谭日贵端州区委副书记职务，并责令其辞去端州区区长职务。同时责成端州区参与此次公款出国的所有人员作出深刻检查，并承担出国旅游全部费用。

广海法外〔2008〕2号

关于罗■■同志带队前往南非、埃及、土耳其考察的请示

广东省人民政府外事办公室：

我院是管辖广东省沿海海域（海岸线长近四千多公里，海域面积近35万平方公里）、与海相通的内河可航水域（内河设标里程总计达4,000公里）内发生的海事海商纠纷的专门法院。目前，海洋污染成了制约海洋经济健康发展的重要因素，而船载油、有毒物质以及船舶本身的燃油污染是海洋污染的主要源头。近些年来，我院受理海洋油污案件不断增多，这些案件受害人众多、索赔数额高，涉外因素多。随着沿海工业的快速发展，造成了陆源对海洋的污染事件，案件大量增多。海洋油污及陆源污染对海洋、沿海滩涂、港口造成的危害巨大，给沿海群众的生产生活造成严重损害，群众反映十分强烈。处理好海洋污染纠纷对保护海洋环境、促进绿色海洋经济发展、维护人民群众的合法权利意义重大。

由于海洋污染案件情况复杂，涉及污染物的认定、污染物与损失的因果关系的认定、污染损失的评估、污染民事责任的确认、损害赔偿的责任限制等实体问题和程序问题，适用国际公约、惯例的情况较多且较复杂，而我国法律对这些问题的规定不明确，在处理这类纠纷过程中，在适用法律上往往产生很多的争议。为此，我院针对海洋油污和陆源污染问题组织进行调研，拟接受南非约翰内斯堡市法院、埃及开罗律师协会、土耳其伊斯坦布尔地方法院的邀请，初定于今年12月前后组织考察团，前往南非、埃及、土耳其等国进行为期12天的考察。据了解，埃及开罗律师协会的职能包括海事仲裁的部分相关职能。

考察内容主要是：油污案件审理过程中对国际公约的理解和执行、各国国内法律制度、海洋污染案件的管辖权、法律适用、对请求主体和责任主体的法律规定、损害的评估和确定、保险赔偿、油污案件的仲裁及埃及开罗律师协会海事仲裁职能的有关情况等内[illegible]。因航线问题，拟在阿联酋停留中转。

考察团共6人，由罗■■院长带队，并由主管此项工作的黄■■副院长陪同。需要进一步说明的是，今年5月我院上报厅级领导干部出访计划时，原定由吴■■巡视员带队执行前往南非等国考察的任务，罗■■院长带队执行前往英国等国考察任务，但因吴■■同志现已经批准退休，不能再执行出访任务，故改由罗

请示文件截图

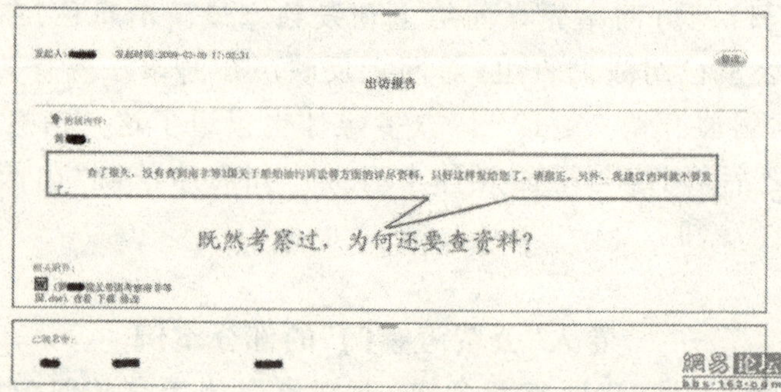

邮件内容截图

【相关链接】

http://bbs.news.163.com/bbs/shishi/138409318.html

http://news.xinhuanet.com/society/2009-06/10/content_11522749.htm

http://www.tianya.cn/New/PublicForum/Content.

内蒙古阿荣旗"豪车检察长"事件

"贫困县"与"豪车"已能吸人眼球,"豪车"前再冠以"检察长"的修饰语,"周至尊第二"更是呼之欲出。网络群体性事件中,基于某种目的恶意发帖挑动网民情绪有之,"不明真相"的围观群众自愿被挑动也有之。阴谋论或动机不纯并不能转移网民关注"用车腐败"的目光。舆情应对应该"有的放矢",在有效的时间,面向有效的对象,披露有效的信息。"刘丽洁事件"的前期舆情应对堪称"完败"。在舆情预警期,事发单位失语,错失有效时间。在舆情暴发期,当事人和事发单位连放妄语,错失有效对象。当事人的辩解被认为越描越黑,阿荣旗的官方回应被指袒护下属,连刘丽洁的100%民意测评率也成了网络笑柄。网络舆情应对的第一原则永远是尊重客观事实,坦诚以待网民。心不诚,则引导必不力。当然,坦诚也需要我们用"壮士断腕"来捍卫:各级政法机关的领导要敢于与违法违纪行为作切割,不能让某个案子的不公或某个政法官员的违法违纪,影响了政法工作和政法干部的整体形象。任何机关都不能避免犯错,但政法机关可以,也应该避免不错上加错。

——海南大学法学院副教授,《政法网络舆情》周刊主笔 王琳

案例概要

●11 月 24 日，网友“填鸭砸坛”在天涯社区发帖《一个贫困县女检察长和她的名车》称，内蒙古呼伦贝尔市阿荣旗检察院女检察长刘丽洁到任后的短短两年内，就为单位购置了五台新车，且一台比一台昂贵。刘丽洁 2007 年 11 月就任阿荣旗检察院检察长时，就购置了两辆现代索纳塔轿车供两名“得力下属”使用，自己则购了一台价值约 40 余万的别克林荫大道，车牌号为“蒙 OE0729”，之后又购了一台价值 20 余万元的别克商务车。由于刘丽洁的别克车在路上出了些小事故，便将座驾改为价值近百万的大众途锐。刘丽洁的公务用车远超国家公务用车的标准：只有正省部级的官员才能配备 45 万元以上的公务轿车。2006 年 6 月 15 日，刘丽洁担任呼伦贝尔市牙克石县检察院副检察长时，曾遭三名小偷从家中窃走 26 万元现金和首饰、手表等物品，起诉书上公开的总价值是 32 万余元，坊间还称刘有价值惊人的房产。

●11 月 25 日始，传统媒体跟进该事件。《新湘报》首家刊发该事件相关报道称，天涯社区该网帖已引起阿荣旗检察院高度重视。

●11 月 25 日上午，阿荣旗检察院检察长刘丽洁接受专访时表示，网友贴出的途锐汽车的图片并非其本人座驾；对于其家中 2006 年遭窃一事，刘丽洁称确有其事，但盗窃案有隐情尚未审结，所以对其家中 2006 年遭窃一事暂不便告知。刘丽洁还表示，近期网络关于内蒙古呼伦贝尔市阿荣旗公安局、检察院相关新闻呈现井喷的怪相，源自一起跨时五年、近期才审结的案件，这些负面消息系该案件的家属所为，在公安系统进行案件侦查过程中，涉案人员家属就针对公安办案人员造谣中伤实施干扰，目前此案件已经终审判决，案件侦查过程中曾 8 次向呼伦贝尔人大汇报备案。刘丽洁还表示，“现在已经着手启动司法程序，对诽谤相关责任人提起诉讼，并尽可能近期召开相关新闻发布会，就此事辟谣和澄清说明”。

●11 月 27 日，《新湘报》再次刊发报道称，刘丽洁表示，途锐车实是向一个个体老板借的，但从未上过牌照，车牌是网友后期制作(PS)。此前一天，刘丽洁曾对媒体解释，车牌确实是属本单位的，但因为原挂牌车被撞坏，遂将牌照取下，挂在借来朋友的途锐车上。而据阿荣旗检察院消息人士透露，刘丽洁得知媒体报道后，26 日即将途锐车的“蒙 OE0729”车牌取下。随后，阿荣旗多名不愿公开姓名的政法人士均向媒体证实，此豪华途锐越野车确系检察长刘丽洁动用公款购买，在拿车当天，还曾宴请其他政法干部吃酒，展示该台车辆。

●11 月 27 日，《武汉晚报》转载《成都商报》报道称，刘丽洁 25 日向记者表示，车是朋友的，牌照是临时的。当记者询问，私车挂政府临时牌照是否符合规定时，刘丽洁则以有朋友要招待为由，没有回应。随后，图片的拍摄者、网友“为正义呐喊”26 日明确表示，照片是 11 月 18 日拍摄的，拍摄时汽车上就挂上了“蒙 OE0729”牌照。该网友还透露，自己早在 2007 年就开始向相关部门就此事进行举报，但均无结果，并强烈要求同刘丽洁在网上进行一次公开的对话。报道还称，阿荣旗旗委书记曹小斌、政法委书记姜绪年对此事件的回应均是“不了解”。阿荣旗旗委书记曹小斌表示，“挂牌照说不好，网友的一些说法不现实，你们到现场来了解吧。”

●11 月 30 日，《新湘报》跟进报道称，继被曝购买百万豪车后，内蒙古贫困县阿荣旗检察院检察长刘丽洁再次被当地网友举报修建豪华办公楼，而检察院原办公楼才建两年。该阶段舆论发展态势回落。

●12 月 5 日、6 日，新华网播发报道称，内蒙古阿荣旗纪委 4 日公布的调查结果显示：女检察长的“豪车”是从当地一家企业借用，检察院新建办公楼属阿荣旗正常基础设施建设。

●12 月 9 日，《新湘报》官网播发报道称，知情人透露，豪华途锐车确系刘丽洁购买，地点是天津港保税区国际汽车城。

●12 月 11 日下午，内蒙古自治区人民检察院发布书面新闻稿称，对近期网民关注的呼伦贝尔市阿荣旗人民检察院检察长刘丽洁“借车”等问题，自治区人民检察院再次要求呼伦贝尔市人民检察院积极支持配合市纪检监察部门进行全面细致地调查，在查清事实的基础上，严肃处理，决不护短，并尽快向社会公布调查和处理结果。自治区检察院有关负责人表示，检察人员借用企业车辆，既违反廉洁自律规定，也是检察机关明确禁止的行为。检察机关真诚欢迎并虚心接受各类媒体和网民的监督，坚持从严治检，加强队伍管理，严格规范执法，坚决查处违纪违规违法行为。

事件传播路线脉络

近日，网络上红极一时的内蒙古女检察长开豪车事件几经起落，在内蒙古自治区呼伦贝尔市纪检部门、监察局和检察院的两张处分通知单及当事女检察长刘丽洁引咎辞职的决定下，逐渐趋于平静。经正义网舆情监测系统统计，阿荣旗豪车事件新闻报道 1527 条，博客报道 1033 条。回顾一个月来的事件发展脉络，大致分为六个阶段。

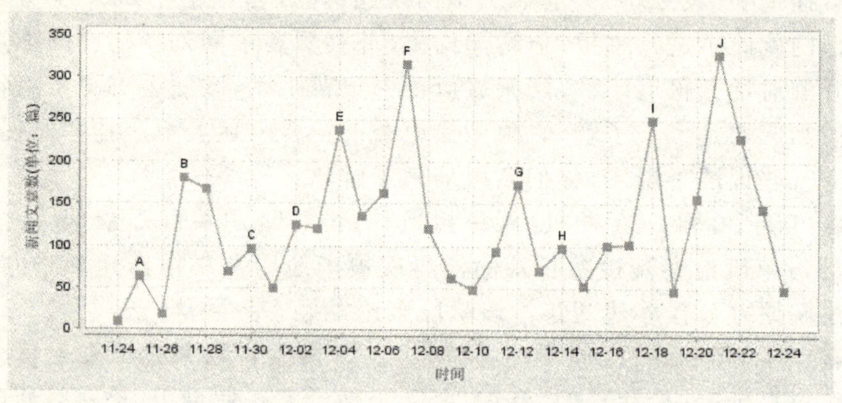

媒体报道趋势图(来源：正义网舆情监测系统)

舆情预警期

关键词：古画、巨额财产

一直以来，网媒都将阿荣旗女检察长豪车事件的起点定义为 11 月 24 日天涯社区网帖的引爆，实际上早在一个月前，“阿荣旗”这个字眼已经出现在网民的视野里。10 月 23 日，香港《凤凰周刊》记者邓飞将深度调查稿《内蒙 16 幅古字画奇案疑云》发至其腾讯博客、搜狐博客及凤凰网博客，称阿荣旗检察院为追求经济利益炮制冤案，其中一个关键人物就是女检察长刘丽洁。文章称，刘丽洁履职 14 天即着手该案，对这一“千年大案”兴奋不已。文中还爆料 2006 年 6 月 15 日，刘丽洁担任呼伦贝尔市牙克石县检察院副检察长时，曾遭三名小偷从家中窃走 26 万元现金和首饰、手表等物品，起诉书上公开的总价值是 32 万余元，坊间还称刘有价值惊人的房产。随后该文章又被网友转发至天涯社区、网易论坛、新浪论坛、凤凰网论坛等知名网站。10 月 28 日，邓飞的好友、《中国青年报》记者陈杰人在其凤凰博客发布相关评论文章《中国检察机关必须脱离双重利益诱惑》，随后又于10月31日转发至天涯社区。该事件获得一定的关注，但未成为网民持续关注的热点事件。

舆情引爆期

关键词：途锐、Q7

真正引爆该案的，即天涯社区一篇网帖。

10月29日，长期调查举报刘丽洁的义务法律维权志愿者巴特，在得到“刘丽洁的别克林荫大道座驾翻车，现在又开着一辆大众途锐”的消息后，开始跟踪偷拍。11月23日，巴特拍下网上广为流传的刘丽洁乘坐途锐车上班的照片，白色途锐的后面还停着一辆黑色奥迪Q7。网友后来爆料称这辆奥迪Q7是刘丽洁爱人、牙克石市人民医院院长黄某的座驾。

11月24日，网友“填鸭砸坛”在天涯社区发帖《一个贫困县女检察长和她的名车》附照片称，内蒙古呼伦贝尔市阿荣旗检察院女检察长刘丽洁到任后的短短两年内，就为单位购置了五台新车，且一台比一台昂贵。刘丽洁2007年11月就任阿荣旗检察院检察长时，就购置了两辆现代索纳塔轿车供两名“得力下属”使用，自己则购了一台价值约40余万的别克林荫大道，车牌号为“蒙OE0729”，之后又购了一台价值20余万元的别克商务车。由于刘丽洁的别克车在路上出了些小事故，便将座驾改为价值近百万的大众途锐。刘丽洁的公务用车远超国家公务用车的标准：只有正省部级的官员才能配备45万元以上的公务轿车。网帖中又再一次爆料刘丽洁曾陷入了非议的漩涡：2006年刘丽洁家中失窃总价值32万余元的财物。该帖迅速火爆。截至11月29日12时，该帖访问量504,877人次，回复2,965条。截至12月24日13时40分该帖访问量634,709次，回复3651条。刘丽洁乘坐途锐车上班的照片自此开始被广为流传。

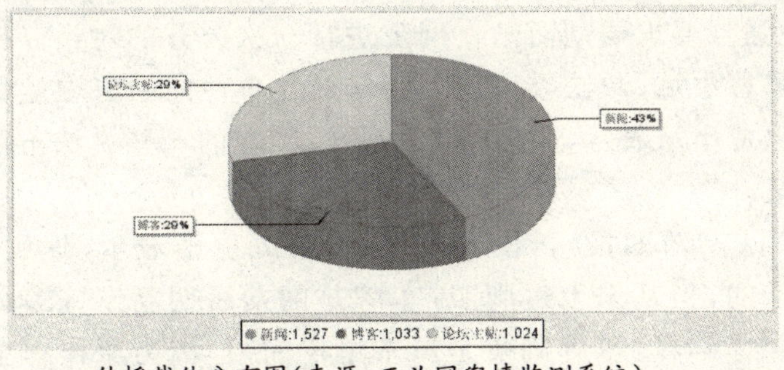

传播载体分布图(来源：正义网舆情监测系统)

舆情爆发期

关键词:车牌、借车、诽谤、照片

11月25日至29日,传统媒体迅速介入,经由网络媒体推波助澜,热点事件迅速形成,"女检察长豪车事件"、"刘途锐"成为网络热词。

11月25日,《新湘报》首家刊发该事件相关报道称,天涯社区该网帖已引起阿荣旗检察院高度重视。25日上午,阿荣旗检察院检察长刘丽洁接受专访时表示,网友贴出的途锐汽车的图片并非其本人座驾;对于其家中2006年遭窃一事,刘丽洁称确有其事,但盗窃案有隐情尚未审结,所以对其家中2006年遭窃一事暂不便告知。刘丽洁还表示,近期网络关于内蒙古呼伦贝尔市阿荣旗公安局、检察院相关新闻呈现井喷的怪相,源自一起跨时五年、近期才审结的案件,这些负面消息系该案件的家属所为,在公安系统进行案件侦查过程中,涉案人员家属就针对公安办案人员造谣中伤实施干扰,目前此案件已经终审判决,案件侦查过程中曾8次向呼伦贝尔人大汇报备案。刘丽洁还表示,"现在已经着手启动司法程序,对诽谤相关责任人提起诉讼,并尽可能近期召开相关新闻发布会,就此事辟谣和澄清说明"。

同日,网友"我比刘翔帅"在天涯社区该相关网帖中跟帖"经过网友们的人肉,哈哈,已经找到这位刘大检察长的照片,发出来大家娱乐鉴赏一下……",刘丽洁的照片由此开始被广为流传。

11月26日,《成都商报》刊发报道《当事人回应"车是朋友的,牌照是临时的 帖子是诽谤我的"》称,刘丽洁25日向记者表示,车是朋友的,牌照是临时的。当记者询问,私车挂政府临时牌照是否符合规定时,刘丽洁则以有朋友要招待为由,没有回应。随后,图片的拍摄者、网友"为正义呐喊"26日明确表示,照片是11月18日拍摄的,拍摄时汽车上就挂上了"蒙OE0729"牌照。该网友还透露,自己早在2007年就开始向相关部门就此事进行举报,但均无结果,并强烈要求同刘丽洁在网上进行一次公开的对话。报道还称,阿荣旗旗委书记曹小斌、政法委书记姜绪年对此事件的回应均是"不了解"。阿荣旗旗委书记曹小斌表示,"挂牌照说不好,网友的一些说法不现实,你们到现场来了解吧。"

11月27日,《新湘报》再次刊发报道称,刘丽洁表示,途锐车实是向一个个体老板借的,但从未上过牌照,车牌是网友后期制作(PS)。此前一天,刘丽洁曾对媒体解释,车牌确实是属本单位的,但因为原挂牌车被撞坏,遂将牌照取下，挂在借来朋友的途锐车上。而据阿荣旗检察院消息人士透露，刘丽洁得知媒体报道后，26 日即将途锐车的“蒙 OE0729”车牌取下。随后，阿荣旗多名不愿公开姓名的政法人士均向媒体证实，此豪华途锐越野车确系检察长刘丽洁动用公款购买，在拿车当天，还曾宴请其他政法干部吃酒，展示该台车辆。

11 月 27 日，《武汉晚报》以题为《贫困县女检察长开百万豪车——当事人回应：车是朋友的，牌照是临时的》转载《成都商报》。而这一篇报道成为引发舆情高峰的关键。

27 日，搜狐网转载《武汉晚报》报道，并将题目改为《贫困县女检察长被曝开百万车 回应漏洞百出》，继而被多家网媒、博客、社区论坛疯狂转载。随即，网友以天涯社区、人民网强国论坛、新华网社区为阵地发布网帖质疑刘丽洁的回应“朋友说”等，及传播刘丽洁照片。更有网友将其戏称“刘途锐”并与周至尊合称“南周北刘”。

28 日、29 日网媒继续转载阿荣旗豪车事件相关报道，舆情传播呈回落态势。

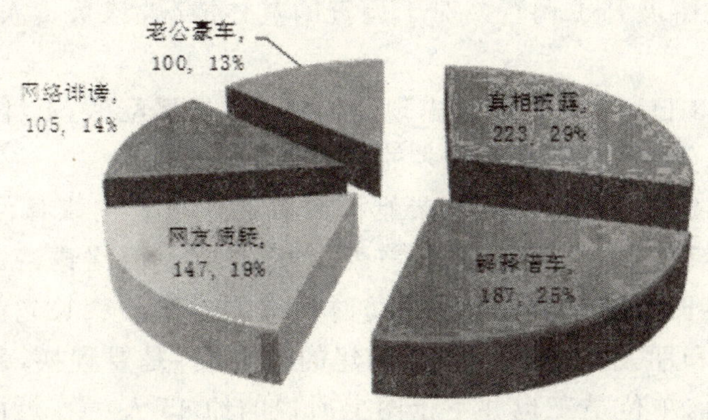

媒体关注热点数据统计（来源：正义网舆情监测系统）

舆情喷发期

关键词：豪楼、网络诽谤、民意测评 100%

11 月 30 日至 12 月 7 日，阿荣旗方回应欠妥，成众矢之的。

11 月 30 日，《新湘报》跟进报道称，继被曝购买百万豪车后，内蒙古贫困县阿荣旗检察院检察长刘丽洁再次被当地网友举报修建豪华办公楼，而检察院原办公楼才建两年。

12 月 1 日，几天来一直不愿与媒体正面接触的女检察长刘丽洁，在其办公室接受了《华西都市报》记者的独家采访。刘丽洁说:“关于网帖所说的情况,作为个人,我的所有解释都是苍白的,更有辩解的嫌疑,最有发言权的是纪委和上级监管部门关于此事的调查和结论。”刘丽洁表示,对于网友的这种监督,她个人并不排斥,“同时也提醒我,要更加严格要求自己今后的一言一行和执法过程中更加规范。”阿荣旗检察院办公室相关负责人对记者说:“这段时间刘丽洁检察长出去办案，用车都是检察院的公务车（索纳塔)。”阿荣旗那吉屯镇被借车的企业确于今年购得一辆途锐越野车,并称有购车发票,但因其主要负责人外出,记者未能看到发票。该企业办公室一工作人员说:“不会错的,纪委已经查过了。”

12 月 1 日,《潇湘晨报》记者多次拨打刘丽洁电话,一直未接通。该旗委书记在接通电话表示,要找新闻发言人,却未提供发言人联系方式。记者再次拨打了旗政法委书记、该旗旗长、旗委书记的电话,均未接听电话。“此事,网上是有失实的地方。”该旗宣传部一名负责人向记者表示,现在当地相关部门正在对此事展开了调查。对于调查的具体情况,该负责人表示,暂时不便透露。

12 月 2 日、3 日,有媒体评论出现,经两天的传播酝酿,4 日评论激增。刘丽洁的回应成媒体、网民诟病最多的地方。

12 月 4 日,《武汉晚报》称,阿荣旗检察院通过传真向媒体回复,称“刘丽洁用公款购置百万元的豪车,并加盖豪华办公楼”是网络诽谤。阿荣旗检察院一位副检察长在接受记者电话采访时说:“刘丽洁检察长先前用单位的车出车祸了,才和朋友借的车。那个在建的办公楼,是要置换,新旧楼并不都是我们单位用。单位员工也并不止网上所说的约 45 人。”在近两年的历次民主测评中,刘丽洁个人均得到 100%的认可。《内蒙古日报》称,阿荣旗相关党政部门和自治区三级检察院表示,“套牌”仅为一天,当天该院办公室主任发现后,立即责令司机将车牌摘下。目前,阿荣旗检察院已将该车还给借车单位。网上的炒作与事实真相不符。对于热炒背后的动机和目的,有关部门表示,将进行深入调查。

12 月 4 日至 6 日，新华网等播发报道称，内蒙古阿荣旗纪委 4 日公布的调查结果显示:女检察长的“豪车”是从当地一家企业借用,检察院新建办公楼属阿荣旗正常基础设施建设。

12 月 7 日，媒体评论再次井喷。阿荣旗官方回应被指袒护下属。网民对官方不信任情绪增加。有网帖质疑调查结果：刘丽洁坐驾不能使用，为何不用检察院剩下的 9 辆公车，偏偏要向老板借车？刘丽洁的辩解只会越描越黑。而 100％民意测评率也成为众多网友取笑的话柄。

舆情冷却观望期

关键词：真相

12 月 8 日始，舆情开始回落。12 月 9 日至 16 日，为阿荣旗女检察长事件正负面舆情相持阶段。

12 月 9 日，《新湘报》官网又发报道称，知情人透露，豪华途锐车确系刘丽洁购买，地点是天津港保税区国际汽车城。同日，天涯社区爆料网帖《“百万豪车”检察长刘丽洁和丈夫制造的冤假错案》称，内蒙古牙克石市一起 2000 年发生的冤案，刘丽洁及其黄俊华均有牵涉。

12 月 11 日下午，众多媒体发布转载内蒙古自治区检察院新闻稿称，对近期网民关注的呼伦贝尔市阿荣旗检察院检察长刘丽洁“借车”等问题，自治区检察院再次要求呼伦贝尔市检察院积极支持配合市纪检监察部门进行全面细致地调查，在查清事实的基础上，严肃处理，决不护短，并尽快向社会公布调查和处理结果。自治区检察院有关负责人表示，检察人员借用企业车辆，既违反廉洁自律规定，也是检察机关明确禁止的行为。检察机关真诚欢迎并虚心接受各类媒体和网民的监督，坚持从严治检，加强队伍管理，严格规范执法，坚决查处违纪违规违法行为。

同日，新华网有网帖爆料，“中央电视台法制频道道德观察的记者已到阿荣旗调查，最高检也派了 7 人调查组来到阿荣旗。”

12 日，网媒纷纷转载《新湘报》9 日负面报道。

此阶段，网民评论观点仍为三方面：一是肯定和期待彻底调查，二是希望公布网民举报和质疑的事情真相，三是对是否能完全彻查的担心和质疑。

舆情回落期

关键词：上海豪楼、处分、辞职、金蝉脱壳、一查到底

12 月 17 日至 21 日，舆情关注热度激增至顶峰，22 日开始平稳回落。

12 月 17 日，法制网播发报道分析内蒙古贫困县女检察长豪车疑云。刘丽洁解释为何要开“好车”：自己 2007 年 10 月 27 日通过干部交流，从邻县

牙克石市（县级市）来到阿荣旗任检察长，但地税局家属楼只是其租住的房子，自己的家仍在牙克石。“牙克石与阿荣旗往返有600公里，而且途中要走大兴安岭山路，路况很差。”刘丽洁还称，郑玉凌案是小城阿荣旗少有的大案，刘丽洁告诉记者，此案由阿荣旗政法委特别要求查办，2007年10月27日，刘丽洁到任阿荣旗检察院检察长，11月8日即启动该案。刘丽洁表示将通过法律途径维权，并表示她将正确对待网友的批评，今后会严格规范自己的言行。文中也爆出刘丽洁在上海有一套房产。针对其丈夫的座驾Q7的问题，刘丽洁解释称，其丈夫黄某是一位知名的外科医生，做过的手术超过了10万例，由于常年在各林场间出诊，对车辆的性能要求同样很高。黄同样是一个出色的医院管理人员，就任牙克石人民医院院长后，医院开始扭亏为盈，并盈利颇丰。

18日，网媒纷纷以《内蒙驾豪车女检察长被曝拥有一套上海房产》为题炒作法制网报道。负面舆情走高。网友纷纷发帖质疑刘丽洁回答经不住推敲，并戏称其老公为高性能机器人。

20日，多家媒体播发、转载新闻《内蒙古开豪车女检察长被处分后提出辞职》，中共内蒙古自治区呼伦贝尔市纪律检查委员会、呼伦贝尔市监察局、呼伦贝尔市人民检察院12月20日对于阿荣旗人民检察院检察长刘丽洁乘坐“豪车”问题联合作出决定，给予刘丽洁党内警告和行政警告处分；刘丽洁向有关部门提出引咎辞职。舆情借势攀升。

21日，媒体评论蜂拥而至，舆情到达顶峰。媒体评论大致分为三阶段：质疑结果——要求彻查——应对支招。网民分析刘丽洁请辞或为“金蝉脱壳”，希望上级组织还原真相彻查到底。

22日，网友“我比刘翔帅”仍在天涯社区发帖称，豪车车主高玉峰实为阿荣旗检察院豪楼施工单位老板，“百万豪车是女检察长把如此大的工程交给高老板来做所收受的回扣啊！”尽管网民热情高涨，但跟帖浏览、数量明显下降。

22日至24日，舆情关注热度匀速递减，平稳回落至谷底。

舆情分析

一、媒体评论分析

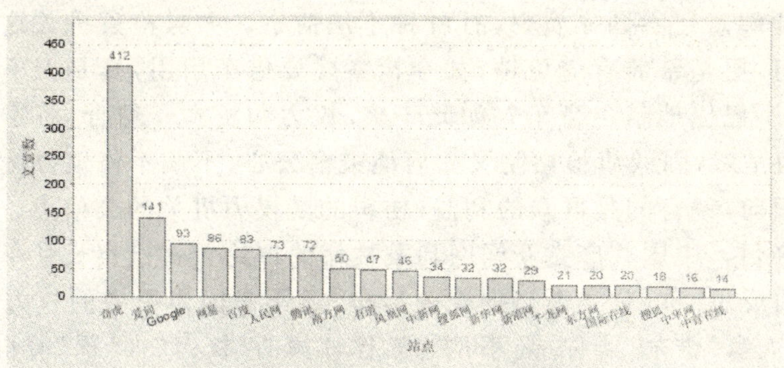

境内新闻站点报道情况统计图(据正义网舆情监测系统,截至 12 月 25 日)

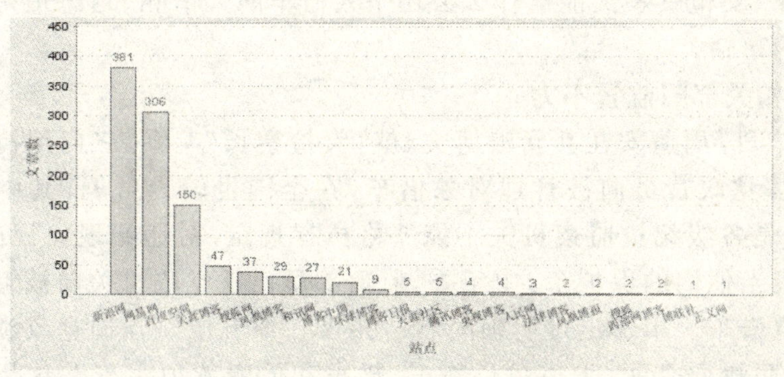

博客站点报道情况统计图(据正义网舆情监测系统,截至 12 月 25 日)

分析:“借”车背后是公权的异化

12 月 7 日,人民网刊发评论《女检察长“借车”风波给官员啥警示?》认为,一个人、一个单位凭什么向下属或管理相对人“借”东“借”西?说到底,无非是“借”着手中的权力。如果手中没有这种权力,他人凭什么把“豪车”相借?其实,“借”的背后是一种公权的异化和递延。“借”人钱物就要给人以回报,这无疑是典型的以权谋私;“借”人钱物不给人以回报,则是典型的权力欺诈。因此,无论从哪个方面讲,这种“借”都是一种变相的违规违纪,对这种“借”,必须高度警惕和警醒。

同日,长城网发表谢浮名的评论《凭权力借用企业豪车是权金化缩影》

分析道，企业无偿借给本地权力机关豪车，不外乎两种情况。一是无奈，二是企业本来就有所图，平时挖空心思，做梦都想和权力机关结为“战略合作伙伴”，以便肆意侵吞国家资财，行种种不法情事。面对检察机关这样的权力要害部门，更是希冀有缝可钻，如今检察院要借车用用，真是天下掉馅饼的事，哪能不巴巴地献上豪车？如此一来，权力和资本一结合，资本也就势必借助权力呈威，阿荣旗检察院又如何能秉诸公心，不偏不倚地办案？这种“权金化”倾向，侵害的是群众的利益，伤害的是权力机关的公信力。

12月8日，中国共产党新闻网刊发林伟的评论《女检察长豪车风波真相大白后的反思》称，你之所以向企业借车，还不是因为手中的权力能“辖”到人家，而人家“借车”给你，还不是想靠你掌握的“权力”来“罩”着自己？而“有借有还”更是中国人的传统习惯，可人民检察机关拿什么去还向企业借车的人情呢？女检察长又能拿什么去还个人借车的人情呢？这恐怕是所有读者都担心的事情。

批评：相关部门监督不力

12月7日，周蓬安在其新浪博文《就“女检察长”车案，三问纪检监察部门》中写道，党政官员向被管理对象借车，在全国也较为普遍，其中一个重要原因，就是各级纪检监察机关不能严格执行规定，对违纪现象视而不见，甚至乐意担当他们的保护伞。中纪委、监察部早已就党政机关向被管理对象及下属单位借车一事作出过明确限制，并“三令五申”强调党政领导干部“不准利用职权向企业、下属单位换车、借车和摊派款项买车”，这位女检察长放着本单位仍能正常使用的9辆车不用，而向自己管理范围内的企业借来一辆豪华车，这样的行为应该受到是什么样的纪律处分？阿荣旗纪委闭口不谈该女检察长借车属于违纪行为，明显是在有意袒护。作为上一级机关的呼伦贝尔市纪检监察部门，应该动用责任追究制度，去追究阿荣旗纪检监察机关在本案中的袒护责任。

同日，人民网－观点频道的评论《女检察长坐骑百万，哪来这么大的豪气？》认为，面对网友的指控，刘检察长一句豪言壮语“车是朋友的，牌照是临时的，帖子是诽谤我的”，更是让公众啧啧称奇。刘检察长如何敢如此豪气的公然违反有关党纪国法？如何敢大放豪言的公然抵赖？看看当地有关部门和领导的反映就明白了。

面对网民对刘检察长肆意挥霍纳税人钱的指控，当初任命刘检察长的当地人大似乎充耳未闻，至今没有做出任何表态，仿佛这一些都与己无关；当地纪检监察部门也无动于衷，难道刘检察长不是党员？不属于纪检部门的监督范畴？

更耐人寻味的是，面对记者的采访，阿荣旗委书记却说这事要找阿荣旗新闻发言人，但又拒绝提供新闻发言人的联系方式，难道当地主要负责人都无权干涉刘检察长？阿荣旗宣传部向记者透露的"现在当地相关部门正在对此事展开调查"的信息更是让人如坠雾中，相关部门到底是什么部门？会不会又像当初上海"钓鱼执法"案一样"老子调查儿子"？调查结果会不会又是"纯属诽谤"？会不会又将发帖的网友以"诽谤罪"绳之以法？

有关部门和领导对刘检察长如此百般呵护，难怪刘检察长如此豪气。对于当地有关部门的调查结果，相信公众大多是不会相信的，所以，还是请上级有关部门赶快启动第三方调查吧，说不定又能查出个腐败大案。

赞扬：网络反腐初见成效

11 月 18 日，中共中央政治局常委、中央纪委书记贺国强在考察中央纪委监察部网络信息工作时强调，要高度重视网络举报在反腐中的积极作用。如今看来，网络反腐已初见成效。

12 月 22 日，新华社文章《"网络曝光"成反腐新手段》写道，一则网帖曝光"贫困县女检察长开百万豪车"，经过层层追查，最终导致内蒙古自治区阿荣旗检察院检察长刘丽洁于 12 月 20 日受到党内警告和行政警告处分，并提出辞职。2009 年，互联网来到中国的第 15 个年头，由 3.38 亿网民构成的网络社区使中国开始进入"网媒聚光灯和大众麦克风"时代。与此同时，"网络曝光"也开始成为反腐新手段。

12 月 24 日，《城市快报》评论《网络反腐：扳倒多少贪官？》认为，一个网帖让"天价烟局长"周久耕锒铛入狱，一个网帖让武汉经适房"六连号事件"中造假公职人员被查处，一个网帖捅破了河北邯郸"特权车"这个久治不愈的脓包，一个网帖踢开了内蒙古阿荣旗检察院检察长刘丽洁的"豪车门"……2009 年，由网民发起、媒体参与、政府介入，一桩桩"帖案"办成了铁案。2009 年，从草根行动到官方参与，从自发行为到政策背书，网络反腐在网民、媒体与政府之间的互动中经历了一次嬗变。

林伟也在文章《女检察长豪车风波真相大白后的反思》中写道，应该说，这几天最受网友关注的莫过于女检察长的"豪车"了，不仅点击率超高，而且是网评如潮，这再次显现了“网络舆论监督”的强大力量。

此外，张鸣评论文章中的一句“很想问一声：如果不被网民发现，阿荣旗检察长大人所借的豪车什么时候还呢？”也从一个侧面反映出网络监督在此事件中所起到的关键作用。

呼吁：车不能一还了之，人不能请辞了事

12 月 8 日，新华网发表黄冠文章《内蒙古女检察长豪车事件：调查不应是洗脱》认为，中纪委早有明文规定政府机关不准利用职权向企业借车。政府机关名不正、言不顺地向企业“借车”，能一还了之吗？

12 月 24 日，乔志峰在《九江日报》刊文《别让“借车”检察长金蝉脱壳》写道，警告处分了，女检察长事件是否就此画上句号了呢?恐怕很难。比如女检察长家中失窃、丢失巨额财产的事情，比如其上海房产的事情，比如其老公也被曝出开豪车的事情，比如有媒体曝出途锐车是女检察长本人购自天津港保税区的事情，比如旗纪委为何查不出问题的事情……所有这一切都是疑问，任何一个查下去说不定都“水深着呢”。如果上述诸多疑问不能查清，女检察长虽“引咎辞职”也无法金蝉脱壳——网友们不会答应，舆论也不会答应。

建言：借车应按受贿腐败对待

12 月 10 日，《东方早报》发表张鸣的评论《还有多少官员开的是借来的车？》认为，这种借实际上是一种隐性腐败。其危害，一点都不比企业把车子送给官员要小。之所以采取这样的方式，无非是一些聪明的官员可以借此逃避法律的追究。

周蓬安则直言，借车其实就是一种极为明显的腐败行为。他在博文《就“女检察长”车案，三问纪检监察部门》中写道，车主面对手中握有重权的借车人，肯定不敢不借。有的车主还要搭进去汽油费、修理费、过路过桥费等。当然，得到的回报，就是借车人日后的特殊照顾。而这个特殊照顾，牺牲的却是国家利益和社会公平。

12 月 7 日，杨涛也在《东方早报》撰文指出，“借用”汽车不仅可能是违纪问题，还可能涉及犯罪问题。2007 年 7 月，“两高”发布《关于办理受贿刑事案件适用法律若干问题的意见》规定：国家工作人员利用职务上的便利为请托人谋取利益，收受请托人房屋、汽车等物品，未变更权属登记或者借用他人名义办理权属变更登记的，不影响受贿的认定。

12月6日，毕诗成在《华商报》发表评论《领导乱借车应按受贿腐败对待》分析道，在刘检察长眼里，只要能证明豪车不是买的，而是从老板朋友那儿"借"的，就能解除被疑危机了。社会不是不知"借"之弊，问题在于缺乏"零容忍"的决心。总觉得充其量算是个灰色交易，出问题了纠正一下也就罢了，用不着上纲上线，治起来也不用太狠。这也就难怪有人晃着"借"字号挡箭牌遮风挡雨，试图蒙混过关了。中共中央办公厅近日印发了《关于进一步从严管理干部的意见》，我倒以为，这"进一步"，就是要进到这些责任模糊的领域。领导干部乱借车，甭说什么灰色地带，也甭说什么亚腐败，干脆就按受贿腐败来对待治理吧。狠狠几刀切下去，楚汉河界自分开。

二、网民留言分析

（一）网民话题分布

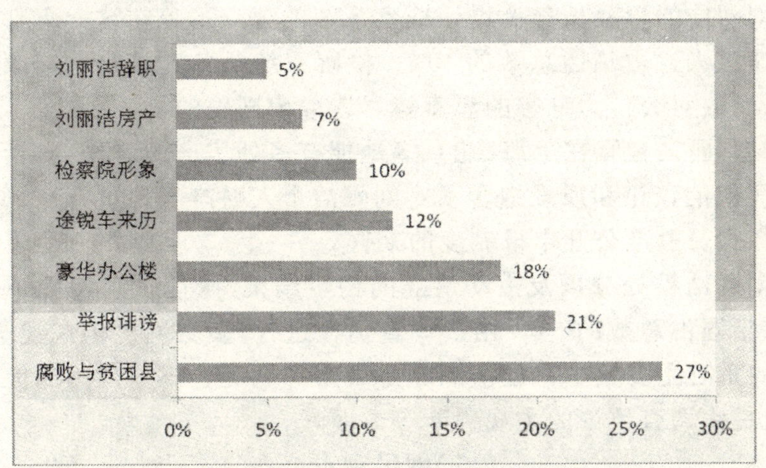

网民话题分布图（来源：正义网舆情监测系统）

据正义网舆情工作室抽样统计显示（如上图），自阿荣旗检察长豪车事件发生以来，普通网民的议论话题主要包括：

1、贫困县官员的腐败问题为网民关注的焦点，占话题分布总数的27%。在腾讯、网易等门户网站的跟帖评论中，争论阿荣旗是否列入贫困县的、以贫困县居民身份公开揭露本地官员腐败的、抨击贫困与腐败恶性循环怪圈的、要求当地官员扭转腐败价值观带领群众脱贫致富的，比比皆是。

2、刘丽洁在接受媒体采访时关于"网帖为举报人诽谤"的回应，在网上引起轩然大波，占话题分布总数的21%。对刘丽洁本人的人身攻击、"人肉搜索”的呼吁，以及理性思考网络举报与诽谤边界的网帖充斥天涯、凯迪、猫扑等各大网络论坛、社区。

3、关于阿荣旗检察院修建豪华办公楼的争论占话题总数的18%。网民们有的针对当地纪委回应，结合相关建设标准，仔细核算该办公楼是否超标，有的则将办公楼的豪华与纳税人的辛苦比照，拷问相关公务人员的良心。

4、被网友曝光的“途锐车”作为引爆舆情的导火线在整个事态进程中都理所当然地成为网民关注的热点话题，占话题总数的12%。途锐车扑朔迷离的来源、车主与刘丽洁交情背后的猫腻、公务系统借用企业车辆的现象以及内蒙古自治区检察院对刘丽洁“借车违纪”的先入为主的判断，都吸引着越来越多的网民不遗余力地猜测、评点。

5、刘丽洁的检察长身份也让检察系统的公众形象在这一事件传播过程中被急速放大，占话题总数的10%。检察系统公务人员收入来源的种种揣测、司法腐败对公信力危害的思索等尽皆成为网民的核心议题。

6、对刘丽洁被曝在上海、北京等地拥有多处房产的议论，占话题总数的7%。网民们的议论和质疑饱含了对刘丽洁个人财产来源进行深入调查以及加快施行官员财产公开申报制度的期许。

7、刘丽洁被处分以及主动请辞的初步结果，未能平息网民不断高涨的情绪，该话题占总数的5%。由于调查仍在进行，多数网民仍在观望状态，网帖评论的重心主要集中在提请辞职是否金蝉脱壳、不同部门回应差异的原因臆想、最终调查结论的主观判断等方面。

（二）网民观点分布

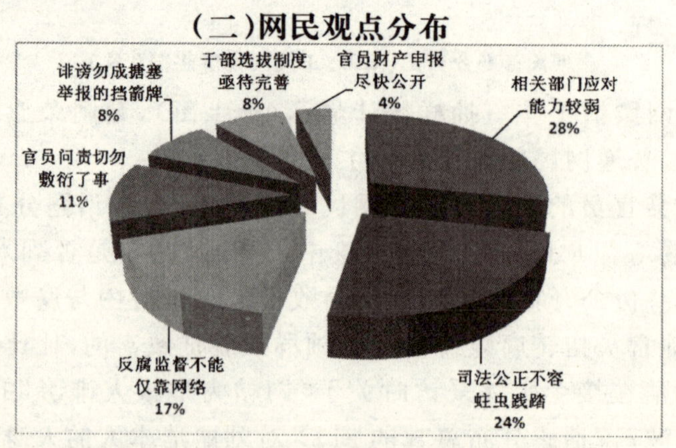

网民观点分布图（抽样条数：106条 数据来源：正义网舆情监测系统）

相关部门应对能力较弱(28%)

腾讯网网友"观宇":自治区检察院表态太晚,阿荣旗纪委过早护短。

新浪网网友"dawei": 出事不可怕,可怕的是出事后各个官员对公众和媒体的搪塞!

凤凰网网友"真话 123456":阿荣旗的旗委书记和政法委书记不知道刘豪车已经爆炸了么?还在为她遮阳,难道也是一串葡萄上的么?值得好好调查。

搜狐社区网友"qdn_lrfch":阿荣旗旗委书记曹小斌、政法委书记姜绪年对此的回应也是"不了解"。经常和检察长一起议事的"两大书记"怎么可能不了解?这两位"不了解书记"太低估网民的智商了吧!

搜狐网佛山网友:为什么第一时间听到的总是一片谎言呢?

司法公正不容蛀虫践踏(24%)

新浪网网友"烧火僧": 打铁必须自身硬,检察院领导带头奢侈腐败,还谈什么党风、政风好转?

搜狐网网友"猴帅":司法腐败严重侵蚀社会肌理,司法机关的清正廉洁关乎和谐维稳大局,处理不好,会造成社会核心价值观、正义观的极度扭曲。即便没有近忧,也该提防远虑啊,慎思慎思。

反腐监督不能仅靠网络(17%)

腾讯网网友"思雨一生":悲哀,问题为什么总是要我们广大网友曝光才能解决。

腾讯网网友"无情剑侠":谁来监督检察院、纪委这类超权力部门?

猫扑网网友"成龙之龙":没有公众监督,一切都是侈谈。反贪、纪检这样的体制内监督力度总是不足,原因值得深思啊。

凤凰网网友"江南狂叟":只有保证人民行使监督权,才能避免社会正义总靠网络私力救济的尴尬。

官员问责切勿敷衍了事(11%)

网易北京网友:"借车违纪"是避重就轻之举,内蒙检察院先入为主的提法很值得怀疑。怎能一个"借"字掩盖背后的问题呢?

搜狐网济南网友:为啥市里查的时候,说没有违规?要求严查当时侦办此事的责任人。

腾讯网网友"妙章":不要头痛医头、脚痛医脚,除查车和豪楼以外,还应

严查有无执法和经济问题！

诽谤勿成搪塞举报的挡箭牌(8%)

凯迪社区网友“风生水起”：清者自清，浊者自浊。为什么有些官员一被举报就拿诽谤来说事儿啊，明显就是心虚。

搜狐社区网友“我是菲”：打死我也不相信有人报复这位检察长！要是报复，也一定是她报复举报人！

天涯社区网友“穿风”：很为这个爆料的网友的安全担心啊，当心跨省追捕，判个诽谤罪什么的。

干部选拔制度亟待完善(8%)

新浪网网友“maweiping”：刘是怎么提上来的？辞职后将调到哪里去？总该有个说法吧。

新浪网网友“mkj88888888”：提拔这样的人当检察长太有眼光了。组织部门应该查一下谁提拔的她，因为什么提拔的。

腾讯网网友“精华”：干部民选，任重道远；阳光选拔，民心所愿。

腾讯网网友“一阵风”：先查查她怎样当上检察长的。

官员财产申报尽快公开(4%)

新浪网网友“黯色忧郁”：早些公开官员财产，就不会有这么多拥有豪车、别墅的问题官员了。

搜狐网网友“东方巴黎”：强烈呼吁政府强制公开刘丽洁之流的私产！

网言网语

※ 这招棋妙就妙在，第一，她可以借此向舆论界做个交代，从此淡出舆论视野；第二，向上级发出这么一个信号：她既然辞职了，其他的如果再追究，未免有点不近人情；第三，以退为进，避开锋芒，审视世态，伺机而动。因此，她心中在暗暗地向上级说：接招！——强国论坛网友“夏雨晨”认为，刘丽洁提出引咎辞职是下了一招妙棋。

※ “贫困县”+“百万豪车”+“检察长”这样的组合，给人的第一感觉就是“不合常理”。依据常识，网友认定刘丽洁是不应该开如此豪车的，生发下去，对她的道德判断便下意识形成。就是这样一种浅层的思维模式，如此直接却近乎“百发百中”。——网友“然玉”认为，网民之所以能在反腐上屡屡

扮演奇兵角色，正是源于对常识的尊重。

※ 身在贫困县，出手即万千，华车豪楼显，轻描淡写言。

久耕遭囚陷，只因极品烟，二者腐败选，丽洁该收监。

——网友"村长"认为，刘丽洁安然无恙该为周久耕鸣不平。

※ 有一种补丁叫漏洞，有一种死机叫蓝屏；有一种陷阱叫倒钩，有一种执法叫钓鱼；有一种占领叫失败，有一种胜利叫撤退；有一种至尊叫久耕，有一种豪华叫借用。——网友"hudwth6"在博文中贴出的网络流行语。

※ 古有"刘备借荆州"，今有检察长"借"豪车。此外，有权有势者，以种种借口"借钱借物"、甚至"借人"者，大概不在少数，只是"云深不知处"而已！ ——网友"亿枝花"将"借"字列为2009年十个最牛汉字。

※ 哑剧：《一身正气，两袖清风只能借车的贫困县女检察长》

表演者：内蒙古呼伦贝尔市阿荣旗检察院检察长刘丽洁

——网络广为流传的恶搞版《2010年春晚节目单》也将这一事件列入调侃。

※ 姐借的不是车，是权力。——和讯博客网友"机会翻跟头"将一度令网民趋之若鹜的寂寞党口号也用在了刘丽洁身上。

※ 刘丽洁这只鸡被杀了，而众猴还在"默默无闻"地享受着"借车"的好处。 ——搜狐博客网友"杨于泽"认为，刘丽洁被处分顶多起到杀鸡儆猴的作用，难以根治"借车违纪"现象。

※ 经常和检察长一起议事的"两大书记"怎么可能不了解？这两位"不了解书记" 太低估网民的智商了吧！——阿荣旗旗委书记曹小斌和政法委书记姜绪年因对此事件的回应都是"不了解"而被搜狐社区网友"qdn_lrfch"戏称为两大"不了解书记"。

网民心理分析及疏导策略

当下，网络媒体的影响力已经渗入到社会政治、经济和文化生活等诸方面。每当出现焦点事件，都会引起网民的强烈反响，如何正确引导网络舆论已经成为政府部门一个重要的课题，而了解和把握网民的心理变化特征则有助于增强舆论引导的针对性和有效性。我们运用社会心理学的有关理论，对阿荣旗女检察长事件中网络舆论产生的心理机制进行了深入剖析，并提出了相应的舆情疏导建议，以供各级领导参考。

网络舆论产生的心理机制分析

一、宣泄情绪

按照精神分析学派弗洛伊德的观点，人的心理活动包括意识和无意识两个部分。无意识包括大量的观念、愿望、想法等，这些观念和愿望由于和社会道德存在冲突而被压抑，不能出现于意识中。人积累了心理能量总要找宣泄的出口，网络舆论阵地恰巧为人们提供了一个情绪发泄的空间。社科院社会问题研究中心主任于建嵘认为，当前中国社会的剧烈变化、利益的重新分配、社会阶层的重新划分和差距加深，使得社会充斥着广泛的不满情绪，很多人没有在经济发展中收益，反而感觉生活压力加大；某些地方政府长期行政不作为、乱作为，造成社会秩序紊乱甚至失控，一些人的利益得不到保护；司法不公平、不公正，信访长期无结果，使人感到无处说理，心理压抑；道德体系崩溃，人心迷茫。这些深层次矛盾长期累积，得不到有效的排解与疏导，碰到合适的导火索，就会一触即发。在阿荣旗女检察长事件中，“贫困县”、“豪车”这些具有刺激性的信息一出现，立即引发网民长久以来对官员贪腐问题的不满情绪，女检察长迅速被网民树为新的腐败典型，成为众矢之的。

二、先入为主心理

具体表现为首因效应与犄角效应的作用。在社会心理学中，由于第一印象的形成所导致的在总体印象形成上最初获得的信息比后来获得的信息影响更大的现象，称为“首因效应”。因为第一印象一旦建立起来，它对于后来获得信息的理解和组织有着强烈的定向作用。人们对于后来信息的理解，常常是根据第一印象来完成的。犄角效应与晕轮效应相对应，是指由于一个缺点导致对事物的普遍评价较差的现象，即“一差百差”现象。阿荣旗女检察长事件的舆情引爆始于天涯网帖《一个贫困县女检察长和她的名车》，网民对刘丽洁的第一印象由此产生，此后尽管刘丽洁百般解释——车是借的，牌照是临时的，帖子是有人在诽谤，但都难以改变网民心中的初始印象，随后又爆出修建豪华办公楼、刘丽洁在上海有房产等事件，由于有"豪车"在先，网民对后面的信息深信不疑。

三、从众与群体压力的影响

从众是指个人的观念与行为由于群体的引导或压力，而向与多数人相一致的方向变化的现象。从众的原因，在许多情境中，是由于人们缺少必要的知识或信息，因而必须从其他途径来获得行为引导。根据社会比较理论，在情境不确定的时候，其他人的行为最具有参照价值。"木秀于林，风必摧之"的古语也提醒人们，对于群体一般状况的偏离，会面临群体的强大压力乃至严厉惩罚。对于同群体保持一致的成员，群体的反应是喜欢、接受和优待。而对于偏离者，群体则倾向于厌恶、拒绝和制裁。在阿荣旗女检察长事件中，负面的舆论一直占据主流，一旦有网民发表与群体相左的意见，立即招来众多网民的攻击，在这种群体压力之下，群体成员中原有的倾向性得到进一步加强，产生群体极化现象。

网络舆论的引导策略

网络舆论引导的实质就是使网民"态度改变"的过程。社会心理学中的态度改变理论为研究网络舆论引导问题提供了理论借鉴。说服网民改变态度，需要考虑四个方面的因素。一是说服者方面的因素，说服者是否有专家资格，是否有可靠性，是否有吸引力；二是说服信息方面的因素，包括信息内容之间的差距，信息引起的恐惧感以及信息的呈现方式；三是被说服者方面的因素，包括被说服者的人格、心情、卷入程度等；四是情境因素，比如预先警告会使人产生抗拒，不利于态度改变；分散注意能减少抗拒，有利于转变态度等。在应对具体的舆情时，我们提供以下建议。

一、及时发布权威信息，掌握舆论主动权

政府有关部门及时地把处理相关工作的进展和各方面的"行动信息"发布出去，这样既能赢得媒体和网民的信任，也能掌握舆论引导上的主动权。如果事件发生后，信息发布者失语或信息延迟，就很容易为各种负面的、不负责任的信息传播创造条件，为以后扭转网络舆论方向增加困难。需要指出的是，政府部门在与网民互动时，采取一种解决问题、平等理解的方式，更易被网民接受。

二、充分发挥意见领袖的作用

当网络出现非理性信息和极端言论，受众无所适从时，他们对于权威意见的依赖会更强烈，更需要意见领袖为自己解惑。邀请知名专家或网络评论员撰写评论性文章，以及采用“专家在线访谈”形式来引导舆论，都是对“意见领袖”方式的运用，也更能体现出信息传播者自身特点具有的说服优势。让主流、权威、真实、可靠的声音占领公众意见市场，是引导网络非理性舆论的重要途径。在网上营造多元意见空间，也有利于分散注意，避免极端情绪的发生。

三、加强心理干预

对当事人进行心理干预也是非常必要的，但这是一种专业性很强的工作，政府有关机构的工作人员不一定具有这方面的知识，所以应充分发挥专业心理机构的作用。

四、“疏”、“堵”并重

根据社会心理学的宣泄原理，有节制地反映某些消极舆论，使其适度宣泄，有利于缓解社会矛盾，化消极为积极。当然同时也要把握好网上主流舆论，以营造一个既宽松又健康的舆论环境。从网络媒体的长远发展来看，由于网络媒体与传统媒体的不同特点，采取以“疏”为主、以“堵”为辅的网络舆论引导与管理手段，不失为一种理性、科学的选择。

网络舆情应对反思

网络发展一日千里，网络舆情影响无处不在。对于一些政法网络舆情危机事件，政法机关的应对稍有失误，就会受到网络更强烈的质疑或批评，从而激化舆情的发展，其结果，轻则使司法失去公信，使政法机关形象受到损害，重则引发群众性事件，破坏社会秩序的稳定。而偏偏一些政法机关的领导对网络舆情这一新生事物还没有做好充分准备，常常在出现舆情危机之后不知所措，或错失良机，或频出昏招，以致小问题成了大矛盾，小事件成为席卷全国的公共事件。最近发生的阿荣旗“检察长借车事件”正可视为因政法机关的失语、妄语、诳语而致网络舆情危机加剧的典型案例。

反思一：应对网络舆情危机，不能失语

该事件的舆情预警期可追溯至 10 月 23 日，《凤凰周刊》记者邓飞将其所采写的调查稿《内蒙16幅古字画奇案疑云》上传于博客。这篇涉及刘丽洁的报道在指称刘"拥有价值惊人的房产"上已有明显的倾向，也获得了一定的网络关注，如有网友将该报道转发至天涯社区、网易论坛、新浪论坛、凤凰论坛等知名网站。时评人陈杰人还曾以《中国检察机关必须脱离双重利益诱惑》为题发表过网络评论。女检察长，家中失窃，巨额财产来源不明，可能存在司法腐败等等，这些备受网民关注的高频词叠加在一起，已具备了一定的易传播性。但在整个事件的网络预警期，我们没有看到任何回应，也没有看到有关部门及涉案当事人采取积极的措施，做好舆情应对准备，更不用说启动舆情危机应对紧急预案。乃至到了舆情爆发期，当事人迫于压力急忙向媒体抛出辩护词，但此时的网民已对刘丽洁形成所谓的"刻版印象"，当事人的辩驳已很难改变网民对此事件的直接观感。我们建议各地政法机关高度重视网络舆情，所有政法机关均应建立、健全网络舆情危机应对预案，有条件的政法机关应建立与本单位有关的网络舆情监控机制。若囿于人力资源的限制，可选择与一些专业的舆情监控部门建立合作关系，及时掌握网络动态，并对舆情危机迅速做出反应，做到在应对舆情危机时，首先不失语。罗素曾言：回避绝对自然的东西意味着加强，而且是以最变态的方式加强。在本案例中，有关部门和当事人对网络预警的回避与失语，最终导致网络舆情以"最变态的方式"加强了。

反思二：应对网络舆情危机，不能妄语

网络舆情是一把"双刃剑"，应对得当，可以转"危"为"机"，应对不当，则会恶化事态，导致更严重危机。在"刘丽洁事件"的舆情引爆期和舆情爆发期，基于媒体纷纷介入的强大压力，刘丽洁被迫做出了回应。11月25日，刘丽洁在接受媒体记者专访时做了三点表示：一是网友贴出的途锐汽车的图片并非其本人座驾；二是称其家中2006年遭窃确有其事，但盗窃案有隐情尚未审结，所以暂不便告知；三是声称近期网络关于内蒙古呼伦贝尔市阿荣旗公安局、检察院相关新闻呈现井喷的怪相，源自一起跨时五年、近期才审结的案件，这些负面消息系该案件的家属所为，在公安系统进行案件侦查过程中，涉案人员家属就针对公安办案人员造谣中伤实施干扰，目前此案件已经终审判决，案件侦查过程中曾8次向呼伦贝尔人大汇报备案。刘丽洁还表示，"现在已经着手启动司法程序，对诽谤相关责任人提起诉讼，并尽可能近期召开相关新闻发布会，就此事辟谣和澄清说明"。上述三点既有否认，又有

推诿，诽谤一段还有威胁的意味。有媒体将这三点概括为“车是借的，牌照是临时的，帖子是诽谤的”。作为司法机关主要领导向企业借车，同样是违纪(甚至违法)行为；牌照经一些媒体调查证实，并不是只挂了一天。不管刘所称的另一宗“诽谤案”是否成立，跟网民曝光刘的座驾并没有直接联系。试图转移舆论视线，并以诽谤罪相威胁并未奏效。不当的回应还吸引了更多的网民加入到舆情传播中来，媒体评论也从最初的“贫困县检察长坐豪车”扩展到检察长回应的欲盖弥彰上来。

另据12月4日的《武汉晚报》报道，阿荣旗检察院通过传真向媒体回复，称“刘丽洁用公款购置百万元的豪车，并加盖豪华办公楼”是网络诽谤。阿荣旗检察院一位副检察长在接受记者电话采访时说：“刘丽洁检察长先前用单位的车出车祸了，才和朋友借的车。”在近两年的历次民主测评中，刘丽洁个人均得到100%的认可。

《内蒙古日报》称，阿荣旗相关党政部门和自治区三级检察院表示，“套牌”仅为一天，当天该院办公室主任发现后，立即责令司机将车牌摘下。目前，阿荣旗检察院已将该车还给借车单位。网上的炒作与事实真相不符。对于热炒背后的动机和目的，有关部门表示，将进行深入调查。

12月4日至6日，新华网等播发报道称，内蒙古阿荣旗纪委4日公布的调查结果显示：女检察长的“豪车”是从当地一家企业借用，检察院新建办公楼属阿荣旗正常基础设施建设。

本刊认为，上述回应均未能成功引导舆情，反而导致了网民对官方回应和官方调查的不信任情绪增加。如，豪车“套牌”几天本来只是“刘丽洁事件”中的枝节，但《内蒙古日报》称，阿荣旗相关党政部门和自治区三级检察院表示，“套牌”仅为一天。使阿荣旗相关党政部门和自治区三级检察院为一个拙劣的辩解陪绑。这与上海“钓鱼执法”事件中官方首次调查结论的披露有某些相似之处。我们的建议是，作为事发单位的上级机关，在回应舆情时，宜站在上级立场，就事件调查的整个程序及已经完成的部分进行说明。对必须披露的事实，不管是事发单位上报的信息，还是调查组初步的调查结论，都应给出明确的消息来源，同时声明这是或不是最终的结论，以免把自己卷入其中，导致将来对事件的处理也受到不利舆论的影响。

此外，阿荣旗纪委的调查结果虽然证实女检察长的“豪车”是从当地一家企业借用，但对这种“借用”行为的违法或违纪属性未予明确，也没有相关的处理措施。同时，阿荣旗纪委也没有声明将在进一步查明事实之后做出处理，以给那些关注此事的网民留一些念想，为相关舆情的淡化创造条件。上述这些"引导舆论"的举措并未有效，反而导致了12月7日舆情再次攀上峰顶。当事人的辩解被认为越描越黑，阿荣旗的官方回应被指袒护下属。刘丽洁100%民意测评率则成为一个网络笑柄。

为了遮掩问题、规避责任而不惜妄语，事实证明实不足取。由于网络监督具有持续性，事发单位的谎言对外公开之后，就不得不继续制造更多的谎言来圆前面的谎言，因而也很容易被网民识破。我们建议，网络舆情应对的第一原则当为尊重客观事实。当然，新闻发言人还应注意，在第一时间，向有效媒体直截了当地披露有效信息。尤其是，当事方、新闻发言人应尊重网络媒体、都市化媒体的运作模式，尊重他们平衡报道的权利，并与记者和网络编辑做好沟通。传统的"新闻通稿"在网络舆情危机应对中实则已失去了它昔日的光环。过去我们认为的一些权威党报党刊（比如本案例中的《内蒙古日报》）在引导舆论上也缺乏应有的影响力。

反思三：应对网络舆情危机，不能诳语

12月11日，"刘丽洁事件"已进入舆情冷却期，众多媒体发布了内蒙古自治区检察院的一则新闻稿称，对近期网民关注的呼伦贝尔市阿荣旗检察院检察长刘丽洁"借车"等问题，自治区检察院再次要求呼伦贝尔市检察院积极支持配合市纪检监察部门进行全面细致地调查，在查清事实的基础上，严肃处理，决不护短，并尽快向社会公布调查和处理结果。自治区检察院有关负责人表示，检察人员借用企业车辆，既违反廉洁自律规定，也是检察机关明确禁止的行为。检察机关真诚欢迎并虚心接受各类媒体和网民的监督，坚持从严治检，加强队伍管理，严格规范执法，坚决查处违纪违规违法行为。上述表态，符合自治区检察院的身份，也符合舆情应对"第三方发布"原则，"速报事实，慎说原因"避免了与舆论的直接对抗，要求全面细致查清事实并尽快公开，宣称会严肃处理，决不护短，明确检察人员借用企业车辆违反了廉洁自律规定，这些符合了多数网民的期许，也对公正处理"刘丽洁事件"争取了时间。

20日，多家媒体播发、转载新闻《内蒙古开豪车女检察长被处分后提出辞职》，中共内蒙古自治区呼伦贝尔市纪律检查委员会、呼伦贝尔市监察局、呼伦贝尔市人民检察院12月20日对于阿荣旗人民检察院检察长刘丽洁乘坐“豪车”问题联合作出决定，给予刘丽洁党内警告和行政警告处分；刘丽洁向有关部门提出引咎辞职。

我们认为，网络舆情的应对不能为了“应对”而搞“应对”。应对网络舆情的首要意义，是虚心接受网络监督，提高队伍素质，促进司法廉洁和司法公正。对于网络发现的一些司法工作中的问题或司法人员的问题，要不护短，不避讳。各级政法机关的领导要敢于与违法违纪行为作切割，不能让某个案子的不公或某个政法官员的违法违纪，影响了政法工作和政法干部的整体形象。任何机关都不能避免永不犯错，但政法机关可以，也应该避免不错上加错。若把舆情应对理解为不择手段“搞定”网民、平息事态，那就错了。

【相关链接】

http://news.163.com/09/1204/02/5PLIFBIU000120GR.html

http://news.sohu.com/20091207/n268740317.shtml

http://news.sina.com.cn/pl/2009-12-07/084219205439.shtml

http://news.sina.com.cn/pl/2009-12-06/073419199735.shtml

公共安全类

杭州胡斌飙车案

在“70码”事件中，核心议题是胡斌交通肇事时的车速认定。事件之初，警方不当引用了肇事一方的自我认定：70码。在网民不舍不弃的逼问下，最后的真相却是“84.1-101.2km/h范围”。这一个案成为公共事件的结果，是加剧了贫富对立，加速了对司法公信流失的检讨，甚至最终导致网民连庭审中的“胡斌”也不相信，“调包”说甚嚣尘上。

——海南大学法学院副教授，《政法网络舆情》周刊主笔 王琳

案例概要

●5月7日晚8时，杭州城西文二路发生一起严重交通事故。青年男子谭卓过斑马线时被一辆狂飙的三菱跑车撞飞，送医院抢救无效后死亡。据了解，肇事的三菱跑车有数次超速的“前科”，肇事者胡斌是杭州师范学院体育专业学生，杭州首届F2卡丁车冠军。

●5月8日7点左右，杭州当地知名论坛“19楼”一篇题为《富家子弟把马路当F1赛道，无辜路人被撞起5米高》的帖子引爆此事。该帖在一天之内回帖上万条。在天涯论坛上，相关的帖子点击率突破百万，回帖逾万条。

●5月8日，交警部门召开新闻发布会通报，根据肇事者及其同伙的供诉，初步调查当时肇事车在事故发生时速度大约为每小时70公里。这个说法引起网民强烈质疑，“70码”随后成了最热的网络新名词。网友们还在互动百科上创造了一个新物种——“欺实马”。

●5月9日，胡斌因涉嫌交通肇事罪被刑事拘留。

●5月12日，交警有关领导称有关70码的说法，只是当事人和其同伴的口述，并没有被交警采信，真正结果经有关专家鉴定后将于近日公布。

●5月14日，杭州公安局通报了“5•7”交通肇事案检测结果，据鉴定机构出具的鉴定结论，认定事故车在事发路段的行车速度在84.1 km / h—101.2 km / h范围，且肇事车辆（浙A608Z0小型轿车）的发动机进排气系统、前照灯、悬挂、轮胎与轮辋、车身内部已在原车型的基础上被改装或部分

改装。

●5月15日上午11时，杭州市公安局举行新闻发布会，向媒体通报“5·7”交通肇事案的有关情况。市公安局常务副局长、新闻发言人郑贤胜说，5月8日，杭州公安局交通管理局举行的新闻发布会上，向媒体通报“当时肇事车的车速为70码”的这一说法不妥当，不严谨，代表公安机关向社会道歉。

●5月15日，胡斌被杭州公安机关以交通肇事罪向检察机关提请批准逮捕。

●5月17日下午，杭州市检察院对杭州市公安局提请批捕的“5·7”交通肇事案犯罪嫌疑人胡斌依法批准逮捕。

●5月20日晚，杭州市公安局对外公布：杭州“5·7”交通肇事案的侦查工作已经结束，肇事者胡斌已经以“涉嫌交通肇事罪”被移送至杭州市检察院审查起诉。受害者谭卓的父母已与肇事方家属达成赔偿协议，获赔金额约113万元。

●7月3日，杭州市西湖区人民检察院经认真、全面审查后认为，胡斌违反交通运输管理法规，严重超速行驶，造成了被害人谭卓死亡的重大事故，其行为触犯了《中华人民共和国刑法》第一百三十三条，犯罪事实清楚，证据确实充分，已构成交通肇事罪，应当追究其刑事责任，遂根据《中华人民共和国刑事诉讼法》第一百四十一条之规定，向西湖区人民法院提起公诉。

●7月15日，杭州西湖区人民法院对该案进行了公开开庭审理，被害人谭卓的亲属、生前同事，被告人胡斌亲属，人大代表、政协委员等社会各界群众60余人对庭审情况进行旁听。

●7月20日，杭州市西湖区人民法院对“5·7”交通肇事案进行了一审公开宣判，以交通肇事罪判处被告人胡斌有期徒刑三年。双方家长首先对法院的判决表示不公平，而众多网友更是对庭审时的胡斌是否是替身表示怀疑。

●7月21日，熊忠俊以“刘逸明”名义在网上发布了《荒唐，受审的飙车案主犯“胡斌”竟是替身》一文称，胡斌庭审时的“替身”是一名的哥，名叫张礼礤。这一谣言通过网络疯狂传播，无数网友对此深信不疑。

●7月24日，谭卓父亲谭跃向检察机关和法院寄去了抗诉申请书和申诉书。西湖区检察院表示已接受抗诉申请书，但是否会抗诉，还需要研究。

●7 月 25 日起，以“张礼礤”为关键词的网络搜索量激增。

●7 月 27 日，杭州市西湖区法院专门作出回应：“法院确定，出庭受审的就是交通肇事犯罪致谭卓死亡的胡斌本人。”

●7 月 23 日至 8 月 2 日，熊忠俊又在互联网上连发 8 篇文章，捏造各种所谓的“证据”，持续不断地炒作“替身”谣言。

●8 月 21 日，鄂州市公安机关对熊忠俊作出行政拘留 10 天的处罚。

“杭州飙车案”舆情焦点

【新闻描述】

5 月 7 日晚 8 时左右，杭州市文二西路紫桂花园门口，一辆牌照为浙 A608Z0 的改装红色三菱跑车，撞死一行人。目击者称，该跑车当时速度很快，被撞的者当时在过斑马线，被撞落地后离斑马线已经有 20 多米远了。根据媒体披露的消息，肇事者胡斌为杭州某高校学生，曾获得杭州首届卡丁车大赛冠军。遇难者谭卓，为 2006 届浙江大学通信工程专业毕业生，现在杭州担任硬件工程师，正准备结婚。

【舆情传播】

这起看似普遍的交通肇事案件，当晚就在杭州本地知名的网络社区“19 楼”引发热议。5 月 8 日，“19 楼”社区的“拉风大本营”板块出现一篇题为《富家子弟把马路当 F1 赛道 无辜路人被撞起 5 米高》的帖子，作者为“拉风的引擎侠”。这篇文章在标题中刻意选取了“马道”和“F1 赛道”以及“富家子弟”和“无辜路人”这两组对比强烈的关键词，迅速吸引了本地众多网民的目光。截至 5 月 18 日 10 时，该文共有 19014 个回复，点击量高达 1792521 次。从阅读量来看，在舆情的生成和扩散上，网络社区的影响力已远远超过了传统媒体。

另一加剧此事件网络舆情升级的媒体表述形式为杭州知名的电视新闻评论节目《新闻楼外楼》。5 月 8 日，该节目请来人称“电波怒汉”的万峰做嘉宾，在谈及飙车事件时，万峰言辞激烈，并以粗俗语言大骂肇事者及其同伴。这期节目在杭州引发热议，也有不少网民自发将此段视频发到网上。在“谷歌”上以“万峰大骂杭州飙车男”为关键词进行搜索，可以获得 41500 项

查询结果(该数据5月18日10:30采集)。

当地平面媒体如《都市快报》、《钱江晚报》等也都纷纷聚焦此案，激烈的新闻同业竞争使得记者们穷尽手段，挖掘与案件相关的诸多细节。《都市快报》甚至还罕见地以一天四个版的篇幅报道该案。在网络、广电以及平面媒体的联动之下，尤其是在贫富断裂的时代大背景之下，这起因飙车而导致的肇事案迅速升级，成为公共事件。警方在事件初期的应对不力，甚至在信息披露上还有一些不应发生的错误出现，这在客观上起到了为网络舆情推波助澜的反作用。

	日期	新闻标题	新闻来源	网站	跟帖量
事发	5月8日	富家子弟在城市道路超速行驶酿成惨祸	浙江在线	网易	19442
	5月8日	男子驾三菱跑车飙车撞死路人(组图)	浙江在线	腾讯	4489
	5月8日	年轻男子驾三菱跑车飙车撞死路人(组图)	都市快报	新浪	3729
	5月9日	杭州富家子飙车撞死路人 态度极差不当回事	金羊网	搜狐	615
刑拘	5月10日	富家子飙车撞死人被刑拘(组图)	金羊网	网易	2331
	5月13日	公众对杭州富家子飙车撞人提出三大质疑	浙江在线	腾讯	10166
	5月10日	男子驾跑车飙车撞死路人续:肇事者遭刑拘	金羊网	新浪	9034
	5月11日	杭州富家子飙车撞死人续:肇事者已被刑拘	浙江在线	搜狐	1443
鉴定	5月14日	“飙车案”鉴定结果:肇事车辆被改装时速逾84码	新华网	网易	9079
	5月15日	鉴定报告称杭州飙车案肇事车时速84至101公里	钱江晚报	腾讯	7969
	5月14日	富家子撞人案司法鉴定完成 专家称时速不是70码	钱江晚报	新浪	3282
	5月14日	杭州5.7交通肇事案鉴定报告公布 时速远超80迈	中国新闻网	搜狐	2412
批捕	5月15日	杭州警方以交通肇事罪提请批捕飙车案当事人	中国新闻网	网易	20505
	5月15日	杭州公安局提请批捕飙车案富家子 认定其负全责	浙江在线	腾讯	7740
	5月15日	杭州警方以交通肇事罪提请批捕飙车案当事人	浙江在线	新浪	8064
	5月15日	警方以涉嫌交通肇事罪提请批捕杭州飙车肇事者	浙江在线	搜狐	6699

四大门户网站相关新闻跟帖量(数据采集截至5月16日0:00)

【舆情综述】

综合5月7日事件发生至5月17日嫌疑人被检察机关批准逮捕，围绕此事件的网络舆情主要聚焦于三个方面：

一、肇事车速之疑

5月8日14点08分左右，杭州市西湖区交警大队召开“5·7交通事故”通报会，一位警方发言人对众多媒体称，“经初步调查，当晚，胡某驾驶浙A608Z0号小型客车从城东的一家快餐厅出发至西城广场看电影。根据当事人胡某及相关证人陈述，案发时肇事车辆速度为70公里／小时左右，而肇事发生地路段限速50公里／小时。胡某承认，当时未注意到行人动态。至于行人当时行走的确切位置，警方仍在进一步调查中。”这一说法当即遭到遇难者同事的质疑：“70码的车速，能把人撞起5米多高，飞到20多米外的地上吗？”“警方能凭当事人的说法来对车速进行取证吗？”“相关证人是谁？”

随后，“警方初步认定肇事车辆案发时车速为70码”的消息被网民在网络上迅速公开。“70码”成为继“打酱油”、“俯卧撑”和“躲猫猫”之后的又一个顶级网络热词。

发表时间	题目	作者	发表媒体	评论指向
5月11日	一辆疯狂的赛车，引发的公共痛感	王石川	珠江晚报	杭州警方
5月12日	还有多少飙车富人享受了豁免待遇？	陈健	新京报	杭州警方
5月13日	杭州闹市飙车案：就事论事，也需正视公众挫折感	社论	南方都市报	杭州警方
5月14日	杭州富家子飙车夺命案引发公信力危机	柴燕菲	中国新闻网	杭州警方
5月14日	杭州交警的“70码”，码掉了多少政府公信力？	吴杭民	中国网	杭州警方
5月14日	警惕“欺实码”加剧社会不信任感	肖余恨	现代金报	杭州警方
5月14日	杭州飙车案，网友“欺实马”PK交警“70码”	郭盛锋	南方报网	杭州警方
5月14日	杭州飙车案，拿什么拯救我们的交警？	张军强	大河网	杭州警方
5月14日	公正处理就是危机公关	何协	京华时报	杭州警方
5月14日	人肉搜索富家子并非仇富	张铁鹰	北京晨报	杭州警方
5月14日	杭州飙车案：刑罚与问责一个不能少	谢新胜	长江商报	杭州警方
5月15日	杭州富家子飙车命案：70码推翻前后的隐语	阿湘子	华龙网	杭州警方
5月15日	法治社会岂能容忍欺实马 不能滥权	潘洪其	北京青年报	杭州警方

5月15日	杭州飙车案，车速鉴定结果怎能服人？	刘逸明	荆楚网	杭州警方
5月16日	胡斌犯交通肇事罪则谁危害公共安全	盛翔	扬子晚报	杭州警方
5月16日	不是肇事者“迅捷”而是我们“迟钝”	童大焕	东方早报	杭州警方
5月13日	谁来监督“富家子都市飙车撞人致死案”？	王攀	中国网	杭州市政府
5月14日	杭州阔少飙车案，激发的公共权利剥夺感	李妍	南方报网	杭州市政府
5月14日	公平正义是执政常识，信息公开是法律义务	王永福	南方报网	杭州市政府
5月14日	杭州政府官员儿子参与飙车，有还是没有？	毕晓哲	荆楚网	杭州市政府
5月12日	是什么让车祸站到了舆论的风口浪尖	何秀珍	浙江在线	司法不公
5月12日	人肉搜索富家子，折射一种正义焦虑	吴龙贵	荆楚网	司法不公
5月14日	谁该为飙车撞死人者买单	老土	检察日报	司法不公
5月15日	仇富是对制度公正失去信心的代名词	佚名	联合早报	司法不公
5月15日	富二代大飙车飙向何方	张衡	姑苏晚报	司法不公
5月17日	飙车之责到底该由谁来扛？	刘鹏	红网	司法不公

有关“70码”的网络评论一览表

13日凌晨，中国新闻网记者从杭州市公安局获悉，杭州闹市“飙车案”中肇事车辆涉及的超速行驶和车辆改装问题，已委托浙江蓝箭产品质量司法鉴定事务所进行鉴定。该事务所接受委托后，从吉林、上海、浙江等地聘请了汽车、内燃机、机械等专业领域的专家、教授组成鉴定小组，并于5月11日陆续抵达杭州，连夜到文二西路事故现场进行实地勘验，采集相关技术数据，对肇事车辆开展检验、检测。

5月14日，杭州公安局通报了“5•7”交通肇事案检测结果，据鉴定机构出具的鉴定结论，认定事故车在事发路段的行车速度在84.1 km／h—101.2 km／h范围，且肇事车辆（浙A608Z0小型轿车）的发动机进排气系统、前照灯、悬挂、轮胎与轮辋、车身内部已在原车型的基础上被改装或部分改装。

5月15日上午11时，杭州市公安局举行新闻发布会，向媒体通报5•7交通肇事案的有关情况。市公安局常务副局长、新闻发言人郑贤胜说，5月8日，杭州公安局交通管理局举行的新闻发布会上，向媒体通报“当时肇事车的车速为70码”的这一说法不妥当，不严谨，代表公安机关向社会道歉。

二、涉嫌罪名之辩

发表时间	题目	作者	发表媒体	倾向
5月13日	以危害公共安全罪处罚飙车行为不过分	烨泉	法制日报	以其他危险方法危害公共安全罪
5月13日	杭州警方，应如何面对飙车案罪名认定之疑？	王琳	新闻晨报	以其他危险方法危害公共安全罪
5月14日	飙车，该当何罪？	古力	大洋网	以其他危险方法危害公共安全罪
5月15日	立法对闹市飙车要有所作为	张国卫	正义网	中立
5月16日	飙车者胡斌“该当何罪”	杨涛	东方早报	以其他危险方法危害公共安全罪
5月16日	宽容飙车就有“危害公共安全”嫌疑	舒圣祥	法制晚报	以其他危险方法危害公共安全罪
5月17日	惩处飙车者可别再“欺实马”了	刘克梅	广州日报	以其他危险方法危害公共安全罪

有关罪名认定的媒体评论一览表

5月9日凌晨，三菱跑车司机胡斌因涉嫌交通肇事罪被杭州警方刑事拘留。

5月15日，胡斌被杭州公安机关以交通肇事罪向检察机关提请批准逮捕。中新网当天的消息称，杭州市检察院收到杭州市公安局提请批准逮捕胡斌的法律文书后，立即严格地审查了公安机关提供的案件事实和证据材料，讯问了犯罪嫌疑人。

5月17日下午，杭州市检察院对杭州市公安局提请批捕的“5·7”交通肇事案犯罪嫌疑人胡斌依法批准逮捕。杭州市检察院认为，胡斌严重违反交通法规，超速行驶，致使行走在人行横道上的谭卓被撞身亡，胡斌对此次事故负有全部责任，已涉嫌交通肇事罪，故依法作出批准逮捕的决定。

从胡斌被刑拘到被批捕期间，一些法律专业人士纷纷在网上撰文，对胡涉嫌的罪名提出了不同的见解。最典型的观点是，胡涉嫌的罪名应为“以其他危险方法危害公共安全罪”。

在我们搜集的七篇媒体评论中，有六篇支持“以其他危险方法危害公共安全罪”，只有一篇持中立态度。还有评论列出了近日发生在成都的另一起肇事案作为对照。据《成都日报》5月9日报道，4月26日晚，富家子弟蒋佳君醉酒后驾驶一辆无牌照悍马沿二环路南三段由红牌楼方向朝人南立交桥方向行驶，在永丰立交桥附近制造了一起连环撞，并肇事逃逸，造成1死5伤。当地公安以蒋某涉嫌“交通肇事罪”为由提请检察机关批准逮捕，但成都高新区检察院否决了这一案由，而是以涉嫌“以危险方法危害公共安全罪”作了批捕。办案检察官向媒体公开了作此涉嫌罪名变更的四项理由，其中谈到：嫌疑人的“疯狂”行为，客观方面侵害了不特定多数人的生命、健康、重大公私财产的安全，主观方面对于发生的严重后果完全持放任态度，属于间接故意，性质恶劣，符合“以危险方法危害公共安全罪”的犯罪构成。有网民据此认为，“成都车案”恰可视为“杭州车案”，在客观方面虽然不完全一样，但这两个案件中嫌疑人的行为对于公共安全的危害却是共同的。公安司法机关应该准确理解两种罪名的法律精神，并依法作出认定。

对于涉嫌罪名认定之争，杭州警方先后两次作出回应。5月11日晚，杭州市警方就“5·7”交通肇事案发生后社会关注的几个主要问题进行解答，其中谈到，“公安机关对某一案件以涉嫌某种罪名立案侦查，是根据已收集到的证据和有关法律规定确定的。”

5月16日，杭州警方在解释为何对胡斌以涉嫌交通肇事罪向检察机关提请批准逮捕时称，“这主要根据的是现阶段所获取的相关事实和证据。胡斌到底构成什么犯罪，最终要以法院判决为准。”

三、舆论杀人之忧

“5·7”交通肇事案发生后，网络舆情汹涌。在杭州本地人气最旺的论坛“19楼”上，有网民对肇事者及其同伴发起了号称杭州史上最强的“人肉搜索”。仅仅几天时间里，胡斌及其家人的身份证号码、手机号码等个人信息，相继曝光。

胡的“QQ空间”也被网民找到并破解。有帖子称，该博客的主人心情在5月8日凌晨2时49分被更新：“一片空白，闯大祸了。”这一“更新”引发了网民争相质疑，在涉嫌刑事责任的情况下，胡为何没在第一时间被刑拘，竟还能回家上网？

还有网友通过对现场肇事车“浙A608Z0”的牌号进行搜索后发现，事发前胡某就有与同伴驾驶跑车在市区道路上飙车的经历。2008年12月1日，在杭州建国北路乐购超市附近，这辆涉嫌改装的跑车就在路面上玩起了“漂移”，当驾车人准备离开时，巡逻的交警恰好路过，车被拦下。有网民公开这辆肇事车的违章记录：2008 年 12 月 7 日，该车在沪杭高速公路往杭州方向限速 120 公里的地段，违章超速，时速高达 210 公里，超速 75%。

越来越多的"人肉搜索"信息在网上公开，真与假、虚与实交杂混淆，网民难以分辨。杭州市政府及当地警方也数次公开澄清了一些网络传闻。有网络媒体故此提醒：小心失控的"搜索"。《南方周末》评论员郭光东则撰文指出，若要"公正公平"，还请就事论事对待杭州飙车案。也有一些网民担心胡斌会成为"张金柱第二"。

张金柱原为河南郑州公安干警。1997 年，张交通肇事逃逸激起民愤。在舆论压力下，张很快被法院以数罪并罚判处死刑。法律学者何家弘在反思张金柱案时曾告诫：新闻记者不应该成为指挥法官的"法官"，也不可能成为比法官更称职的"法官"。

《潇湘晨报》评论员杨耕身认为，胡斌案在公众舆论中，正逐渐显影出张金柱的模样。鉴于此，杨对司法部门提出了一个警醒：无论如何都请记得，保证司法公正是永恒的前提。只有公正，才是获得最大认同与最广泛理性的前提。民愤的归民愤，司法的归司法。民愤可以牢牢占据舆论的阵地，司法也务必牢牢把握法律的公正。

在《杭州飙车案，胡斌会不会被民愤"判处死刑"？》一文中，作者指出，我们从来对网络民意抱以敬意。公众舆论的质疑与激愤，曾经使得"欺实马"的杭州警方不得不回到真实客观的立场上来。但与此同时也应当清醒的是，民意对司法只有监督之务，而无介入及左右之能。如果民愤的洪水不加节制地冲刷一切，胁裹一切，那么最终，每一个人都可能失去他们的立锥之地。继续愤怒，却保有对法治精神的敬畏与期待。这仍是公众舆论的理性之道。

发表时间	题目	作者	发表媒体
5 月 14 日	杭州飙车案中标签的作用	长平	南方报业网
5 月 14 日	公正公平，还请就事论事对待杭州飙车案	郭光东	南方都市报
5 月 14 日	杭州飙车案，谁把公众都逼成调查专家？	邓辉林	荆楚网
5 月 14 日	杭州富家子飙车案引热议 民众监督有待归于理性	钟闻一	中国新闻网
5 月 15 日	飙车事件再现第四种权力的强大	刘逸明	大河网
5 月 15 日	杭州飙车案嫌犯胡斌是否是又一个张金柱	西铁城	中国青年报
5 月 15 日	杭州飙车案，胡斌会不会被民愤"判处死刑"？	杨耕身	红网
5 月 15 日	杭州闹市飙车案，网民监督无法代替政府职能转变	田家	南方日报
5 月 15 日	杭州飙车案，权力和金钱如何"就事论事"呢？	司徒望	南方都市报
5 月 16 日	小心失控的"搜索"	沈健	天津网

时评人对网络舆论作用的态度

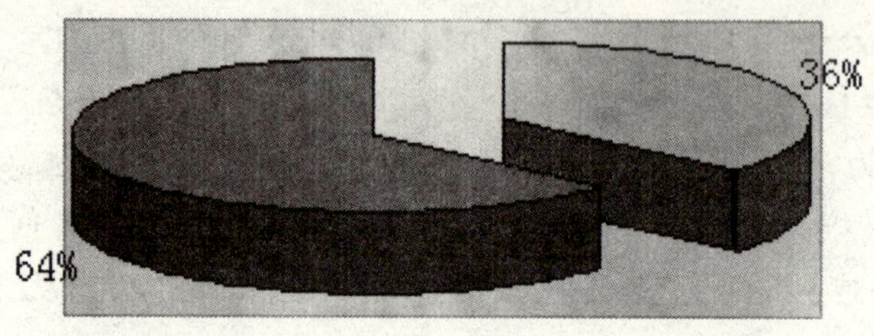

"杭州飙车"事件相关评论所指对象分类

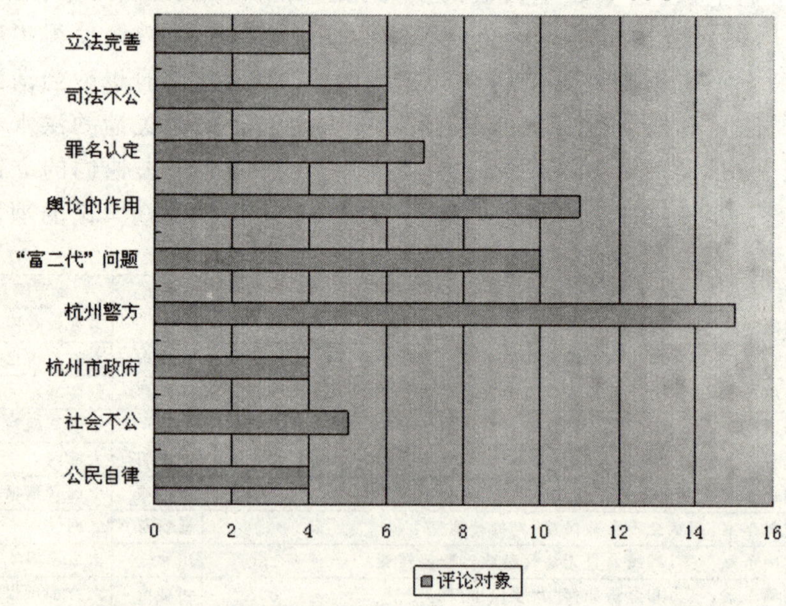

解放军网有关"杭州飙车事件"网络民意调查

▪ 你怎么看待飚车行为？（得票数：10636）		
反感，明显在炫富	30.67%	3262票
反对，影响公共安全	60.01%	6383票
没什么，属个人爱好	3.79%	403票
有钱交罚单，随遍飙	5.53%	588票
投票起止时间 2009-05-13 至2009-05-20		

网易上的网络民意调查

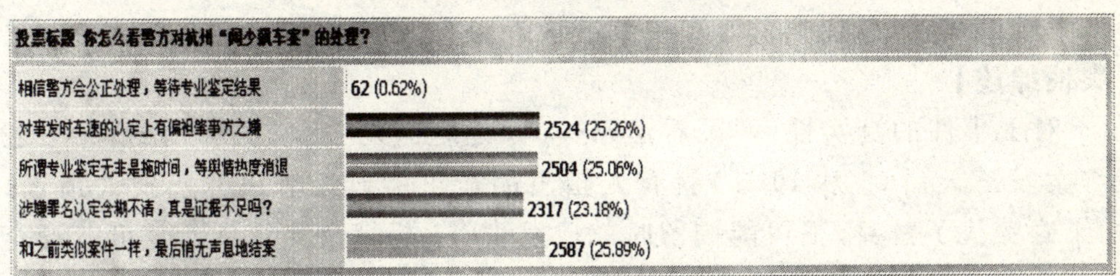

投票标题 你怎么看警方对杭州"阔少飙车案"的处理?	
相信警方会公正处理，等待专业鉴定结果	62 (0.62%)
对事发时车速的认定上有偏袒肇事方之嫌	2524 (25.26%)
所谓专业鉴定无非是拖时间，等舆情热度消退	2504 (25.06%)
涉嫌罪名认定含糊不清，真是证据不足吗?	2317 (23.18%)
和之前类似案件一样，最后悄无声息地结案	2587 (25.89%)

解放网有关“杭州飙车事件”的网络民意调查

【相关链接】

http://news.sohu.com/s2009/fujiazibiaoche/

杭州飙车案胡斌被疑替身受审

【新闻概述】

据《新快报》消息，近来网上热传杭州飙车案主犯胡斌庭审时为替身，而网民人肉搜索得出结论：庭审者时的“胡斌”是一位名叫张礼礤的出租车司机。

另据新华社杭州最新报道，杭州市西湖区法院 7 月 27 日对近日网上关于杭州飙车案被告人胡斌系替身的传言进行回应，称“法院确定，出庭受审的就是交通肇事犯罪致谭卓死亡的胡斌本人”。

报道称，7 月 25 日以来，以“张礼礤”为关键词的网络搜索量激增，谷歌可搜出约 8800 条相关查询结果，中文互动百科也新增了“张礼礤”的词条查询。在猫扑和百度的“胡斌吧”，网民们发起人肉搜索并最终得出结论：张礼礤就是庭审中胡斌的替身。各大论坛关于“胡斌替身”的帖子层出不穷，传言说胡斌本人已偷偷出国。猫扑的网帖《胡斌替身案主角张礼礤已被人肉出来了，有图有真相!》被置顶，帖子附有疑似替身张礼礤的照片，并与庭审中胡斌的照片进行了对比。而凯迪社区的两则相关网帖《小道消息：帮胡斌顶包的叫张礼礤》、《从胡斌到张礼礤，离杭州肇事案替身真相还有多远？》截至 27 日 12 时均已有十余万次的点击量。

【舆情综述】

对于事件的真实性，网民看法不一。凯迪社区网友“盛大林”在博文中表示，案发三天后（5 月 10 日）就有人指出胡斌可能已经潜逃并已找人顶包，如果确实找了替身，很可能拘留时就已发生了。胡斌及其父母当时可能没有想到此案会引发这么广泛的关注，因而敢铤而走险。也有为胡斌辩护者称：这是一个全国关注的大案，警方和法院不敢作假。有网民驳斥说：这种辩词不堪一击，之前的“华南虎”事件就是在众目睽睽之下弄虚作假的。针对网民“攻击”胡斌是因为仇富的说法，有回应称“是否仇富不是主要问题，主要的问题是，国家的制度到底有没有得到维护”。浙江五联律师事务所律师吴报建表示，“网上的这种言论实在是太戏弄法律了——这么受公众关注的案件，审理上肯定非常严谨，不容许一个环节出现疏漏”。遇难者谭卓的父亲谭跃表示，在 15 日的庭审现场第一次见到胡斌本人，此前只在电视上看到过胡斌的几个镜头，对胡斌此前的容貌不能太确定。

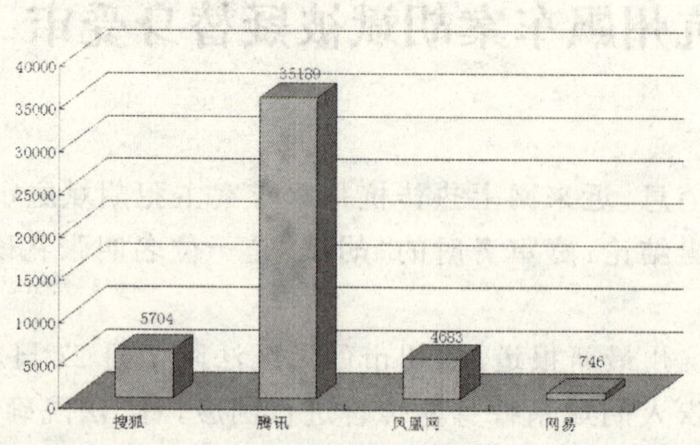

各大网站相关评论跟帖（本文数据均采自 7 月 27 日 13:50）

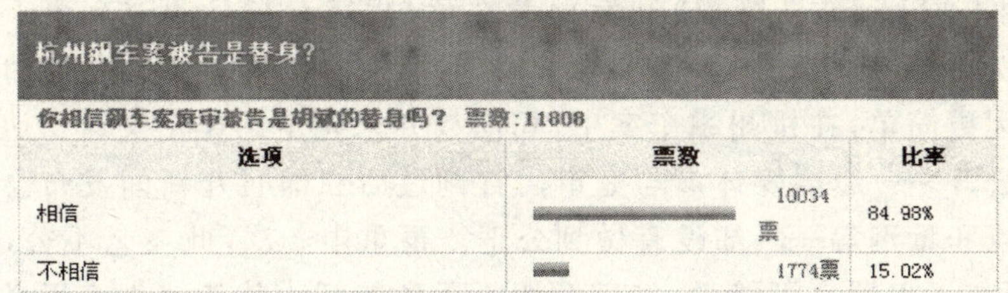

杭州飙车案被告是替身?

你相信飙车案庭审被告是胡斌的替身吗？ 票数:11808

选项	票数	比率
相信	10034票	84.98%
不相信	1774票	15.02%

21CN 网民调查截图

网友们一边感慨“人肉”的强大，一边“希望法院或者公安局能拿出一些证据来，不要再让大家猜测”。在“胡斌替身是张礼礤”的跟帖中，网民们都在回复一句话：等待真相。有网民指出，“西湖区法院应该积极应对”，或者“杭州市政府应该出来辟谣”；有网民建议胡斌的同学、老师或者邻居站出来，直接辨认一下。网民“蚊子彬彬”则认为：“最需要辟谣的不是法院，而应该是杭州的公安机关，因为胡斌被羁押的地方是看守所。”有网友指出：“既然大家这么关心当事人是否被调包，为什么当局不出示关键证据呢？”

1、你能够接受法院对胡斌的一审判决吗？ 票数:7561

选项	票数	比率
能够接受，法院的判决有理有据，合情合理	1037票	13.72%
不能接受，3年判决出乎意料，判得太轻	6524票	86.28%

2、法院为何给胡斌判刑3年？ 票数:3638

选项	票数	比率
法院严格依法量刑而来	550票	15.12%
这家伙背景好，有钱，随便判个3年了事	3088票	84.88%

正方：庭审被告是胡斌的替身

21CN网友[118.132.23.*]发表：原本有眼袋，现在成了黑眼圈。原本眉毛细，现在眉毛粗。原本耳朵尖带点招风耳，现在耳朵圆而且耳垂比较圆润。原本有喉结，现在喉结看不到！！！原本脖子长，现在脖子短。两者相差甚大。

正方：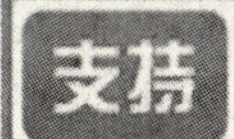

有1945人

反方：庭审被告是胡斌本人，不是替身

网友“我是数字”表示：“个人认为调包的可能性太小了，一来根本没有必要在这时候调包，众目睽睽之下难免出纰漏。此外，这样全国瞩目的案子，胡斌家应该没有这么大的胆子和能耐……”

有263人 

反方

21CN 网民调查截图

7月24日，《珠江晚报》刊发羽戈文章《胡斌有替身的谣言止于司法公正》称，为什么有些人宁肯相信谣言，而不肯相信代表了正义之神的司法权呢？原因更简单，在杭州飙车案中，司法权并未完全站在正义这一边。法院做到了公开——邀请媒体参与庭审，宣判过后立即召开新闻发布会详解此案的疑点和量刑等——却没有做到公正。再重申一次，此案之不公，不在于量刑，而在于入罪。不能说，法院顺服于民意的呼声就能够生产正义。民意往往被激情和仇恨蒙蔽，就像此案当中，极端的民众呼吁胡斌血债血偿。即使入了以危险方法危害公共安全罪，被告仍不会获死刑，连无期徒刑的可能性亦不大。但是，不管对于极端的、愤恨的民意，还是理性的、冷静的民意，法院都不能以"不明真相"、"无稽之谈"这样的外交辞令来打发。"胡斌有替身"的谣言依然流传如风。法院义正词严的表态有什么用途呢？因为造谣者和传谣者多半不信任法院，信任法院者多半不会相信谣言。鉴于此，法院的当务之急，就不仅是辟谣，还要尽力挽回他们在民众当中逐渐丧失而濒临灭绝的印象分——很简单，只需要一个充满正义的判决。

【相关链接】

http://news.21cn.com/zhuanti/social/hangzhoubiaochean/

http://news.21cn.com/social/shixiang/2009/07/27/6634040.shtml

成都公交车纵火案

从一开始，成都公交车纵火案就成为印证现代“多媒体”时代信息传播效应的个案。手机拍摄的现场视频和图片，网络媒体第一时间的不间断传播，传统媒体的深度介入，加之目睹者以网民身份所做的各种“在场式”解读，都让这起公共事件的真相调查和舆情发展变得难以掌控。

值得认可的是，官方调查在总体上恪守了信息公开的法则，及时的结论性资讯在某种程度上平息了网络上的激情非议，对于坊间痛斥的安全设施虚设的制度执行漏洞，也进行了较有诚意的反思和回应。尤其在后续的舆情引导中，能够技巧化地处理调查信任难题，以“警方用 FBI 装备成功破 6·5 公交车燃烧案”这样的新闻议题，来提高案件调查的公信力。但在一些环节上，调查方也因为信息回应的不充分、说理成分的不全面，而导致舆情应对上有欠妥帖之处，使得网民一度对发布的调查结论表示质疑，尤其是对网民提出的公交着火疑点，还缺乏足够的科学性解释。

当然，就社会效应而言，网民持续发力的舆情价值，不仅在于个案中的问责和随之展开的公交车安全大整顿，还在于捅开了城市公交系统的应急漏洞，并引发了连锁反应，让全国各大中城市的公交车上早已遗失的安全锤重现。不过依然让人难以放心的是，这样的运动式治理随着人们对成都公交车纵火案的逐渐遗忘，还能否得到制度化的执行和监督。

——西安政治学院讲师，《政法网络舆情》周刊主笔 傅达林

案例概要

●6 月 5 日 8 时许，在四川省成都市三环路川陕立交桥进城方向下桥处，一辆 9 路公交汽车突发燃烧，造成乘客中 28 人死亡、74 人受伤。40 余受伤群众被送往医院，四川省随即成立由省卫生厅厅长沈骥，成都军区陆军总医院后勤部张部长挂帅的“6•5”公交车燃烧事故医疗应急指挥部，调集华西、陆军总医院、四川省人民医院烧伤、急救、呼吸等多个医院相关专家对伤员进行紧急救治，伤员分布在陆军总医院、二医院、四川省人民医院接受治疗。

●事故发生后，国家安全监管总局局长骆琳、副局长王德学、梁嘉琨立即派总局监督管理二司、国家安全生产应急救援指挥中心有关人员赶赴现场，核查原因，指导伤员救治和事故调查等工作。

●四川省委书记、省人大常委会主任刘奇葆做出重要批示：迅即救治伤员，处理死者善后，查明事故原因，依法依规处置。四川省委副书记、省长蒋巨峰，副省长李成云，省委常委、成都市委书记李春城等领导接到报告后立即赶到现场。查看事故车辆、询问人员伤亡情况，要求尽快查明原因，向社会公布。随后，从外地出差回成都的刘奇葆、蒋巨峰等领导陆续前往医院看望并慰问伤员，并叮嘱医务人员千方百计抢救伤员。

●6 月 5 日 10 时许，事故救援工作已接近尾声，事故车辆已被拖走。事故路段近 300 米已戒严，地上有近 30 米长的带血的脚印。公安、刑侦人员正在对事故现场进行处理，消防队员已经开始冲洗事故现场。

●6 月 5 日 11 时许，网友“scppt”自称事件目击者，在网上发帖曝当时公交车门没有能打开，9 路车其以前也经常坐过，上下班时间基本上爆满，打不开门很正常，成都的很多公交车基本都是这样，人太多。据说只有几个人被路过的骑电瓶车的人拉了下来，其他人基本不幸。

●6 月 5 日 14 点 01 分，CCTV 新闻频道消息称，2006 年 4 月 10 日，四川质量报曾发表题为《捅开城市公交应急漏洞》的文章，在这篇报道中，出现了今天出事公交车的牌照：川 A49567。该报道是这样描述的：除个别空调车上有 3 个以上的救生锤外，许多空调公交车上几乎没有救生锤，有的甚至连底座都没有（如川 A49567 的 62 路、川 A50872 的 56 路、川 A49646 的 56 路、川 A47694 的 56 路、川 A45884 的 34 路等）。14 点左右，大量网媒刊载网友帖文，称现在成都的不少公交车已经没有了锤子，如遇突发事故，无法敲窗逃生。

●6 月 5 日 14:30 分，华龙网消息称，成都公交燃烧事故引起重庆市民的高度关注。重庆空调公交车是否有安全锤？当日下午，华龙网记者对重庆主城区部分空调公交线路车辆进行了随机调查，发现大多公交车上均没有救生用的安全锤等应急设施。

●6 月 5 日 14 点 50 分，成都市人民政府举行新闻发布会，成都市政府新闻发言人毛志雄通报说，经核实，事故造成 25 人遇难，受伤 76 人，其中特重 6 人。四川省政府已成立由副省长李成云为组长的六五重大事故调查组，对事故原因进行调查和认定，有关工作目前正有序进行。

●6 月 5 日 15 时 35 分，据中国之声《央广新闻》报道，一位不愿意透露姓名的安监总局的官员今天(5 日)下午表示，目前成都公交车的燃烧还无法确定它的性质和原因。

●6 月 6 日下午，成都市再次召开新闻发布会，通报燃烧公交车和驾驶员相关信息：事发前，公交车经检验合格，配备手提式干粉灭火器 2 具，后置发动机舱自动灭火器 1 套，备有 3 只安全锤，在事故现场发现 3 只。驾驶员是先进个人，经岗前培训合格，持证上岗，无违章记录。根据对事故现场和烧毁的公交车调查，排除了公交车自燃和机械原因引起燃烧，有可能是人为原因引发事故。

●6 月 7 日，成都市交委主任胡庆汉再一次代表公交系统和本人向死难者表示哀悼，交委接下来将采取以下 6 种措施确保公交运行安全。成都市公安局副局长何建生在“6•5”公交车燃烧重大事故新闻发布会上，通报了这一重大事故的初步调查结果：有人携带易燃物品(汽油)上车，不排除过失或故意引发燃烧，但可以排除爆炸引发燃烧。

●6 月 8 日，四川新闻网记者从成都市人民政府新闻办公室获悉，经成都市政府有关部门同意，成都公交集团公司总经理、成都公交集团北星巴士有限公司董事长李树光已正式引咎辞职。

●6 月 9 日，成都决定开始改造全市 2000 辆空调公交车安全设施。6 月 17 日，成都市公交集团开始向社会公开招聘 1500 名驾驶员，这批新司机在上岗前将接受反恐培训、易燃易爆物品识别排除能力培训。

●7 月 2 日，四川省公安机关通报，成都“6•5”公交车燃烧案已告破。警

方查明，此案是一起特大故意放火刑事案件，犯罪嫌疑人张云良已当场死亡。经调查，6月5日7时40分左右，张云良携带装有汽油的塑料桶在9路公交车天回镇始发站上车。有乘客证实当车辆由北朝南向城内方向行驶至三环路川陕立交桥处时，张云良在车内倾倒所带的汽油，并点燃引起车辆燃烧。6月4日，其与女儿通话中表示“明天我就没有了”“跟别人死的方式不一样”等内容。6月9日，其家人收到了张云良案发前从成都寄出的遗书。

据警方介绍，今年62岁的张云良是江苏省苏州市人，案发前暂住成都市。他在江苏原籍嗜赌，长期不务正业。2006年到成都后一直没有正当职业，主要经济来源靠女儿资助。2009年，女儿因其又嫖又赌，减少了给他的生活费，张云良遂多次以自杀相威胁向家人要钱，并流露出悲观厌世的情绪。

舆论反思成都公交车纵火案

【新闻概述】

新华网7月2日报道称，据四川省公安机关通报，成都“6•5”公交车燃烧案已告破，犯罪嫌疑人张云良当场死亡。报道称，今年62岁的张云良自2006年到成都后一直没有正当职业，主要靠女儿资助。2009年，女儿因其又嫖又赌，减少了给他的生活费，张云良流露出厌世的情绪。6月4日，其与女儿通话中表示“明天我就没有了”、“跟别人死的方式不一样”等内容。

经调查，6月3日上午，张云良总共去过加油站3次。头一回，张云良提了个塑料桶，被加油站拒绝售油；第二次，他提了个铁桶，交了100块钱，加了70块钱的油，桶满了；第三次又接了30块钱的油。6月5日，张云良携带装有汽油的塑料桶在9路公交车天回镇始发站上车。有乘客证实张云良在车内倾倒所带的汽油，并点燃引起车辆燃烧。

成都公交纵火案曾经轰动一时，舆论对于纵火案的缘由众说纷纭，随着警方公布的案件调查结果，此案在网络上又掀起了网民的热议，新华网发布这则消息后各大媒体迅即进行转载，而网民转载的热情更是异常高涨，经谷歌搜索“成都公交特大放火案告破 疑犯当场死亡”获得约320,000条结果，其中可以明显看出，论坛、博客的转载量远远超过其他媒体。

【网民观点】

对于公安部门的调查结果，有的网民通过分析提出诸多质疑，有的网民否定张某的做法，还有的网民认为政府需要加大社保投入力度。由于人民网、网易、腾讯网等均未开放评论功能，绝大多数网民的评论散见于各大论坛、博客。其中凤凰网热门评论头条是网友“IANA”ip114.92.6.*的留言：“62岁，应是退休了，怎么说是无职业？我们的社会保障体系在哪儿？无工作而在成都？为什么不回故乡？嗜赌？小赌，四川人都有；大赌，何来赌本？如果说当时即有人看到他放火，为什么不阻止？事发多日也没有明确说是有人放火，迟至今日，还待详情！”（支持1143，反对94）。

7月3日，网友“郑根玲”在腾讯博客中发表评论文章《张云良的死法太可恶！》认为，张云良自己不想活了，又不是针对他的仇恨对象，却拉上百人给他垫背，他这种“死法”尽管“跟别人死的方式不一样”，但真的是死有余辜、遗臭万年！

【媒体评论】

成都公交大火烧出公共安全之痛

天津《每日新报》发表评论文章《成都公交大火烧出公共安全之痛》认为，随着我国现代化脚步的迈进，很多城市都在大力发展公共交通事业，大铺公交网络、大搞车辆升级便是其中重要一项。新公交更漂亮，更高级，尤其是空调车，冬天更暖，夏天更凉。还有，新公交开得更快，坐着更稳当。如果煽情一点，我甚至能想出这样的广告词：公交车的价格，私家车的享受。然而，成都公交大火提醒我们，公共交通第一应该向人们提供的，必须是安全。缺少了安全，都只是泡影。

纵横发达的公共交通网络，是未来城市发展的大趋势。与此同时，未来的市民也会越来越多地依赖公共交通工具。对他们来说，公共交通工具就是城市的“福利”，而“依赖”必然来源于信任。为了让市民不产生信任危机，为了让市民不再感受公共安全之痛，公共交通事业必须完成公益性的回归，而不要再被贪婪的经济效益所裹挟。否则，成都公交大火的悲剧也许还会上演，伤痛也许还会继续。

华声在线评论文章《成都公交纵火案揭示的问题》写道，种种迹象已经证明，边缘人士为发泄不满，容易升级为公共安全的破坏分子，且破坏力有愈演愈烈之势，这是近年来社会治安出现的新的动向。我们不能简单地把犯罪嫌疑人张云良的迷失与暴力归咎于社会，他自身的不可救药应当承担主要责任，但社会当看清产生边缘人士的土壤。

成都公交纵火案敲响中国老龄化社会警钟

华媒网评论文章《成都公交纵火案敲响中国老龄化社会警钟》分析认为，从某种程度上讲，成都公交车特大纵火案敲响了中国老龄化社会警钟，为中国已经到来的老龄化社会和即将到来的老龄社会某种潜在的危险提了个醒。丧失生产能力的老年人激增，诸如老年人看病就医、孤独空巢等问题将给社会带来巨大压力。解决问题的根本方法是建立社会养老福利制度，发达国家的经验已经证明这是一条切实可行的道路。尽管早在上世纪八十年代开始便启动了社会保障制度，但对于中国这样一个未富先老的国家来说，建立一套成熟完善的养老福利制度还有许多的事情要做，有较长的路要走。

制度的建立和完善总是需要一个艰难的过程，需要一代人甚至二代人的努力，在这个努力的过程中，作为社会领导者的政府必须高度重视，作为参与者和受惠者的公众必须理解配合。当一个老有所养、老有所依的社会最终建成的时候，所谓的游手好闲和不务正业便不会成为老人威胁社会的借口，类似的惨案将降到最低可能。如此，国家幸甚，社会幸甚，公众幸甚。

事故现场图片

【相关链接】

http://pic.people.com.cn/GB/1098/9586040.html

南京张明宝醉驾案

“醉驾猛于虎”。过去，醉驾致人死伤仅仅以交通肇事罪惩治，不足以震慑醉驾行为，使得醉驾行为屡禁不绝。“张明宝醉驾”案确立了一个法例：醉酒驾车可视为故意犯罪，应以“以危险方法危害公共安全罪”论处，可判处无期徒刑直至死刑。这一法例的确立掀起了一场打击醉驾的全国性风暴，极大提升了全国道路交通安全的态势。

——中国人民大学新闻学院副院长、教授 喻国明

案例概要

●6 月 30 日 20 时 20 分，南京江宁区发生一起重大交通事故：一辆黑色别克君越轿车在行驶过程中失控，狂飙 1400 多米后被逼停；沿途撞坏路边停放的 6 辆轿车，撞倒 9 名路人；其中，3 人当场死亡，2 人抢救无效死亡，包括一名怀孕七个月的孕妇，另有 4 人受轻伤。据警方调查，肇事者名叫张明宝，男，43 岁，是南京某个体施工队负责人。而肇事别克车的车主为江苏省人民检察院培训中心的一名副处级干部，名叫王云刚。

●事故发生后，江苏省省长罗志军当即作出批示要求，全力以赴抢救伤员，妥善处理好善后。尽快查清原因、依法处理，并及时发布信息，防止引起事端，确保稳定。

●当晚，南京市江宁区委、区政府和市公安局召开会议，通报事故情况，研究调查处理工作。江宁区成立事故处理工作领导小组，并成立事故调查、伤员救治、家属接待等工作组。

●6 月 30 日 21 时左右，王云刚在接受南京本地一家媒体关于肇事司机是否要赔钱的质疑时称，肯定要赔的，他是做生意的，应该能赔得起。结果

这句话在网上被骂得狗血喷头。

●7月1日，王云刚便遭到网友的“人肉搜索”，其家庭住址，联系电话以及工作单位都被一一披露到网上。

●7月1日，江苏省人民检察院立即启动涉检突发事件舆情处置机制，迅速采取三项应对措施：当事人王云刚主动向公安交管部门如实陈述与肇事车辆有关的情况；向新闻媒体通报“6·30”交通事故中涉检情况的事实真相；以王云刚个人名义在互联网站发帖向受害人家属和网民道歉。

●7月1日下午，南京市公安局召开大会，下令全市严查酒后驾车，且要利用一百天左右的时间集中整治。

●7月2日，“6·30”车祸受害人赔付进入商谈阶段。江宁区政府设立了8个家属接待组全力负责死伤者家属接待和安抚工作。在成立的事故处理小组中，特别配备了医疗人员，主要承担向伤者等亲历当晚车祸的当事人进行心理干预，同时，还对死者家属进行必要的防范。相关政府部门与死伤者家属以及毁损车的车主开始商谈赔偿事宜。赔付标准主要依据国家相关法律规定，赔付资金由江宁区政府先行垫付，条件成熟后再向犯罪人追偿。江宁警方已对“6·30”车祸案广泛调查取证。

●这起醉驾案刺痛了公众的神经。酒后驾驶行为，几乎在一夜之间被推向了“全民公敌”的位置。关于酒驾的讨论也由此上升到一个更高的层面———社会各界围绕张明宝醉酒驾车导致多人死伤的行为，究竟是涉嫌交通肇事罪还是以危险方法危害公共安全罪，展开了激烈的争论。

●7月3日早晨，在南京市北京东路与龙蟠路交界处，青年男子刘伟驾车撞伤了正在人行横道线上过路的4名行人。肇事者从晚上10点喝到第二天早上7点，但仍认为自己开车“肯定不会出事”。

●7月5日，江苏省律师协会省直分会刑事业务委员会鲁民等9名律师向社会发出联合公开信称，交通肇事罪已不足以惩处酒后驾车行为，建议在刑法中增加针对酒后驾车肇事的相关条款，加大对酒后驾车的处罚力度。

●7月8日下午，南京江宁警方向江宁区检察院提请批捕肇事者张明宝，《提请批准逮捕书》中的涉嫌罪名是“以危险方法危害公共安全罪”。江宁区检察院还介绍，警方提请批捕张明宝后，检察机关即日开始审查此案，7日内将会作出是否逮捕，以涉嫌什么罪名逮捕的决定。与此同时，江苏省检察院、南京市和江宁区检察机关第一时间派员提前介入案件的侦查工作，并对案件的定性进行了多次研讨。

●7 月 15 日，南京市江宁区检察院以涉嫌“以危险方法危害公共安全罪”，将肇事司机张明宝批准逮捕。张明宝被抓获后，血液中酒精浓度为 381.5mg/100ml，属严重醉酒驾驶。检察机关认为：犯罪嫌疑人张明宝醉酒驾车，对造成不特定多数人生命健康持放任的间接故意，并造成五死四伤极其严重后果的发生，因而构成“以危险方法危害公共安全罪”。

●9 月 9 日，南京市检察院宣传处崔处长对媒体表示，成都孙伟铭案审判结果对南京张明宝案会有影响，张明宝将以“以危险方法危害公共安全罪”被提起公诉。张明宝醉酒驾车系间接故意犯罪，综合该起事件的社会恶劣影响，理论上可以被判死刑，但审判中被告人悔罪态度和补偿将被酌情考虑，因此最终量刑不好定。

●10 月 16 日，因案件重大、复杂，此案延长审查起诉期限半个月。

●10 月 29 日，南京市人民检察院以张明宝涉嫌以危险方法危害公共安全罪，向南京市中级人民法院提起公诉。

●11 月 27 日上午 9 点 30 分，张明宝在南京市中级人民法院第二法庭受审。公诉人宣读完起诉书后，张明宝对犯罪事实供认不讳，当庭表现稳定。检察院当庭对律师的过失辩护予以驳回，建议严惩。最后判决日期尚未确定，法院表示届时会提前通知媒体，公开宣判。

南京“醉驾”酿成大祸 法律人网上呼吁修法

【新闻综述】

6 月 30 日晚八点多，南京江宁区发生一起重大交通事故：一辆黑色别克君越轿车在行驶过程中失控，狂飙 1400 多米后被逼停；沿途撞坏路边停放的 6 辆轿车，撞倒 9 名路人；其中，3 人当场死亡，2 人抢救无效死亡，包括一名怀孕七个月的孕妇，另有 4 人受轻伤。

据警方调查，肇事者名叫张明宝，男，43 岁，是南京某个体施工队负责人，事发时系酒后驾车，血液酒精含量是醉酒标准的近五倍，属严重醉酒驾驶。目前，肇事司机张明宝已被公安机关刑拘。

【舆情分析】

这起伤亡惨重的交通事故在当地媒体报道后，引起较大关注。网络转载加剧了网络传播，并促进了警方和媒体对这一事件的深入调查。7月1日，《现代快报》记者从南京交管部门了解到，张明宝名下共有三辆车，一辆松花江面包车、一辆宝来和一辆别克，并不包括那辆肇事车。而他本人是2006年5月份领取了C1驾照。通过张明宝的驾驶证进行查询，可以发现他从2006年8月份到2009年4月份，共有80次违法行为记录，粗略统计一下，其中超速就达39起，此外还有不少次闯红灯，而且这些曝光仅仅来自于其中那一辆宝来。有关人士分析，这些违法行为都是用张明宝的驾驶证来处理的，尽管并不意味着每一起都是他本人驾车违法，但肯定要占绝大部分，这可以从侧面反映出张明宝开车很“猛”。

还有网民爆料称“杀人轿车”的车主另有其人。媒体迅速跟进调查，证实肇事车辆的车主为江苏省检察院培训中心一名副处级干部王云刚。江苏省检察院检察长徐安了解有关情况后，立即安排省检察院第一时间召开媒体通报会。当事人王云刚向媒体介绍称：该辆别克君越车是他去年7月份按揭买的，办齐所有上路手续总共花了27万多元，其中，保险是7月21日上的。开了两个多月，还不到4000公里，中间没一次违章记录，就把车按原价27万多卖给了肇事司机张明宝。王云刚强调，“已经和张明宝约定，这个周四去办过户，没想到在前两天出了这么大的事！”由于回应及时，网络舆情并未纠缠于车主，而是重新回到醉驾及与醉驾相关的立法和执法问题。就此，我们在网络上采集了主流媒体的23篇评论，如下：

发表时间	刊发媒体	作者	题目	批评对象
7月1日	新民晚报	高君波	杜绝酒后驾车不能“头痛医头”	执法不力
7月2日	钱江晚报	东魁	别让汽车成为“马路杀手”	立法漏洞
7月2日	南方都市报	杨涛	对醉酒驾车者当追究刑责	立法漏洞
7月2日	荆楚网	柏文学	酒后驾车离故意杀人有多远？	立法漏洞
7月2日	红网	沈仰佑	酒后驾车引发的惨剧何时不再上演	执法不力
7月2日	东北网	王玉初	酒后肇事频发，我们缺了点什么？	道德缺失

7月2日	荆楚网	余洁丽	"马路杀手"何日休	道德缺失
7月2日	新华网	新华时评	绝不能让醉酒驾驶肇事惨祸再发生	立法漏洞
7月2日	新民网	肖余恨	简单的以罚代管无助减少危险驾驶	执法不力
7月3日	红网	李忠卿	谁是5死4伤的真正马路杀手	执法不力
7月3日	齐鲁晚报	毛建国	80次违法为啥吊销不了一个驾驶证	执法不力
7月3日	上海商报	社评	培育汽车社会文明当用重典	立法漏洞
7月3日	扬子晚报	周稀银	"醉驾杀手"背后另有"隐形杀手"	执法不力
7月3日	中国青年报	李克杰	马路"刽子手"是怎样炼成的？	立法漏洞
7月3日	舜网	佚名	酒后狂飙幕后推手也当受罚	其他
7月3日	新京报	沈彬	严惩恶性醉驾法律不能有盲点	立法漏洞
7月3日	南方都市报	陈爱和	刑罚之网不宜过于扩张	其他
7月3日	无锡日报	奚旭初	扼制"生命杀手" 严禁醉酒驾车	道德缺失
7月3日	长江日报	佚名	集中整治不应是执法常态	执法不力
7月3日	荆楚网	鲁邻居	严查酒后驾车应制度化、常态化	执法不力
7月4日	华声论坛	秦建中	别让南京醉驾重演杭州飙车的故事	道德缺失
7月5日	西安晚报	叶祝颐	夺命司机80次违章为何能继续上路	执法不力
7月5日	半岛网	李家伟	靠"集中整治"断不了酒后驾车的根子	执法不力

南京"6·30重大交通事故"相关评论文章一览

综观此事的网络舆情，可以发现舆论的批评对象主要集中在以下四个方面：

其一是谴责肇事者道德缺失，缺少对生命的敬畏。如网友"王玉初"在东北网撰文指出，南京发生的这起事故，肇事第一撞之后，没有立即停车处理，而是驾车一路狂奔，那是对生命的极大漠视。《无锡日报》则于7月3日刊发了奚旭初的文章：《扼制"生命杀手" 严禁醉酒驾车》。文章指出，人的生命高于一切，这是一个基本的社会伦理。然而，酒后驾驶者却漠视这个基本伦理。他们不仅漠视自己的生命，更漠视他人的生命，是一种双重漠视。醉酒驾车对当事人来说无异于"自杀"，对遭遇"车祸"的无辜者则是"谋杀"。酒后驾车的理由纵有百条千条，人的生命却只有一条。怎样扼制"生命杀手”，这是一道严峻考题，值得我们每个人深思再三。

其二是质疑对“醉驾”的处罚存在立法漏洞。如检察官杨涛在《南方都市报》发表了评论文章：《对醉酒驾车者当追究刑责》。作者在分析了《道路交通安全法》中规定的相关行政处罚之后指出，对待酒后驾车，可以适用行政处罚，而对于性质比较严重的醉酒驾车，不管有无造成严重后果，理应在法律规定应用刑罚制裁，比如判处三年以下的刑罚，如此才能从源头上制止醉酒驾车的行为，防范因为醉酒驾车造成的惨烈车祸。但这一观点也遭到了一些评论的批评。《南方都市报》于 7 月 3 日刊发陈爱和的文章《刑罚之网不宜过于扩张》，对杨文的观点进行了批驳。作者指出：对于醉酒驾车，在没有造成实际后果的前提下追究刑事责任，使犯罪成立的时间大大提前了，如此执法不仅“罪罚失衡”，而且可能因为“太昂贵”而“效果差”。刑法的急剧扩张将导致大面积的犯罪出现，“罚不责众”的状况难以避免。作者认为，对于醉酒驾车并非“无法可依”，《道路交通安全法》已经有了一系列规定，比如罚款、暂扣驾照、行政拘留。如果这些比较轻的行政处罚在实践中也很难执行到位，那么即便纳入刑法也难以“一网打尽”。作者建议加大行政处罚力度，比如终身禁驾。

其三是质疑南京警方执法不力。如网友“李忠卿”在红网发表题为《谁是 5 死 4 伤的真正马路杀手》的评论文章。作者指出，每一次违法驾驶之后，只要交纳罚款就能了事。交管部门只要收到罚金，哪管你违章多少次。这种滥罚制度纵容了有钱人的恶行。作者质问：违法 80 多次，这样的驾驶员属于典型的马路杀手，有关部门为何不吊销其驾驶证？

其四是分析肇事司机涉嫌的罪名。如《城市商报》就专门组织了网民和专家一起讨论“南京醉驾者连撞 9 人该当何罪？”。前引杨涛的评论文章也认为，南京“6·30 交通事故”中的肇事司机不仅涉嫌交通肇事罪，更涉嫌以危险方法危害公共安全罪。因为，他在第一次肇事撞人后，非但没有停下来，反而继续向前冲，继续撞倒多人与多部车辆，这已经是在放任的心态下故意危害公共安全了。从法理上讲，醉酒驾车，就涉嫌到危害公共安全，对其采取刑事制裁完全可行；而且，只有规定醉酒驾车应当负刑事责任，而不是等到发生事故后才追究刑事责任，才有利于从源头上制止醉酒驾车，才有利于防范醉酒驾车产生严重的交通事故，让公众的生命财产安全得到有效保障，而像南京这样的惨烈车祸发生的几率也就更小。

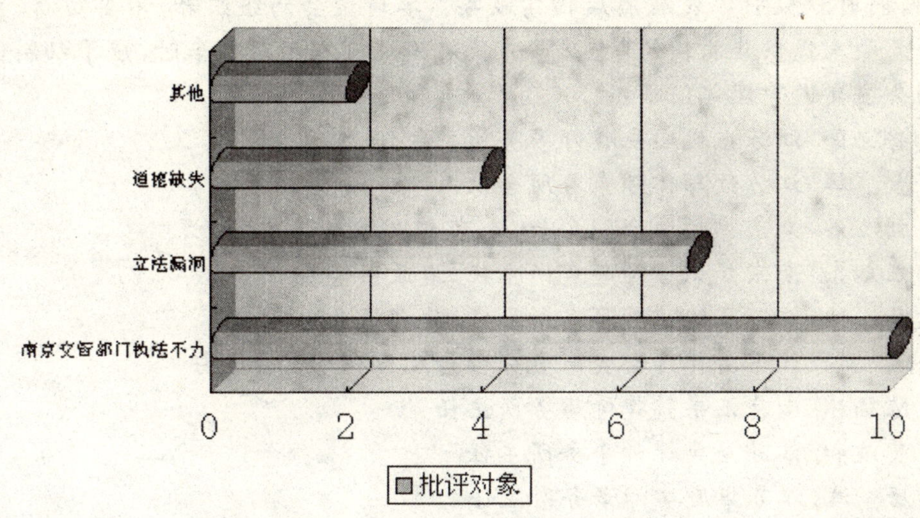

南京“6·30重大交通事故”相关评论的批评对象图示

综合这一事件网络舆情可以发现：法律人积极干预，踊跃建言，在引导舆情上起到了关键作用。7月4日，南京本地八位律师联名呼吁修法，影响尤大。《现代快报》于7月5日全文引述了这封公开信，当地一些社区和论坛也均有转载，如下：

我们呼吁：

1、修改立法，加大“酒驾”处罚力度

从法理上讲，醉酒驾车涉嫌危害公共安全，是一种危险犯，对其采取刑罚处罚完全可行。建议在刑法中增加针对酒后驾车肇事造成严重交通事故的条款，对于酒后肇事行为，适用重典。修改道路交通安全法，对于酒后驾驶机动车的违法行为，加大行政处罚力度。如终身禁驾、处以高额的罚款等。

2、创新措施，拒绝酒后驾车

处罚只是一个手段。为根除陋习，建议在法律以外层面惩罚酒后驾车者，如有酒后驾车劣迹者，在购买保险时，保费翻番；再比如，将酒后驾车列入个人信用记录，对他的就业、升迁都造成影响。

3、全社会共同行动，倡导文明守法驾车

饭店、酒吧等娱乐场所应当承担社会责任，对驾车的客人不劝售含酒精

商品，同时积极引导发展酒后代驾服务。宴请聚会的组织者，不要劝酒，主动给驾驶人提供非酒精饮料。热心市民在发现有人酒后驾车时，应予以制止或向公安交通管理部门举报。

鲁　民　江苏当代国安律师事务所副主任

金　辉　江苏致邦律师事务所合伙人

刘　洪　南京律师协会副会长、南京市政协常委

汪旭东　南京知识律师事务所主任、省政协委员

马　健　江苏马健律师事务所主任、建邺区政协常委

顾大松　江苏省律师协会省直分会行政业务委员会主任

陈福林　南京汇丰锦律师事务所主任

贾政和　江苏圣典律师事务所主任

唐　浩　江苏华庭律师事务所主任

【相关链接】

http://news.xinhuanet.com/legal/2009-07/02/content_11637693.htm

http://www.sdnews.com.cn/news/2009/7/3/785638.html

http://www.2500sz.net/news/bmfw/2009/7/4/bmfw-10-14-23-1239.shtml

律师称张明宝案陷量刑困境　网民呼吁重判

【主题事件】

据南京当地媒体《现代快报》、《金陵晚报》等报道，南京“6·30”特大交通事故肇事司机张明宝，近日已被南京市检察院以“以危险方法危害公共安全罪”提起公诉。

今年6月30日晚，张明宝饮酒后驾车回家的途中，先后撞倒9名路人、撞坏路边停放的6辆轿车，造成5人死亡、4人受伤的特大交通事故。事发当晚，张明宝即被警方控制。7月15日，张明宝因涉嫌“以危险方法危害公共安全罪”被批捕。10月16日，因案件重大、复杂，此案延长审查起诉期限半个月。10月29日，南京市检察院以张明宝涉嫌“以危险方法危害公共安全罪”，向南京市中级法院提起公诉。起诉书称，张明宝醉酒驾车，对其行为可能造成严重危害公共安全的后果完全能够预见，但放任这种结果的发生，

其间无任何避免的措施，对危害不特定多数人生命健康持放任的间接故意，其行为符合刑法关于“以危险方法危害公共安全罪”的构成规定。

【舆情综述】

自案发以来张明宝案备受关注，进入审判阶段是最新舆情。尽管南京多家当地媒体均报道了这一消息，但从网络转载率来看，《现代快报》对张明宝辩护律师的一篇专访更获关注。百度搜索显示，该文被新浪网等门户网站和新闻网站共转载 34 次。因为公众对罪名没有质疑，在尚未有审判结果的情况下，此案舆情热度不高，网民参与度也不高。在新浪网上的网民评论只有 39 条，其他网站多数无跟帖评论。

值得关注的是，《现代快报》对张明宝辩护律师的专访，在被网站转载后，标题中多数都不见了“律师”字样。《现代快报》的原标题为《辩护律师接受快报专访：孙伟铭改判，张明宝松了口气》。新浪网转载时，将标题改为《司机酒驾致 5 死面临赔偿困境：政府垫付 300 万》，搜狐网的标题则为《张明宝酒驾 5 死 4 伤续：量刑空间巨大判决成难题》。网络媒体常常通过更改新闻标题来实现自己的议程设置，本来是某位律师称张明宝案面临赔偿困境和量刑难题，但从网媒的标题看，却更像是媒体对案件的一个述评。这样一来，律师的个人观点就被网络媒体人为地设置成了“网络舆情”。据了解，目前江宁区东山街道已经为张明宝垫付了 300 多万给死者家属、伤者，以及损坏车辆的车主。张明宝的辩护律师曹纯钢这样对媒体解释该案的“赔偿困境”：“张明宝从事的这个行业，就是一张三角债的关系网，外面有公司欠他 500 多万元，同时他也欠着别人很多钱。钱全部套在工程里面，而他银行存折上的钱，确实少得可怜。”曹纯钢表示，因为向欠钱的公司要回债款还需要一定时间，所以张明宝的家属也在想其他办法筹钱，比如打算把三套房子和两辆车都卖了，“多赔一些钱，希望能够获得他们的原谅。”

在介绍了张明宝案赔偿问题的困难之后，报道特别强调了“量刑困境”。辩护律师曹纯钢表示，对于法院来说，危害公共安全罪的量刑空间很大，如何判决是一个两难的选择。张明宝夺去了 5 条生命，如果判轻了，死者家属和关注此事的市民定然不满意。如果判得过重，恐怕以后的醉驾司机看不到积极赔偿的作用，而会选择消极赔偿，这样的话也会对被害人不利。曹纯钢说，他预期张明宝会被判处有期徒刑，也许十几年。

从网民评论来看，以呼吁重判为主。有位新浪网重庆网友认为：“这篇文

章是法院让张的律师发出来看一下民意的。”新浪网北京网友“米杜拉”则认为，“判的越轻，这个律师就会越有名。他当然希望轻判啦。”新浪网广州网友“阿吴”跟帖称，“南京在‘彭宇案’上已经给全国人民树立了一个极其恶劣的形象，不可再错。”

还有不少网民连带批评了“赔偿减刑”。新浪网网友“xzqwml”质疑说：“假如是个穷人撞死人而无钱赔偿，那是否就判死刑？赔钱不死没钱就死，是否体现了法律的不公？”

从网络舆情上看，张明宝案庭审之前，其辩护律师接受媒体采访时所表述的观点，固然有很强的偏向性，但鉴于“以命抵命”的传统观点影响，以及今年严惩醉驾的社会共识，网民在从重处罚张明宝这一价值判断上并未改变。鉴于网络舆情较为平淡，本刊建议当地政法机关保持对媒体和网络的日常监控，若有媒体主动联系采访，可回应称：律师的言论只代表其个人观点，我们将综合全案证据及事实，严格依据法律公开、公平、公正地予以处理。

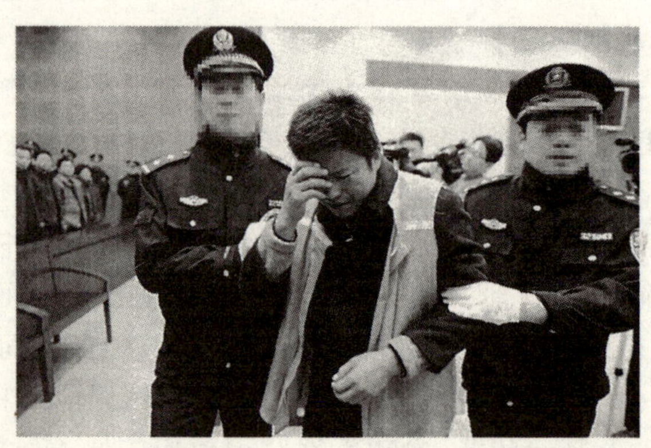

【相关链接】

http://kb.dsqq.cn/html/2009-11/12/content_71665930.htm

http://news.sina.com.cn/s/2009-11-12/024119027399.shtml

http://news.163.com/09/1112/13/5NU194OM0001124J.html

2009年地方政法机关舆情应对能力排行榜

2009地方政法机关舆情应对能力排行榜

一、发布目的

在当前信息化时代的大背景下，网络越来越成为信息发布的主渠道，其快速、便捷等特点是其他传统媒体所无法比拟的，也因此越来越受到公众的欢迎和政府部门的重视。对于政法机关来说，网络更是一个不容忽视的信息平台，近年来的事实表明，一些热点的、重点的政法案件往往是首先经由网络爆出并推动起来的。可以说，网络之于政法机关具有尤为重要的意义。

诚如《政法网络舆情》的办刊宗旨“网络舆论分析，法治决策参考”所表明的，我们发布此排行榜的目的正是为了给政法机关提供一种分析和参考，希望能对提高各相关部门的管理能力和施政水平有所帮助，也希望相关部门在应对网络舆情时能够更加得心应手，不失水准。而最终的目的当然是希望我们的社会能够更加稳定和谐，健康发展。

二、组织机构

为保证专业性，本排行榜由正义网舆情工作室联合中国人民大学舆论研究所、北京外国语大学国际传播研究所共同发起。

评委会组成：

专家评委：赵志刚（检察日报社党委成员，正义网执行总裁）

喻国明（中国人民大学新闻学院副院长、教授）

展　江（北京外国语大学国际新闻与传播系教授）

肖增建（凯迪网络总编辑）

王　琳（海南大学法学院副教授，《政法网络舆情》周刊主笔）

傅达林（西安政治学院讲师，《政法网络舆情》周刊主笔）

秦　伟（山西省委政法委研究室，《政法网络舆情》周刊主笔）

马新耀（北京学者，《政法网络舆情》周刊主笔）

舆情分析师：钱贤良、侯文昌、仝玉娟、王俊微、王旭、王永丽、张博、杨晓、刘蕊、刘睿、刘丹雀、姜维。

三、指标体系

（一）政法机关应对能力（满分50分）

1、常规应对评价（满分50分，权重60%）

应对是否及时(-10 到 10 分):即地方政府政法机关响应速度。

信息是否透明 (-10 到 10 分):即地方政府政法机关是否接受媒体采访,召开新闻发布会、主要领导是否出场、回应舆论质疑。

信息是否得当(0 到 10 分):即地方政府政法机关信息公开口径是否一致,披露的内容是否均衡等。

反应是否灵活(0 到 5 分):即在舆情传播过程中,地方政法机关是否实时调整应对策略,灵活处理公共危机。

应对是否守法(0 到 5 分):地方政法机关的应对是否坚守了法治原则,是否迫于上级压力,是否对民意曲意逢迎,是否"花钱买平安"等。

问责是否到位(-5 到 5 分):地方各级政法机关对舆情事件中的问题官员是否问责、问责的轻重是否合法。

应对是否有效(-5 到 5 分):即地方政府应对促使舆情得以有效疏导,还是激化矛盾。

2、应对技巧评价(满分 50 分,权重 40%)

与媒体关系(0 到 20 分):地方政法机关是否妥善处理与网络、纸媒、广播电视等舆论载体的关系。

与网民关系(-10 到 10 分):地方政法机关是否平等、谦卑、真诚、务实地与普通网民进行良性沟通。

与当事人关系(0 到 10 分):地方政法机关是否人性执法、遵守法律程序、有无安抚当事人情绪、减少从当事人作为事件信息源的作用等等。

内部关系及与相关部门关系(0 到 10 分):地方政法不同部门间的协调能力,与宣传部门的协调能力。

综合上述两部分的评价得分,得出最后的应对能力得分。

(二)舆情热度(满分 50 分)

1、网民关注度(权重 40%)

(以强国、天涯、凯迪、西祠等网络社区论坛主帖数、浏览量、回复数、博文为基本统计指标,权重分别是 30%、20%、30%、20%)

2、传统媒体关注度(包括境外媒体)(权重 60%)

(以舆情监控软件列入的传统媒体为评价基础)

四、评分结果

(一)政法机关应对能力排行榜

排名	案例	地区	常规应对评价	应对技巧评价	总计	应对能力
1	重庆打黑风暴	重庆	37.52	37.98	37.70	蓝
2	呼和浩特越狱案	内蒙古呼和浩特	33.80	29.76	32.18	蓝
3	成都公交车纵火案	四川成都	29.06	24.60	27.28	蓝
4	南京张明宝醉驾案	江苏南京	24.71	22.14	23.68	蓝
5	深圳梁丽捡金案	广东深圳	23.30	24.12	23.63	蓝
6	成都孙伟铭醉驾案	四川成都	24.12	22.59	23.51	蓝
7	云南陆良群体性事件	云南陆良	20.39	19.98	20.23	蓝
8	阜阳检察官上班玩游戏事件	安徽阜阳	18.64	20.20	19.26	蓝
9	本溪张剑杀强拆者案	辽宁本溪	18.65	18.31	18.51	蓝
10	浙江湖州"临时性强奸"案	浙江湖州	14.15	20.80	16.81	蓝
11	湖南邵东罗彩霞案	湖南邵东	13.90	17.76	15.44	黄
12	湖北荆州"天价捞尸"案	湖北荆州	14.99	15.66	15.26	黄
13	广东韶关玩具厂群殴事件	广东韶关	13.24	15.72	14.23	黄
14	河南灵宝王帅案	河南灵宝	13.14	13.18	13.16	黄
15	吉林通钢事件	吉林通化	10.78	16.01	12.87	橙
16	杭州胡斌飙车案	浙江杭州	9.63	16.32	12.31	橙
17	云南看守所"躲猫猫"事件	云南晋宁	1.96	24.20	10.86	橙
18	陕西丹凤高中生受审猝死案	陕西丹凤	7.42	15.64	10.71	橙
19	武冈副市长坠楼身亡案	湖南武冈	6.16	15.72	9.98	橙
20	昆明小学生卖淫案	云南昆明	3.26	15.77	8.26	橙
21	贵州习水嫖宿幼女案	贵州习水	3.86	13.22	7.60	红
22	郑州扫黄公布小姐裸照事件	河南郑州	2.84	13.57	7.13	红
23	芜湖中院关门审理"白宫书记"案	安徽芜湖	3.83	12.00	7.10	红

24	阜新举报案	辽宁阜新	3.77	10.16	6.33	红
25	巴东邓玉娇刺官案	湖北巴东	-0.66	9.88	3.56	红
26	内蒙古吴保全案	内蒙古鄂尔多斯	-0.01	7.61	3.04	红
27	上海交管部门“钓鱼执法”事件	上海浦东	-5.56	9.52	0.47	红
28	阿荣旗“豪车检察长”事件	内蒙古阿荣旗	-9.11	7.36	-2.52	红
29	成都唐福珍自焚阻拆事件	四川成都	-10.08	4.32	-4.32	红
30	石首群体性事件	湖北石首	-12.36	2.47	-6.43	红

（数据说明：本表数据为正义网舆情工作室12位舆情分析师和8位专家采用德尔菲法对地方政法机关舆情应对能力进行分项评估综合加权运算后得出。应对能力满分为50分，共设定蓝、黄、橙、红四级警报级别，警报程度相应由低到高。其中总分16.00分以上为蓝色警报，表明政法机关应对较为得体；总分13.00-15.99分为黄色警报，表明政法机关应对能力尚需提高；总分8.00-12.99为橙色警报，表明政法机关应对存在疏忽纰漏；总分8.00分以下为红色警报，表明政法机关舆情应对存在重大失误）

1.常规应对评价

排名	案例	应对是否及时	信息是否透明	信息是否得当	反应是否灵活	应对是否守法	问责是否到位	应对是否有效	合计
1	重庆打黑风暴	8.04	6.24	7.36	4.06	4.24	3.86	3.72	37.52
2	呼和浩特越狱案	6.80	6.40	6.52	3.36	3.76	3.20	3.76	33.80
3	成都公交车纵火案	4.68	5.44	4.64	3.60	4.06	3.08	3.56	29.06
4	南京张明宝醉驾案	4.45	3.85	4.48	3.49	3.49	2.18	2.77	24.71
5	四川孙伟铭醉驾案	2.23	5.43	4.51	2.98	3.13	2.64	3.20	24.12
6	深圳梁丽捡金案	2.84	5.08	4.80	2.78	3.04	1.24	3.52	23.30
7	云南陆良群体性事件	2.63	3.33	4.35	2.77	2.74	2.03	2.54	20.39
8	本溪张剑杀强拆者案	3.19	2.67	3.44	2.41	2.42	1.95	2.57	18.65
9	阜阳检察官上班玩游戏事件	2.92	1.72	4.40	2.60	2.84	1.72	2.44	18.64
10	荆州“天价捞尸”案	0.58	2.50	4.10	2.33	2.51	1.62	1.35	14.99

11	湖州"临时性强奸"案	1.86	2.47	3.52	2.99	2.13	-0.35	1.53	14.15
12	湖南邵东罗彩霞案	0.79	-0.31	4.54	2.56	2.98	2.05	1.29	13.90
13	韶关玩具厂群殴事件	1.76	0.76	3.84	2.60	2.84	1.00	0.44	13.24
14	河南灵宝王帅案	-0.91	0.54	3.56	3.00	2.54	1.76	2.65	13.14
15	吉林通钢事件	0.61	0.59	3.58	1.98	2.45	0.63	0.94	10.78
16	杭州胡斌飙车案	-0.16	0.27	2.66	2.50	2.75	0.36	1.25	9.63
17	陕西丹凤高中生受审猝死案	-1.52	-1.09	2.89	1.70	2.31	2.15	0.98	7.42
18	武冈副市长坠楼身亡案	1.96	-1.20	2.72	1.44	1.92	-0.20	-0.48	6.16
19	贵州习水嫖宿幼女案	-2.64	-1.14	3.30	1.91	1.48	0.57	0.38	3.86
20	芜湖中院关门审理"白宫书记"案	-0.68	-1.15	1.94	1.41	1.50	0.31	0.50	3.83
21	阜新举报案	0.10	-1.83	2.93	1.70	1.65	-0.66	-0.12	3.77
22	昆明小学生卖淫案	-1.21	-2.61	2.26	2.16	2.04	0.15	0.47	3.26
23	郑州扫黄公布小姐裸照事件	-3.56	1.42	2.03	1.85	1.93	-0.85	0.02	2.84
24	云南看守所"躲猫猫"事件	-3.36	-2.76	2.76	2.20	2.28	0.68	0.16	1.96
25	内蒙古吴保全案	-1.65	-1.37	2.47	0.56	1.32	-1.50	0.16	-0.01
26	巴东邓玉娇刺官案	-4.00	-3.64	2.84	1.88	1.82	0.84	-0.40	-0.66
27	上海交管部门"钓鱼执法"事件	-4.72	-3.32	1.96	1.52	1.84	-1.44	-1.40	-5.56
28	内蒙古阿荣旗"豪车检察长"事件	-4.18	-4.52	1.28	1.18	1.22	-1.91	-2.18	-9.11
29	成都唐福珍自焚阻拆事件	-4.04	-3.04	1.52	0.64	0.80	-3.04	-2.92	-10.08
30	石首群体性事件	-7.24	-6.48	1.12	0.52	0.72	0.04	-1.04	-12.36

2.应对技巧评价

排名	案例	与媒体关系	与网民关系	与当事人关系	部门内部、部门间关系	合计
1	重庆打黑风暴	15.68	7.6	6.88	7.82	37.98
2	呼和浩特越狱案	14.64	6.32	3.12	5.68	29.76
3	成都公交车纵火案	11.84	2.88	4.56	5.32	24.60

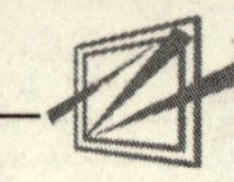

4	云南看守所“躲猫猫”事件	10.52	4.84	3.44	5.4	24.20
5	深圳梁丽捡金案	11.12	4.64	3.28	5.08	24.12
6	四川孙伟铭醉驾案	9.27	3.7	3.96	5.66	22.59
7	南京张明宝醉驾案	9.89	4.24	3.34	4.67	22.14
8	浙江湖州“临时性强奸”案	10.79	3.57	2.58	3.86	20.80
9	阜阳检察官上班玩游戏事件	10.88	0.84	4.08	4.4	20.20
10	云南陆良群体性事件	9.46	2.56	3.2	4.76	19.98
11	本溪张剑杀强拆者案	8.04	0.79	4.12	5.36	18.31
12	湖南邵东罗彩霞案	9.11	-0.87	4.85	4.67	17.76
13	杭州胡斌飙车案	8.72	-1.88	4.08	5.4	16.32
14	吉林通钢事件	7.96	-0.11	3.72	4.44	16.01
15	昆明小学生卖淫案	9.68	-0.54	2.28	4.35	15.77
16	广东韶关玩具厂群殴事件	8.68	0.4	2.44	4.2	15.72
17	武冈副市长坠楼身亡案	9.28	-0.52	2.36	4.6	15.72
18	湖北荆州“天价捞尸”案	8.42	0.41	3.29	3.54	15.66
19	陕西丹凤高中生受审猝死案	8.95	0.15	1.87	4.67	15.64
20	郑州扫黄公布小姐裸照事件	8.3	0.11	2.13	3.03	13.57
21	贵州习水嫖宿幼女案	8.34	-1.43	2.85	3.46	13.22
22	河南灵宝王帅案	7.31	-1	2.03	4.84	13.18
23	芜湖中院关门审理“白宫书记”案	6.11	-0.84	3.29	3.44	12.00
24	阜新举报案	6.64	-1.16	1.96	2.72	10.16
25	巴东邓玉娇刺官案	6.12	-3.16	3.8	3.12	9.88
26	上海交管部门“钓鱼执法”事件	8.04	-3.88	0.88	4.48	9.52
27	内蒙古吴保全案	3.85	-2.76	1.99	4.53	7.61
28	内蒙古阿荣旗“豪车检察长”事件	7.96	-5.92	2.04	3.28	7.36
29	成都唐福珍自焚阻拆事件	6.28	-5.04	0.76	2.32	4.32
30	石首群体性事件	4.12	-4.94	1.23	2.06	2.47

(二)舆情热度总排行榜

排名	地区	事件	总分	热度
1	重庆	重庆打黑风暴	93.74	红
2	云南晋宁	云南看守所“躲猫猫”事件	92.42	红
3	上海浦东	上海交管部门“钓鱼执法”事件	89.99	橙
4	浙江杭州	杭州胡斌飙车案	89.85	橙
5	湖北巴东	巴东邓玉娇刺官案	89.80	橙
6	湖南邵东	湖南邵东罗彩霞案	86.19	橙
7	广东深圳	深圳梁丽捡金案	84.68	橙
8	四川成都	四川孙伟铭醉驾案	84.28	橙
9	河南灵宝	河南灵宝王帅案	81.94	橙
10	陕西丹凤	陕西丹凤高中生受审猝死案	81.77	橙
11	贵州习水	贵州习水嫖宿幼女案	81.49	橙
12	云南昆明	昆明小学生卖淫案	79.84	黄
13	内蒙古鄂尔多斯	内蒙古吴保全案	79.72	黄
14	吉林通化	吉林通钢事件	78.11	黄
15	四川成都	成都唐福珍自焚阻拆事件	76.71	黄
16	内蒙古呼和浩特	呼和浩特越狱案	75.91	黄
17	广东韶关	广东韶关玩具厂群殴事件	73.95	黄
18	江苏南京	南京张明宝醉驾案	71.51	黄
19	河南郑州	郑州扫黄公布小姐裸照事件	71.30	黄
20	湖北石首	石首群体性事件	70.81	黄
21	安徽芜湖	芜湖中院关门审理“白宫书记”案	70.77	黄
22	辽宁阜新	阜新举报案	70.16	黄
23	内蒙古阿荣旗	内蒙古阿荣旗“豪车检察长”事件	70.03	黄
24	四川成都	成都公交车纵火案	69.03	黄
25	浙江湖州	浙江湖州“临时性强奸”案	66.56	黄

26	湖南武冈	武冈副市长坠楼身亡案	65.34	黄
27	辽宁本溪	本溪张剑杀强拆者案	62.69	黄
28	湖北荆州	湖北荆州“天价捞尸”案	58.68	蓝
29	云南陆良	云南陆良群体性事件	51.53	蓝
30	安徽阜阳	阜阳检察官上班玩游戏事件	38.84	蓝

(数据说明:本表总分依据传统媒体关注度和网络社区论坛关注度两项统计指标加权运算所得。各项权重分别为:传统媒体关注度60%、网络社区论坛关注度40%。依据总分将舆情热度划分为红、橙、黄、蓝四个级别,舆情关注度相应由高至低。其中90.00分以上舆情热度为红色,表明该案例舆论关注度相对最高;80.00-89.99分舆情热度为橙色;60.00-79.99分舆情热度为黄色;60.00分以下舆情热度为蓝色,表明该案例舆情关注度相对最低。)

1. 传统媒体关注度

地区	事件	传统媒体报道数(篇)	总分	热度
重庆	重庆打黑风暴	27500	99.82	红
云南晋宁	云南看守所“躲猫猫”事件	15200	94.03	红
上海浦东	上海交管部门“钓鱼执法”事件	11800	91.56	红
浙江杭州	杭州胡斌飙车案	10300	90.23	红
湖北巴东	巴东邓玉娇刺官案	8370	88.21	橙
湖南邵东	湖南邵东罗彩霞案	7340	86.93	橙
贵州习水	贵州习水嫖宿幼女案	6870	86.28	橙
内蒙古呼和浩特	呼和浩特越狱案	6130	85.17	橙
河南灵宝	河南灵宝王帅案	5260	83.67	橙
四川成都	四川孙伟铭醉驾案	4550	82.26	橙
广东深圳	深圳梁丽捡金案	3090	78.48	橙
陕西丹凤	陕西丹凤高中生受审猝死案	2960	78.06	橙
云南昆明	昆明小学生卖淫案	2750	77.34	橙

内蒙古鄂尔多斯	内蒙古吴保全案	2240	75.33	橙
四川成都	成都唐福珍自焚阻拆事件	2070	74.56	橙
江苏南京	南京张明宝醉驾案	1390	70.67	橙
广东韶关	广东韶关玩具厂群殴事件	1180	69.08	黄
内蒙古阿荣旗	内蒙古阿荣旗“豪车检察长”事件	1170	68.99	黄
吉林通化	吉林通钢事件	988	67.34	黄
辽宁阜新	阜新举报案	931	66.76	黄
浙江湖州	浙江湖州“临时性强奸”案	837	65.72	黄
安徽芜湖	芜湖中院关门审理“白宫书记”案	814	65.45	黄
河南郑州	郑州扫黄公布小姐裸照事件	727	64.35	黄
四川成都	成都公交车纵火案	706	64.06	黄
湖北荆州	湖北荆州“天价捞尸”案	594	62.37	黄
湖南武冈	武冈副市长坠楼身亡案	579	62.12	黄
湖北石首	石首群体性事件	381	58.04	蓝
云南陆良	云南陆良群体性事件	375	57.88	蓝
辽宁本溪	本溪张剑杀强拆者案	239	53.48	蓝
安徽阜阳	阜阳检察官上班玩游戏事件	34	34.44	蓝

（数据说明：本表总分以正义网舆情监测系统列入的传统媒体为数据采集源，经函数运算所得。依据总分将传统媒体关注热度划分为红、橙、黄、蓝四个级别，热度相应由高至低。传统媒体报道篇数越多则热度越高，反之则热度越低。其中90.00分以上热度为红色，70.00-89.99分热度为橙色，60.00-69.99分热度为黄色，60.00分以下热度为蓝色。）

2. 网络社区论坛关注度

地区	事件	发帖量	浏览量	回复数	总分	热度
湖北巴东	巴东邓玉娇刺官案	51211	595492	9292	91.39	红
广东深圳	深圳梁丽捡金案	26280	432352	139886	90.87	红
云南晋宁	云南看守所“躲猫猫”事件	47293	524242	21920	90.81	红
浙江杭州	杭州胡斌飙车案	71701	260229	7837	89.46	橙
吉林通化	吉林通钢事件	30598	857960	12860	88.88	橙
上海浦东	上海交管部门“钓鱼执法”事件	67097	495456	4628	88.41	橙
重庆	重庆打黑风暴	59299	479857	4511	87.66	橙
四川成都	四川孙伟铭醉驾案	11061	445188	56036	86.30	橙
陕西丹凤	陕西丹凤高中生受审猝死案	10472	398563	46841	85.48	橙
湖南邵东	湖南邵东罗彩霞案	22598	442603	12937	85.45	橙
内蒙古鄂尔多斯	内蒙古吴保全案	15699	845540	10074	84.10	橙
湖北石首	石首群体性事件	45795	966852	4644	83.57	橙
云南昆明	昆明小学生卖淫案	8277	1068999	5985	82.33	橙
河南灵宝	河南灵宝王帅案	4843	511391	5495	80.20	橙
四川成都	成都唐福珍自焚阻拆事件	4365	642845	7941	78.86	黄
广东韶关	广东韶关玩具厂群殴事件	9982	821754	3139	78.82	黄
河南郑州	郑州扫黄公布小姐裸照事件	4506	562366	8417	78.24	黄
贵州习水	贵州习水嫖宿幼女案	19591	92961	703	76.69	黄
安徽芜湖	芜湖中院关门审理“白宫书记”案	9704	255086	4636	76.08	黄
四川成都	成都公交车纵火案	9253	146937	908	73.99	黄
辽宁阜新	阜新举报案	3265	439847	3092	73.56	黄
江苏南京	南京张明宝醉驾案	5728	97068	2214	72.34	黄
辽宁本溪	本溪张剑杀强拆者案	3650	139320	3461	71.90	黄
内蒙古阿荣旗	内蒙古阿荣旗“豪车检察长”事件	3181	400757	2508	71.06	黄
湖南武冈	武冈副市长坠楼身亡案	1686	218963	2480	68.56	蓝

浙江湖州	浙江湖州"临时性强奸"案	1342	156566	1058	67.39	蓝
内蒙古呼和浩特	呼和浩特越狱案	1061	85746	483	66.64	蓝
湖北荆州	湖北荆州"天价捞尸"案	101	20821	270	54.99	蓝
云南陆良	云南陆良群体性事件	148	1545	48	45.17	蓝
安徽阜阳	阜阳检察官上班玩游戏事件	15	74786	196	43.23	蓝

（数据说明：本表总分以正义网舆情监测系统列入的各大网络社区论坛为数据采集源，经函数运算所得。依据总分将网络社区论坛关注热度划分为红、橙、黄、蓝四个级别，热度相应由高至低。进行报道的传统媒体数量越多则热度越高，反之则热度越低。其中 90.00 分以上热度为红色，80.00-89.99 分热度为橙色，70.00-79.99 分热度为黄色，70.00 分以下热度为蓝色。）

图书在版编目(CIP)数据

2009 政法网络舆情年度报告 / 赵志刚，王琳主编. —北京：
中国检察出版社，2010.8
ISBN 978－7－5102－0322－0

Ⅰ. ①2… Ⅱ. ①赵…②王… Ⅲ. ①计算机网络－应用－
政法工作－研究报告－中国 Ⅳ. ①D926.1-39

中国版本图书馆 CIP 数据核字（2010）第 132603 号

2009 政治网络舆情年度报告

赵志刚 王琳 主编

出版发行：中国检察出版社
社 址：北京市石景山区鲁谷西路 5 号(100040)
网 址：中国检察出版社(www.zgjccbs.com)
电子邮箱：zgjccbs@vip.sina.com
电 话：(010)68639243(编辑) 68650015(发行) 68636518(门市)
开 本：720mm×960mm 16 开
印 张：19.75 印张
字 数：361 千字
版 次：2010 年 8 月第一版 2010 年 8 月第一次印刷
书 号：ISBN 978-7-5102-0322-0
定 价：58.00 元

(内部发行)